建筑装饰装修职业技能岗位培训教材

建筑装饰装修木工

（初级工　中级工）

中国建筑装饰协会培训中心组织编写

中国建筑工业出版社

图书在版编目（CIP）数据

建筑装饰装修木工（初级工 中级工）/中国建筑装饰协会培训中心组织编写. —北京：中国建筑工业出版社，2003

建筑装饰装修职业技能岗位培训教材

ISBN 978-7-112-05732-0

Ⅰ.建… Ⅱ.中… Ⅲ.木工-技术培训-教材 Ⅳ.TU759.1

中国版本图书馆 CIP 数据核字（2003）第 021066 号

建筑装饰装修职业技能岗位培训教材

建筑装饰装修木工

（初级工 中级工）

中国建筑装饰协会培训中心组织编写

*

中国建筑工业出版社出版、发行（北京西郊百万庄）

各地新华书店、建筑书店经销

北京红光制版公司制版

北京市书林印刷有限公司印刷

*

开本：850×1168 毫米 1/32 印张：10⅛ 字数：271 千字

2010年 1 月第一版 2016 年 9 月第三次印刷

定价：**15.00** 元

ISBN 978-7-112-05732-0

（11371）

版权所有 翻印必究

如有印装质量问题，可寄本社退换

（邮政编码 100037）

本教材考虑建筑装饰装修木工的特点以及初、中级工的“应知应会”内容，根据建筑装饰装修职业技能岗位标准和鉴定规范进行编写。全书由概论、识图、材料、机具、施工工艺和施工管理六章组成，以材料和施工工艺为主线。

本书可作为木工技术培训教材，也适用于上岗培训以及读者自学参考。

出版说明

为了不断提高建筑装饰装修行业一线操作人员的整体素质，根据中国建筑装饰协会2003年颁发的《建筑装饰装修职业技能岗位标准》要求，结合全国建设行业实行持证上岗、培训与鉴定的实际，中国建筑装饰协会培训中心组织编写了本套"建筑装饰装修职业技能岗位培训教材"。

本套教材包括建筑装饰装修木工、镶贴工、涂裱工、金属工、幕墙工五个职业（工种），各职业（工种）教材分初级工、中级工和高级工、技师、高级技师两本，全套教材共计10本。

本套教材在编写时，以《建筑装饰装修职业技能鉴定规范》为依据，注重理论与实践相结合，突出实践技能的训练，加强了新技术、新设备、新工艺、新材料方面知识的介绍，并根据岗位的职业要求，增加了安全生产、文明施工、产品保护和职业道德等内容。本套教材经教材编审委员会审定，由中国建筑工业出版社出版。

为保证全国开展建筑装饰装修职业技能岗位培训的统一性，本套教材作为全国开展建筑装饰装修职业技能岗位培训的统一教材。在使用过程中，如发现问题，请及时函告我会培训部，以便修正。

中国建筑装饰协会

2003年6月

建筑装饰装修职业技能岗位标准、鉴定规范、习题集及培训教材编审委员会

顾　　　问：马挺贵　张恩树

主任委员：李竹成　徐　朋

副主任委员：张京跃　房　箴　王燕鸣　姬文晶

委　　　员（按姓氏笔划排序）：

王　春　王本明　王旭光　王毅强

田万良　朱希斌　朱　峰　成湘文

李　平　李双一　李　滨　李继业

宋兵虎　陈一龙　陈晋楚　张元勃

张文健　杨帅邦　吴建新　周利华

徐延凯　顾国华　黄　白　韩立群

梁家珽　鲁心源　彭纪俊　彭政国

路化林　樊淑玲

前　言

本书是中国建筑装饰协会规定的“建筑装饰装修职业技能岗位培训统一教材”之一，是根据中国建筑装饰协会颁发的《建筑装饰装修职业技能岗位标准》和《建筑装饰装修职业技能鉴定规范》编写的。本书内容包括初、中级木工的基本知识、识图、材料、机具、施工工艺及施工管理等。通过系统的学习培训，可分别达到初级工和中级工的标准。

本书根据建筑装饰装修木工的特点，以材料和工艺为主线，具有针对性、实用性和先进性，图文并茂、通俗易懂。

本书由山西省城乡建设学校李双一主编，由宋兵虎主审，主要参编人员有：李静、魏秀本、赵文莉、籍仙蓉、蔡菲、刘少峰、马宏、宋涛。在编写过程中得到了有关领导和同行的支持及帮助，参考了一些书刊，在此一并表示感谢。

本书除作为业内木工岗位培训教材外，也适用于中等职业学校、职业高中、建筑装饰专业教学及读者自学参考。

本教材与《建筑装饰装修木工职业技能岗位标准、鉴定规范、习题集》配套使用。

由于时间紧迫与经验不足，书中难免存在缺点和错漏，恳请广大读者指正。

目　录

第一章　建筑装饰装修木工概论 …… 1

　第一节　建筑装饰装修在建筑工程中的地位和作用 …… 1

　第二节　建筑装饰装修工程内容或项目划分 …… 2

　第三节　建筑装饰装修木工分类 …… 3

第二章　建筑识图基本知识 …… 6

　第一节　建筑工程图分类 …… 6

　第二节　建筑制图标准 …… 9

　第三节　识读图纸的方法和步骤 …… 30

第三章　建筑装饰装修木工材料 …… 35

　第一节　常用材料简介 …… 35

　第二节　木材 …… 36

　第三节　人造木质板材 …… 56

　第四节　铺楼地面材料 …… 67

　第五节　罩面板材 …… 74

　第六节　装饰线条类材料 …… 79

　第七节　地毯 …… 80

　第八节　胶粘剂 …… 85

第四章　建筑装饰装修木工机具 …… 89

　第一节　装饰木工常用手工工具 …… 89

　第二节　装饰木工常用机械 …… 101

第五章　建筑装饰装修木工施工工艺 …… 126

　第一节　装饰木工基本技术 …… 126

　第二节　装饰室内工程 …… 145

　第三节　装饰木工楼地面工程 …… 166

第四节　装饰木工吊顶工程……………………………………………… 218
第五节　装饰木工隔断墙工程 ………………………………………… 232
第六节　木门窗 ………………………………………………………… 239
第六章　建筑装饰装修木工施工管理 …………………………………… 297
第一节　管理基本知识 ………………………………………………… 297
第二节　班组管理 ……………………………………………………… 298
第三节　施工方案 ……………………………………………………… 307
第四节　安全技术知识 ………………………………………………… 310
参考文献 …………………………………………………………………… 315

第一章　建筑装饰装修木工概论

第一节　建筑装饰装修在建筑工程中的地位和作用

建筑装饰装修行业在我国具有悠久的历史和文化传统，改革开放后又获得了极大的发展。

房屋建筑作为物质和文化产品，建筑装饰装修对其的功能发挥和保值升值具有重要的作用。建筑装饰装修既要保护建筑物各种构件免受自然界风、雨、雪、霜、大气等的侵蚀，增强构件的保温、隔热、隔声、防潮、防腐等能力，提高构件的耐久性，延长建筑物的使用寿命，又要改善建筑物外在形象及室内环境，使建筑物清新、整洁、明亮、美观并具有文化艺术内涵，给人以舒适、温馨、愉快之感，为人们创造良好的生产、生活和工作学习环境。

建筑装饰装修工程与主体结构工程相对应，是建筑工程中相对独立的重要组成部分。随着社会生产力的发展，人们居住条件的迅速改善，建筑装饰装修工程在建筑工程中地位不断上升。一般房屋建筑工程，建筑装饰装修工程造价约占总造价的20%，中高级公共建筑工程，建筑装饰装修工程造价约占工程总造价的40%~60%。也就是说，在建筑业的房屋建筑产值中有很大一部分是由建筑装饰装修行业生产出来的。由此可见建筑装饰装修业在作为国民经济支柱产业的建筑业中具有重要的地位。

建筑装饰装修行业是一个既传统又新型的朝阳行业。建筑装饰装修行业是一个以设计为龙头，施工工艺为手段，材料为基础的系统工程和朝阳行业。有建筑就有装修，还要不断更新装饰。随着我国国民经济的持续稳定快速发展，生产力水平和人民生活水平的不断提高，现代建筑装饰装修行业蜂拥兴起，据有关资料统计：“九·五”期间建筑装饰装修业产值以平均每年30%～40%的幅度增长。2000年建筑装饰装修工程年产值达到5500亿元，占到GDP的6.2%。其中公共建筑装修约2500亿元，包括新建筑的装修产值1500亿元，旧建筑的装修产值1000亿元。住宅装修约3000亿元，包括新建住宅装修2000亿元，旧住宅装修1000亿元。近两年行业产值年平均增长速度也在20%以上，在国民经济各行业中处于中上水平，并远远高于GDP的增长速度。

第二节　建筑装饰装修工程内容或项目划分

按照我国建筑工程管理的有关规定，建筑装饰装修作为建筑工程的重要组成部分，属于建筑工程的一个分部工程。其又可分为若干分项工程：①一般抹灰；②建筑装饰装修抹灰；③地面；④门窗；⑤清水砖墙勾缝；⑥隔断；⑦饰面；⑧油漆；⑨刷（喷）浆；⑩玻璃安装；⑪罩面板；⑫钢木骨架；⑬裱糊；⑭细木制品；⑮花饰安装等。

按目前国内外建筑装饰装修行业习惯，建筑装饰装修工程一般包括以下主要项目：①楼地面；②墙面；③顶棚；④隔断；⑤门；⑥窗；⑦卫生间；⑧厨房；⑨家具；⑩灯具；⑪各种配件；⑫其他。

根据国家颁发的《建筑装饰装修工程质量验收规范》（GB50210—2001），将建筑装饰施工项目划分为抹灰工程、门窗工程、吊顶工程、轻质隔墙工程、饰面板（砖）工程、幕墙工程、涂饰工程、裱糊及软包工程、细部工程等，包括了建筑装饰装修施工所必须涉及的项目。但对于相对独立的建筑装饰装修施工企业，在实际施工中，需要完成的装饰施工内容和需要接触的装饰施工领域，常常会超出这个范围而涉及到其他方面。

如在施工实践中，人们也往往把给排水、采暖、空调、通风、灯具电器等露明部件的安装作为建筑装饰装修内容。同时习惯上以墙面为界，将建筑装饰装修分为内装修和外装修。外墙面的装修为外装修，除外装修以外的建筑物、构筑物内部的装修为内装修。

由此可见，建筑装饰装修施工的部位主要是：地面、墙面(包括隔断、壁柜)、顶棚。而无论什么部位或项目，建筑装饰装修木工都是一个重要工种。

第三节　建筑装饰装修木工（以下简称装饰木工）分类

建筑装饰装修木作工程，是在建筑物主体框架成型的基础上，根据装饰装修设计图纸（含效果图、样板间），将饰面材料及功能设施设备固定到被装饰的物体上，对室内外空间进行的设计和施工。其一切活动要体现和完善设计意图，达到适用、坚固、耐久、美观、舒适、典雅的效果，是施工技术与操作艺术的有机结合，是建筑装饰装修技术与文化艺术的兼容与互补。具有附着性、可更换性、可分割性、整体性、工序相互依赖与相互制约性等特点。木作装饰工程富有弹性，亲和力强，轻质高强，广受人们的欢迎。木制材料具有特殊的装饰性能，没有高水平地掌握操作技术的装饰工人，是难以完成的。跨进 21 世纪，面对 WTO 和经济全球化的大市场，我国建筑装饰行业要立足国内、跨出国境、冲进亚洲、打入世界，建筑装饰装修木作工程必须与时俱进，开拓创新。

建筑装饰装修木工是在建筑装饰装修工程中进行木制品的制作、安装及维修的技术工人。按建筑装饰装修职业技能标准，职业技术等级分为初级工、中级工、高级工、技师、高级技师五级，技术要求依次递进，对高级别的要求应包含低级别的要求。

建筑装饰装修木工是一个古老而新型的专业工种。我国古建筑以木构架形成了中华民族的独具特色的文化奇葩，并在建筑装饰装修方面积累了丰富的知识和技术技能。改革开放，为这个古老的工种注入了活力。建筑装饰装修木工继承了传统的技艺，并以新型材料和工艺为基础，成为建筑装饰装修行业的专业基础工种，其作用首屈一指，为建筑装饰装修作出了较大的贡献。该工种对工人素质要求历来较高，尤其在“小康不小康，关键是住房，住房看装饰”的思想引导下，提高技能的要求日趋高涨。

建筑装饰装修施工现场，一般将建筑装饰装修木工分为两类：粗木工（俗称大木匠）和细木工（俗称小木匠）。

粗木工主要是对结构性的骨架材料、板材、构件体量稍大的木制品和木作装饰工程进行制作安装，其装饰性稍弱；细木工则主要指对构件体量较小，偏重于构件装饰及饰面细部操作的木制品和木作装饰工程进行制作安装。正如民间流传谚语指出的：“小木匠的面，大木匠的线”。

小木匠的基本功是刨料。料刨得好与坏，直接影响制品的美观与质量。小木匠划线一般都以料的两个大面为依据。料刨得准，线就可划得准。因此，刨料必须要直、方、平。直，就是一根料刨好后，料的棱从这一端看到那一端是一条直线，而不是曲线；方，就是料刨好后，它的四个棱角是直角，而不是钝角或锐角；平，就是刨好的料，各面呈平面，不扭面。这三点做到了，料就刨好了，小木匠的面也就形成了。

大木匠的线主要有中线、水平线和尺寸线。做木结构的龙骨、框架料、板材、构件体量稍大的木制品和木作装饰工程都要首先弹出中线，然后根据中线操作。施工放样，还要弹出水平线、尺寸线，有了这些线，施工操作人员才好下料。因此，在建筑装饰装修施工中，木工师傅往往以线为依据，以线为规矩。线在木工施工中是关键的一环。

对划线要求：弹出的线必须是一条，不要弹出几条线；弹出的线必须要直，不能弹弯线。在弹线时，不要随手弹，在遇到有风时，弹线的方向同风向必须一致。弹出的线要清楚、准确。

第二章　建筑识图基本知识

第一节　建筑工程图分类

一、按投影法分类

1. 正投影图（图 2-1*c*）

是用平行投影的正投影法绘制的多面投影图。这种图画法简便，显示性好，是绘制建筑工程图的主要图示方法。但是，这种图缺乏立体感，必须经培训才能看懂。

2. 轴测图（图 2-1*b*）

是用平行投影法绘制的单面投影图。这种图有立体感，图上平行于轴测轴的线段都可以测量。但轴测图绘制较难，且仅能表达形体的一部分，因此常作为辅助图样。如画了物体的三面投影图后，再画一个轴测图，帮助看懂三面投影图。轴测图也常用来绘制给排水系统图和各类书籍中的示意图。

3. 透视图（图 2-1*a*）

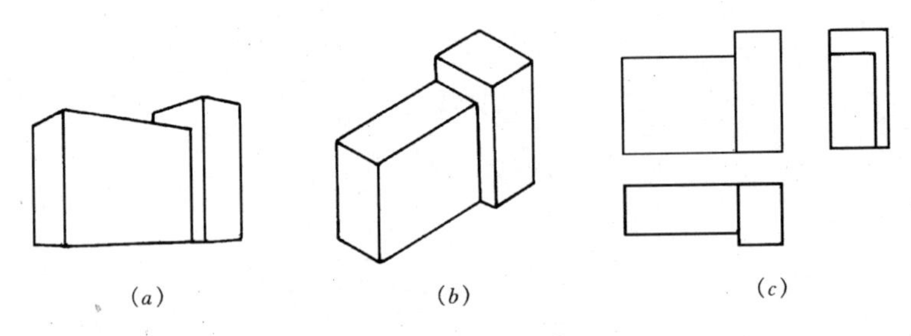

图 2-1　建筑工程常用的投影图

（*a*）透视图；（*b*）轴测图；（*c*）三面投影图

是用中心投影法绘制的单面投影图。这种图形同人的眼睛观察物体或摄影得的结果相似，形象逼真、立体感强，能很好地表达设计师的预想，常用来绘制效果图。它的缺点是不能完整地表达形体，更不能标注尺寸。它和轴测图的区别是等长的平行线段有近长远短的变化。

图 2-1 以一幢由两个四棱柱体组成的楼房为例，用三种投影法画它的投影图。

二、按工种和内容分类

1. 总平面图

包括目录、设计说明、总平面布置图、竖向设计图、土方工程图、管道综合图、绿化布置图。

2. 建筑施工图

包括目录、首页（含设计说明）、平面图、立面图、剖面图、详图。

3. 结构施工图

包括目录、首页、基础平面图、基础详图、结构布置图、钢筋混凝土构件详图、节点构造详图。

4. 给水排水施工图

分为室内和室外两部分。包括目录、设计说明、平面图系统图、局部设施图、详图。

5. 暖通空调施工图

包括目录、设计说明、采暖平面图、通风除尘平面图、采暖管道系统图等。

6. 电气施工图

分为供电总平面图、电力图、电气照明图、自动控制图、建筑防雷保护图。电气照明图包括目录、设计说明、照明平面图、照明系统图、照明控制图等。

7. 弱电施工图

包括目录、设计说明、电话音频线路网设计图、广播电视及火警信号等设计图。

8. 建筑装饰施工图

虽然建筑装饰施工图与建筑施工图在绘图原理和图示标识形式上有许多方面一致，但由于专业分工不同，总还存在差异。建筑装饰工程涉及面广，它不仅与建筑、结构、水、暖、电有关，还与家具、陈设、绿化等有关。因此，建筑装饰施工图中常出现建筑制图、家具制图、园林制图和机械制图等多种画法并存的现象。建筑装饰施工图比例较大，在细部描绘上比建筑施工图更细腻。

建筑装饰工程图由效果图、建筑装饰施工图和室内设备施工图所组成。从某种意义上来说效果图也应该是施工图。建筑装饰施工图包括装饰平面图、装饰立面图、装饰剖面图、详图。

三、按使用范围分类

1. 单体设计图

这是我们常见的一种图纸，适合一个建筑物、一个构件或节点，好比是量体裁衣。它虽然针对性强，但设计量大，图纸多。

2. 标准图

把各种常用的、大量性的房屋建筑及建筑配件，按《国标》统一模数设计成通用图，如同去服装店采购。如要修建某种规模的医院，去标准设计院买套图纸就可用。不仅节约时间而且设计质量高。我们常见到的是各种节点和配件的图集，各省、市都有自己的图集。

四、按工程进展阶段分类

1. 初步设计阶段图纸

只有平、立、剖主要图纸，没有细部构造，用作方案对比和申报工程项目之用。

2. 施工图

完整、系统的成套图纸，用来指导施工，计算材料、人工，质量检查、评审。

3. 竣工图

工程竣工后根据实际工程绘制图纸，是房屋维修的重要参考资料。

第二节　建筑制图标准

一、建筑工程主要制图标准

1. 房屋建筑制图统一标准 GB/T 50001—2001

2. 总图制图标准 GB/T 50103—2001

3. 建筑制图标准 GB/T 50104—2001

4. 建筑结构制图标准 GB/T 50105—2001

5. 给水排水制图标准 GB/T 50106—2001

6. 暖通空调制图标准 GB/T 50114—2001

7. 建筑电气制图标准

二、图纸的规格和形式

1. 图纸的形式

图纸由边框、标题栏、会签栏、对中标志组成，分为横式和立式两种（图 2-2）。

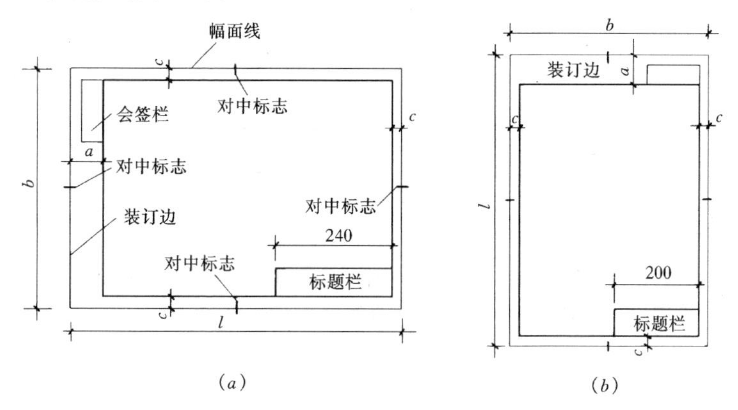

图 2-2　图纸的形式

（*a*）A0～A3 横式幅面；（*b*）A0～A3 立式幅面

2. 图纸的幅面

图纸的幅面应符合表 2-1 的规定，必要时图纸的长边可以加长，短边一般不应加长。

幅面及图框尺寸（mm）　　表 2-1

尺寸代号 \ 幅面代号	A0	A1	A2	A3	A4
$b \times l$	841 × 1189	594 × 841	420 × 594	297 × 420	210 × 297
c	10			5	
a	25				

3. 标题栏、会签栏

图纸的标题栏内应有工程名称、图号、图名、设计单位以及设计人、制图人、审批人的签名等内容（图 2-3），以便查阅图纸和明确技术责任。

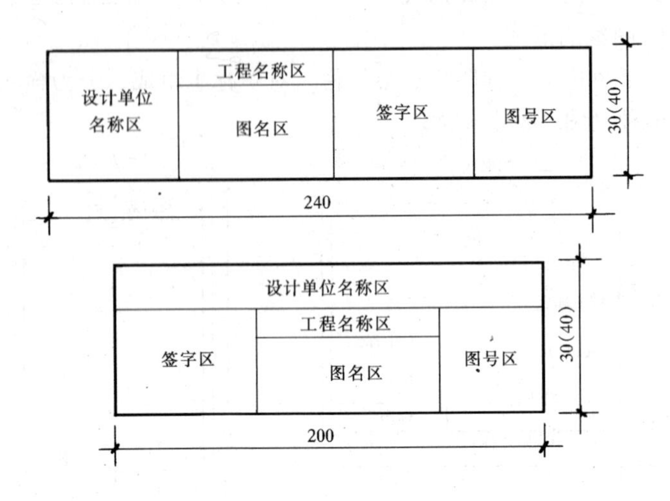

图 2-3　标题栏

会签栏是和图纸内容有关的各专业会审图纸后签名的地方。包括会签人代表的专业、姓名、日期（年、月、日）（图 2-4）。

标题栏、会签栏的签字是图纸手续是否完备，图纸是否有效的象征，看图时必须引起足够重视。

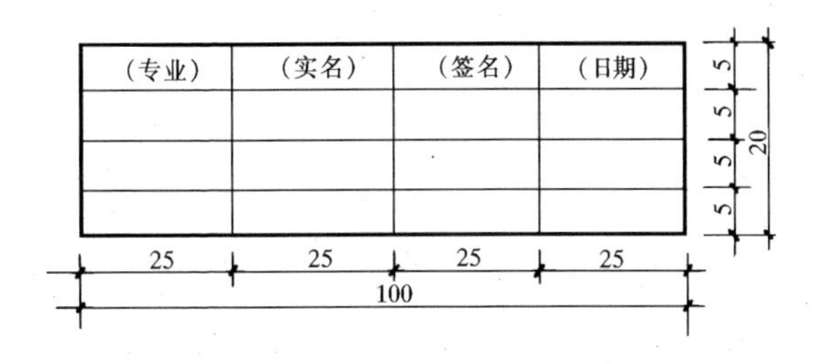

图 2-4　会签栏

三、图线

工程图是由线条构成的，各种线条均有明确的含义。详见表 2-2。图线应用示例见图 2-5。

图　　线　　　　**表 2-2**

名称		线型	线宽	一般用途
实线	粗	━━━━━━	b	主要可见轮廓线
	中	──────	$0.5b$	可见轮廓线
	细	──────	$0.25b$	可见轮廓线、图例线
虚线	粗	━ ━ ━ ━ ━	b	见各有关专业制图标准
	中	─ ─ ─ ─ ─	$0.5b$	不可见轮廓线
	细	─ ─ ─ ─ ─	$0.25b$	不可见轮廓线、图例线
单点长划线	粗	━━·━━·━━	b	见各有关专业制图标准
	中	──·──·──	$0.5b$	见各有关专业制图标准
	细	──·──·──	$0.25b$	中心线、对称线等
折断线		──╲╱──	$0.25b$	不需画全的断开界线
波浪线		∽∽	$0.25b$	不需画全的断开界线 构造层次的断开界线

注：地平线的线宽可用 $1.4b$。

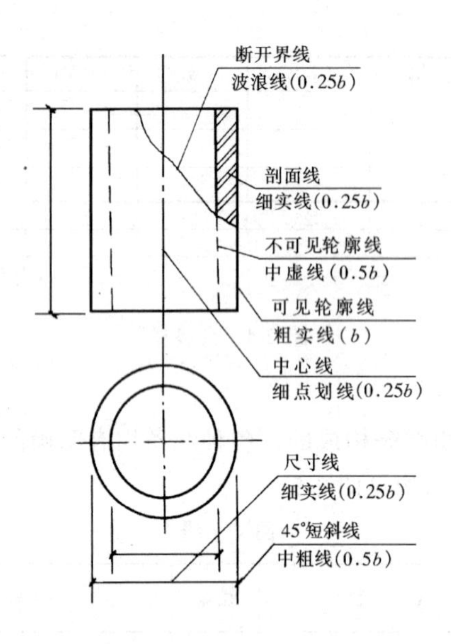

图 2-5 图线应用示例

四、比例

图样的比例，应为图形与实物相对应的线性尺寸之比。比例的大小，是指其比值的大小，如 1:50 大于 1:100。比值为 1 的比例叫原值比例，比值大于 1 的比例称之为放大比例，比值小于 1 的比例为缩小比例。比例的注写方法见表 2-3。

绘图所用的比例 **表 2-3**

常用比例	1:1 1:2 1:5 1:10 1:20 1:50 1:100 1:150 1:200 1:500 1:1000 1:2000 1:3000 1:10000 1:20000 1:50000 1:100000 1:200000
可用比例	1:3 1:4 1:6 1:15 1:25 1:30 1:40 1:60 1:80 1:250 1:300 1:400 1:600

五、尺寸标注

1. 图样上尺寸标注，由尺寸界线、尺寸线、尺寸起止符号和尺寸数字组成（图 2-6）。

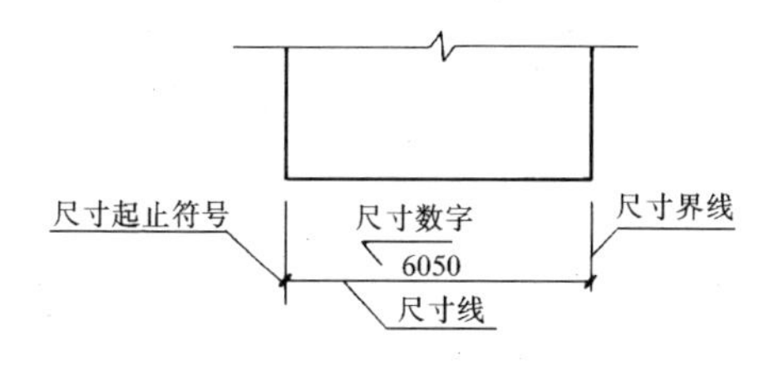

图 2-6　尺寸的组成

2. 图样上的尺寸，除标高及总平面以米为单位外，其他必须以毫米为单位。

3. 尺寸数字的注写方向和阅读方向规定为：当尺寸线为竖直时，尺寸数字注写在尺寸线的左侧，字头朝左。其他任何方向，尺寸数字也应保持向上，且注写在尺寸线的上方。如果在30°斜线区内注写时，宜按图 2-7 的形式注写。

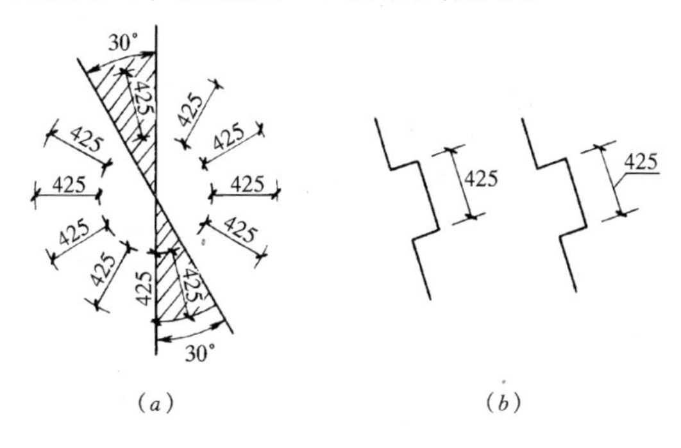

图 2-7　尺寸数字的注写方向

4. 半径、直径、球的尺寸标注。

半径、直径的尺寸注法见图 2-8。标注球的半径尺寸时，应在尺寸前加注符号“*SR*”。标注球的直径尺寸时，应在尺寸数字前加注符号“*Sϕ*”。注写方法与圆弧半径和圆直径的尺寸标注方法相同。

5. 角度、弧度、弧长的标注。

角度标注方法见图 2-9，弧长标注方法见图 2-10。

6. 薄板厚度的尺寸标注。

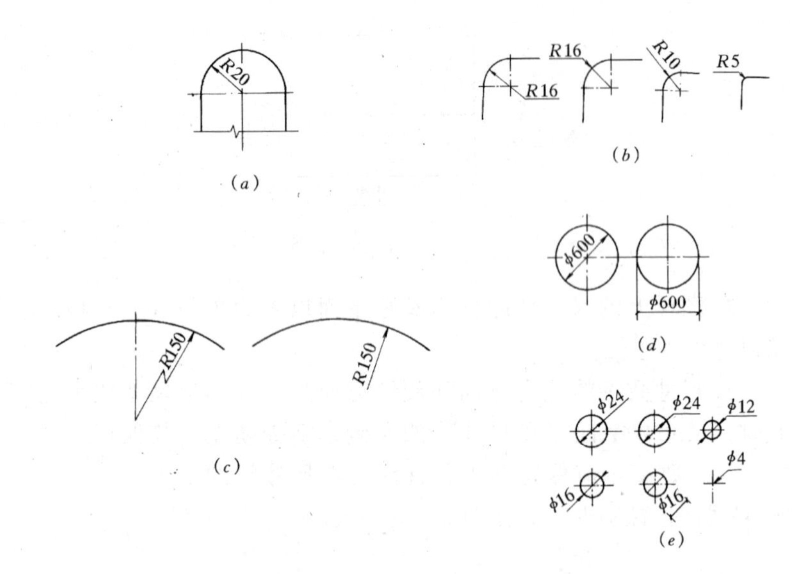

图 2-8 半径、直径标注方法

(*a*) 半径标注方法；(*b*) 小圆弧半径的标注方法；(*c*) 大圆弧半径的标注方法；(*d*) 圆直径的标注方法；(*e*) 小圆直径的标注方法

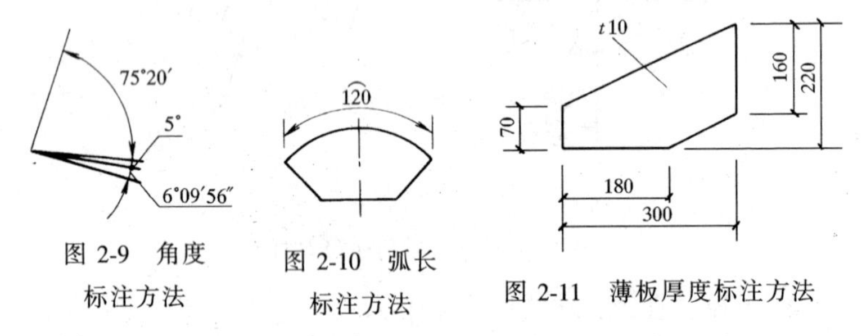

图 2-9 角度标注方法

图 2-10 弧长标注方法

图 2-11 薄板厚度标注方法

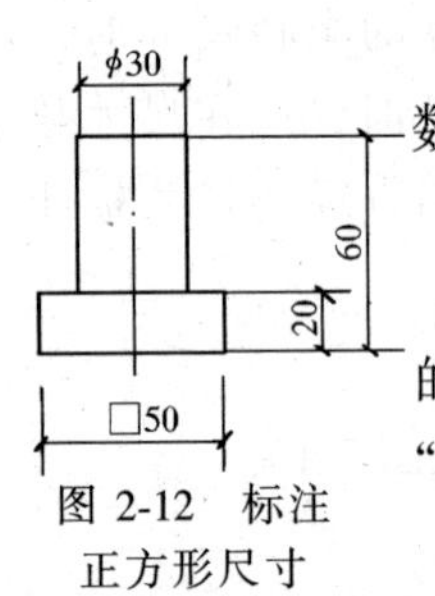

图 2-12 标注正方形尺寸

在薄板板面标注板厚尺寸时，应在厚度数字前加厚度符号“*t*”(图 2-11)。

7. 正方形的尺寸标注。

标注正方形的尺寸，可用“边长 × 边长”的形式，也可在边长数字前加正方形符号“□”(图 2-12)。

8. 外形非圆曲线物体、复杂图形尺寸标注。

外形为非圆尺寸的物体可用坐标形式标注尺寸（图 2-13）；复杂的图形，可用网格形式标注尺寸（图 2-14）。

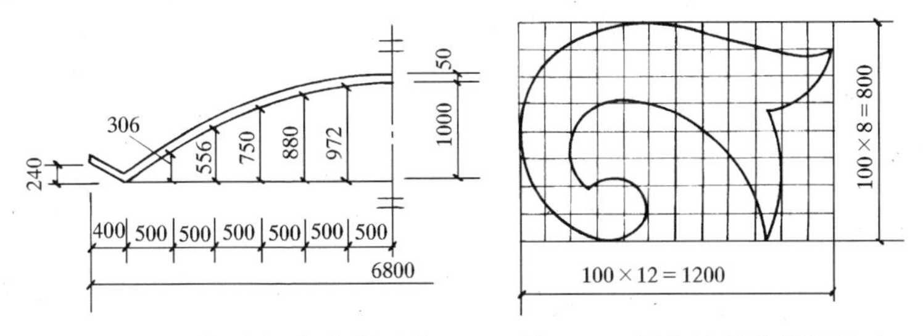

图 2-13　坐标法标注曲线尺寸　　　图 2-14　网格法标注曲线尺寸

9. 坡度的标注方法（图 2-15）。

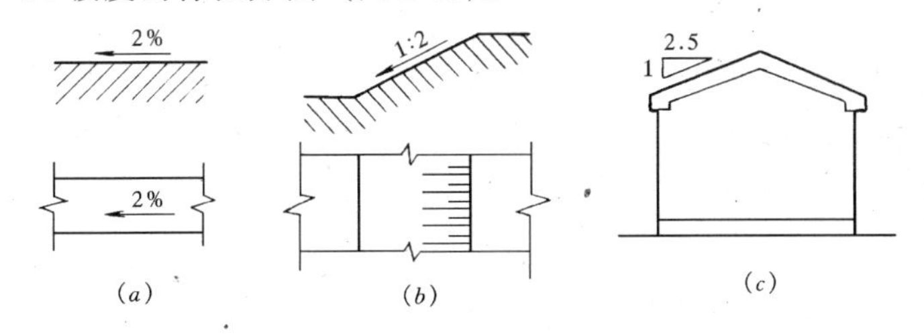

图 2-15　坡度标注方法

10. 标高（图 2-16，图 2-17）。

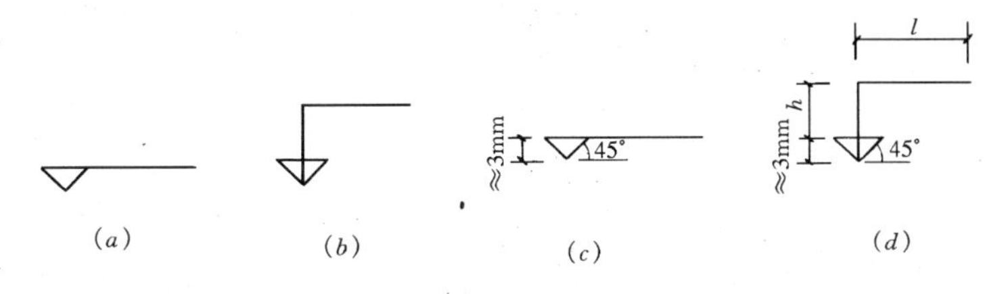

图 2-16　标高符号

l—取适当长度注写标高数字；h—根据需要取适当高度

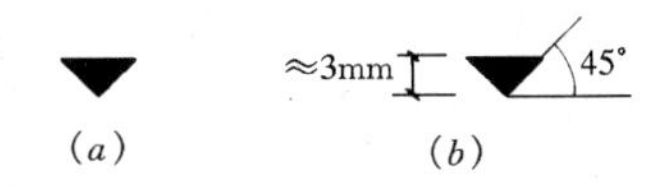

图 2-17　总平面图室外地坪标高符号

六、符号

1. 剖切符号

（1）剖视的剖切符号　由剖切位置线及投射方向线组成，均应以粗实线绘制（图 2-18）。

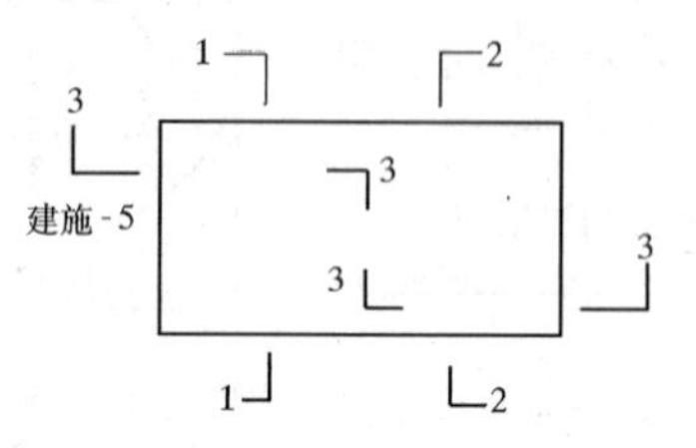

图 2-18　剖视的剖切符号

（2）断面的剖切符号只用剖切位置线表示，用粗实线绘制。编号所在的一侧应为该断面剖视方向（图 2-19）。

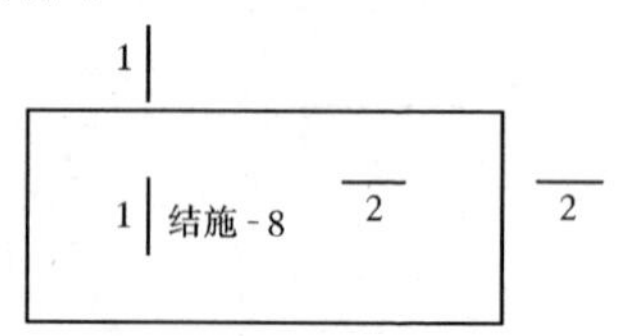

图 2-19　断面剖切符号

2. 索引符号与详图符号

（1）图样中的某一局部或构件，如需另见详图，应以索引符号索引。其表示方法见图 2-20。

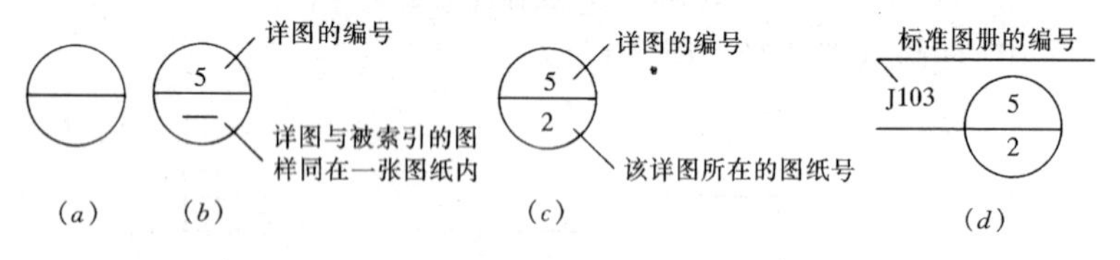

图 2-20　索引符号

（2）索引符号如用于索引剖面详图，应在被剖切的部位绘制剖切位置线，并以引出线引出索引符号，引出线所在的一侧应为投射方向（图 2-21）。

（3）详图的位置和编号，应以详图符号表示（图 2-22）。

3. 其他符号（图 2-23 ~ 图 2-25）

4. 定位轴线

平面图上的定位轴线编号，宜标注在图样的下方与左侧。横

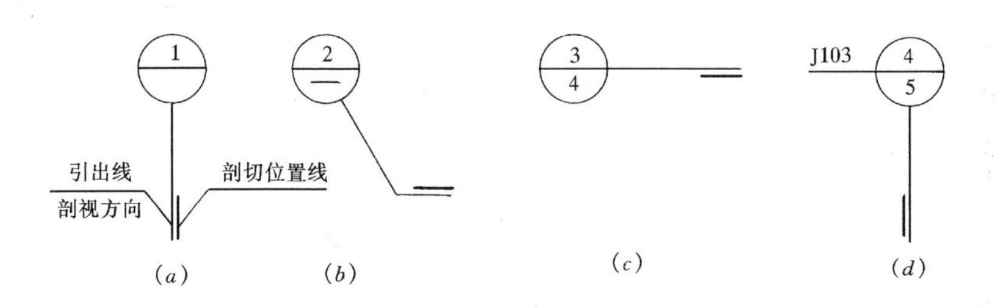

图 2-21　用于索引剖面详图的索引符号

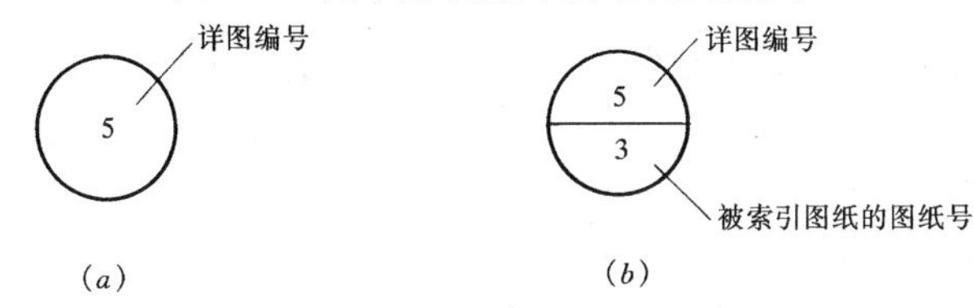

图 2-22　详图符号

(a) 与被索引图样同在一张图纸内的详图符号;

(b) 与被索引图样不在同一张图纸内的详图符号

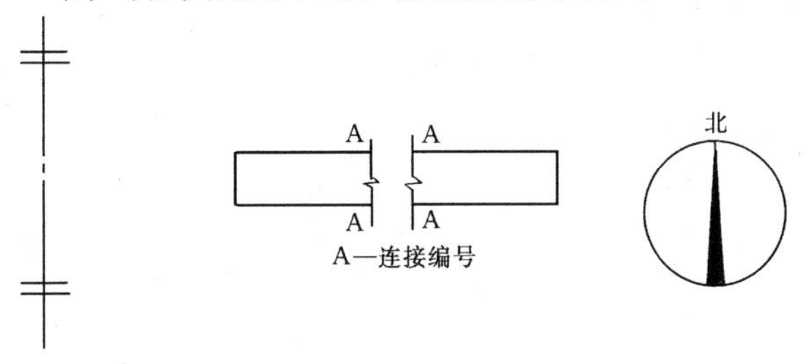

图 2-23　对称符号　　　图 2-24　连接符号　　　图 2-25　指北针

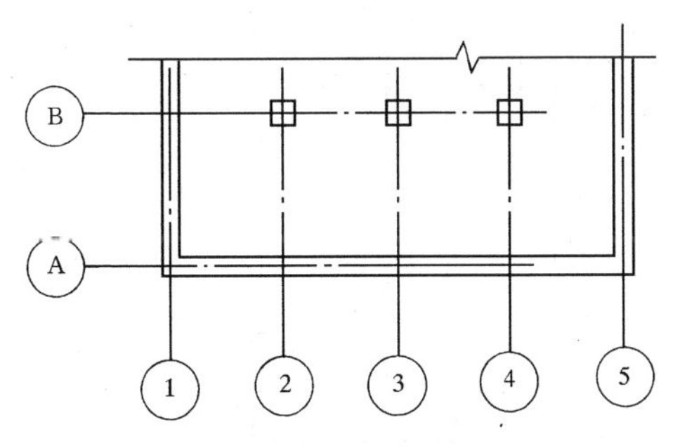

图 2-26　定位轴线的编号顺序

向编号应用阿拉伯数字，从左至右顺序编写；竖向编号应用大写拉丁字母，从下至上顺序编写（图 2-26）。

附加轴线的编号，应以分数表示：

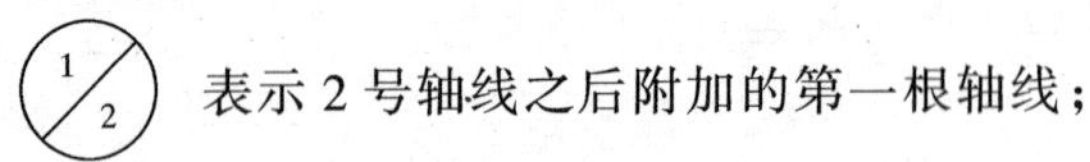

表示 2 号轴线之后附加的第一根轴线；

3/C 表示 C 号轴线之后附加的第三根轴线。

1 号轴线或 A 号轴线之前的附加轴线的分母应以 01 或 0A 表示，如：

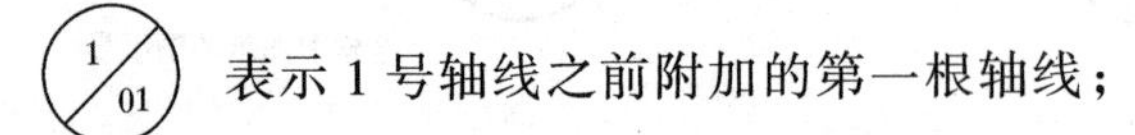

表示 1 号轴线之前附加的第一根轴线；

3/0A 表示 A 号轴线之前附加的第三根轴线。

5. 内视符号

为表示室内立面图在平面图上的位置，应在平面图上用内视符号注明内视位置、方向及立面编号（图 2-27，图 2-28）。立面

图 2-27　内视符号

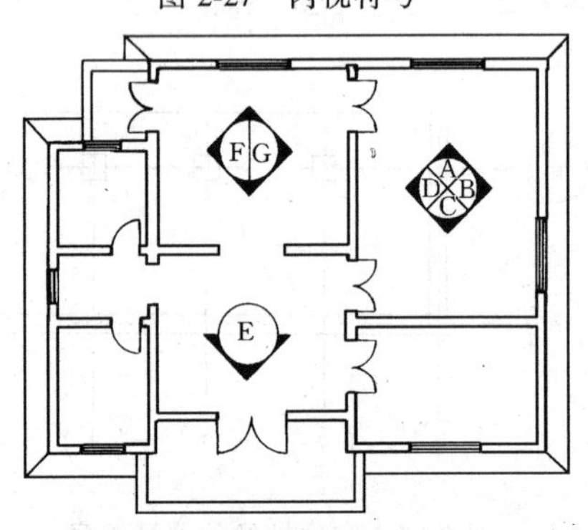

图 2-28　平面图上内视符号应用示例

编号用拉丁字母或阿拉伯数字。

七、图例

1. 常用建筑材料图例

（1）GB/T 50001—2001 标准规定的图例。

常用建筑材料图例　　表 2-4

序号	名　称	图　例	备　注
1	自然土壤		包括各种自然土壤
2	夯实土壤		
3	砂、灰土	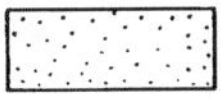	靠近轮廓线绘较密的点
4	砂砾石、碎砖三合土	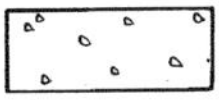	
5	石　材	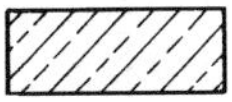	
6	毛　石	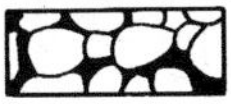	
7	普通砖	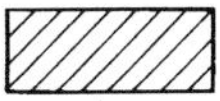	包括实心砖、多孔砖、砌块等砌体。断面较窄不易绘出图例线时，可涂红
8	耐火砖	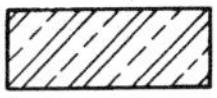	包括耐酸砖等砌体
9	空心砖		指非承重砖砌体
10	饰面砖		包括铺地砖、马赛克、陶瓷锦砖、人造大理石等
11	焦渣、矿渣	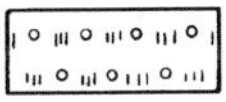	包括与水泥、石灰等混合而成的材料
12	混凝土	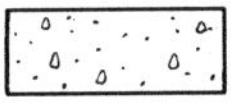	1. 本图例指能承重的混凝土及钢筋混凝土 2. 包括各种强度等级、骨料、添加剂的混凝土 3. 在剖面图上画出钢筋时，不画图例线 4. 断面图形小，不易画出图例线时，可涂黑
13	钢筋混凝土	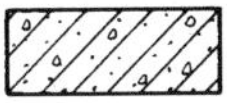	

续表

序号	名 称	图 例	备 注
14	多孔材料		包括水泥珍珠岩、沥青珍珠岩、泡沫混凝土、非承重加气混凝土、软木、蛭石制品等
15	纤维材料	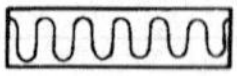	包括矿棉、岩棉、玻璃棉、麻丝、木丝板、纤维板等
16	泡沫塑料材料	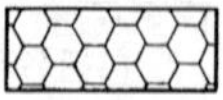	包括聚苯乙烯、聚乙烯、聚氨酯等多孔聚合物类材料
17	木 材	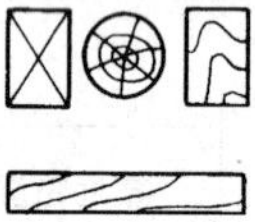	1. 上图为横断面，上左图为垫木、木砖或木龙骨 2. 下图为纵断面
18	胶合板		应注明为×层胶合板
19	石膏板		包括圆孔、方孔石膏板、防水石膏板等
20	金 属	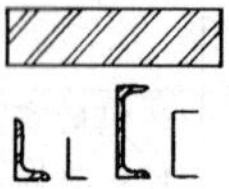	1. 包括各种金属 2. 图形小时，可涂黑
21	网状材料		1. 包括金属、塑料网状材料 2. 应注明具体材料名称
22	液 体	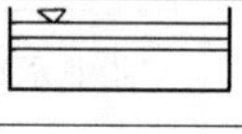	应注明具体液体名称
23	玻 璃		包括平板玻璃、磨砂玻璃、夹丝玻璃、钢化玻璃、中空玻璃、夹层玻璃、镀膜玻璃等
24	橡 胶		
25	塑 料		包括各种软、硬塑料及有机玻璃等
26	防水材料		构造层次多或比例大时，采用上面图例
27	粉 刷	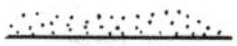	本图例采用较稀的点

注：序号1、2、5、7、8、13、14、16、17、18、20、22、24、25图例中的斜线、短斜线、交叉斜线等一律为45°斜线。

（2）装饰材料图例

装饰材料图例在“房屋建筑制图统一标准”GB/T 50001—2001中有些材料如胶合板、塑料等已有图例。其余一些材料图例目前无统一标准，现列出一些常见画法供参考。

装饰材料图例 **表 2-5**

序号	名称	图例	说明
1	纤维板		
2	细木工板		在投影图中很薄时，可不画剖面符号
3	覆面刨花板		
4	软质填充料		棉花、泡沫塑料、棕丝等
5	镜子		
6	编竹		上图为平面，下图为剖面
7	藤编		上图为平面，下图为剖面
8	网状材料		包括金属、塑料等网状材料 图纸中注明具体材料
9	栏杆		上图为非金属扶手；下图为金属扶手
10	水磨石		
11	表示壁纸的常见符号		左图为对花壁纸；右图为错位对花壁纸
			左图为水洗壁纸；右图为可擦洗壁纸
			左图背面已有刷胶粉；右图为防褪色壁纸
			左图可在再次装饰时撕去；右图为有相应色布料的壁纸

2. 家具、摆设物及绿化图例

家具、摆设物及绿化图例目前无统一规定，表 2-6 列出当前一些常见画法，供参考。

家具、摆设物及绿化图例　　表 2-6

序号	名　称	图　例	说　明
1	双人床	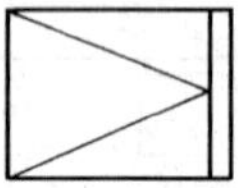	原则上所有家具在设计中按比例画出
2	单人床	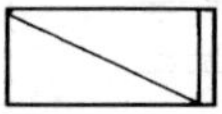	
3	沙　发	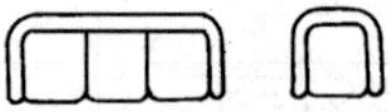	
4	凳、椅	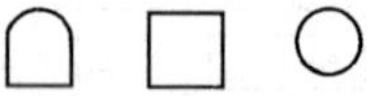	选用家具，可根据实际情况绘制其造型轮廓
5	桌		
6	钢　琴		
7	吊　柜		
8	地　毯		满铺地毯在地面用文字说明
9	花　盆		
10	环境绿化		乔木
11	隔断墙	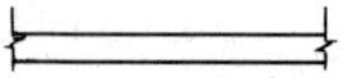	注明材料

续表

序号	名　　称	图　　例	说　　明
12	玻璃隔断 木隔断		注明材料
13	金属网隔断		
14	雕　塑		
15	其他家具	长板凳 食品柜 酒柜	其他家具可在矩形或实际轮廓中用文字说明

3. 构造及配件图例

表2-7列出的是国家标准“建筑制图标准”GB/T 50104—2001中的部分图例。

构造及配件图例　　表2-7

序号	名　　称	图　　例
1	墙　体	
2	隔　断	
3	栏　杆	
4	楼　梯	底层　上
		中间层　下　上
		顶层　下

续表

序号	名　　称	图　　例
5	坡　道	下 下 下
6	平面高差	××
7	检查孔	
8	孔　洞	
9	坑　槽	
10	墙预留洞	宽×高或 ϕ ××× 底(顶或中心)标高××.×××
11	墙预留槽	宽×高×深或 ϕ 底(顶或中心)标高××.×××
12	烟　道	

续表

序号	名　称	图　例
13	通风道	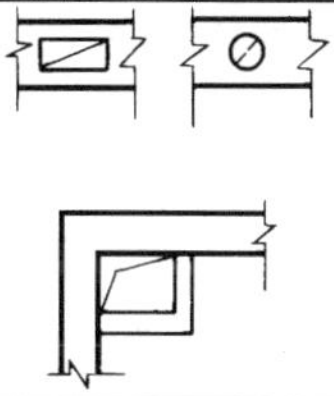
14	新建的墙和窗	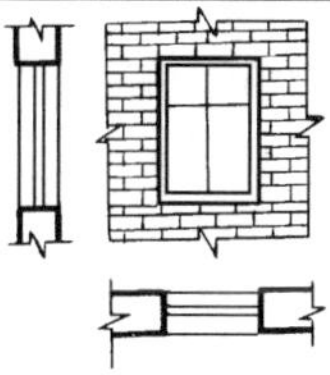
15	改建时保留原有的墙和窗	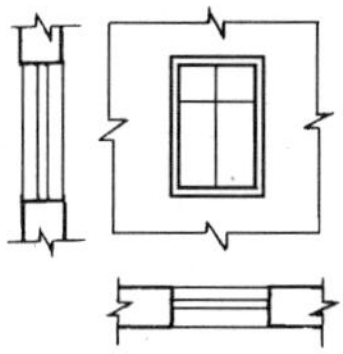
16	应拆除的墙	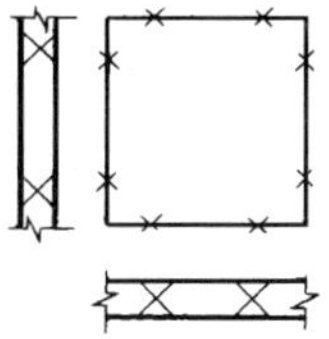
17	在原有墙或楼板上新开的洞	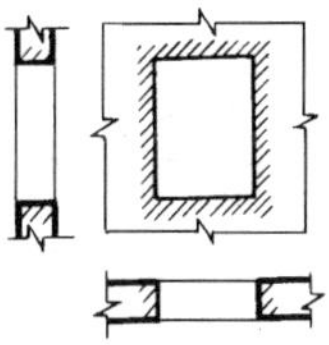
18	在原有洞旁扩大的洞	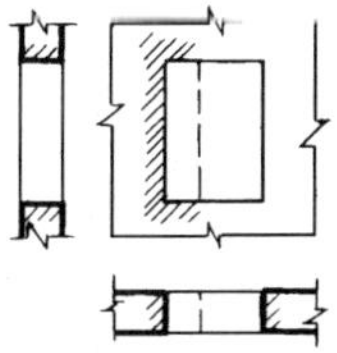

续表

序号	名　　称	图　　例
19	在原有墙或楼板上全部填塞的洞	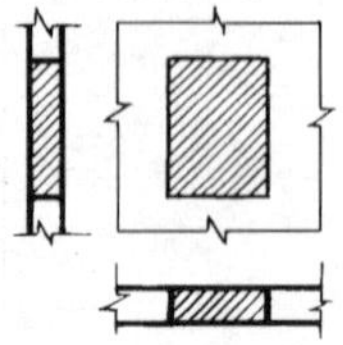
20	单扇门（包括平开或单面弹簧）	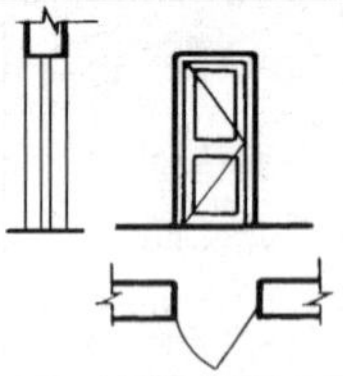
21	双扇门（包括平开或单面弹簧）	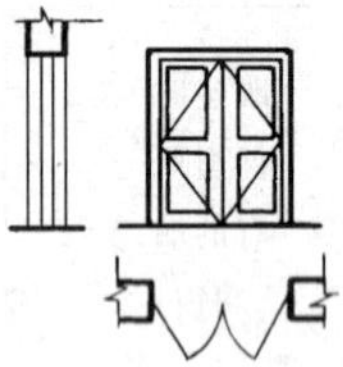
22	对开折叠门	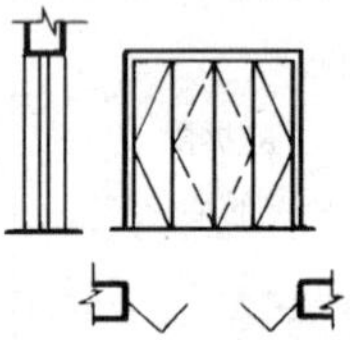
23	推拉门	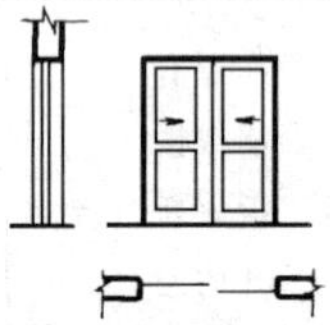
24	单扇双面弹簧门	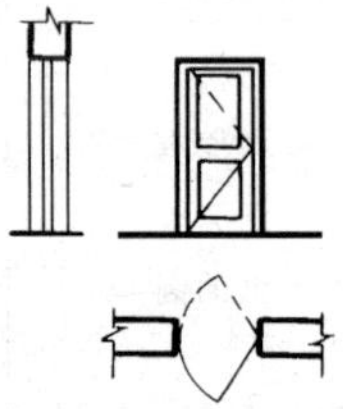

续表

序号	名　　称	图　　　例
25	自动门	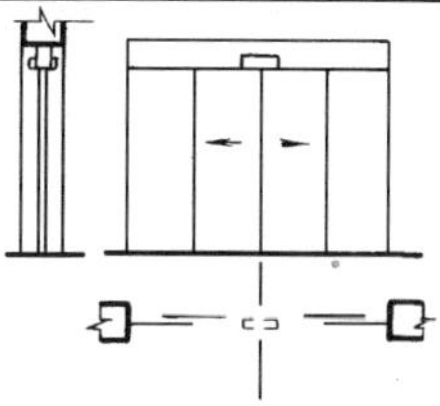
26	折叠上翻门	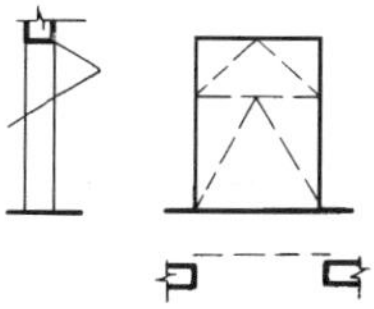
27	竖向卷帘门	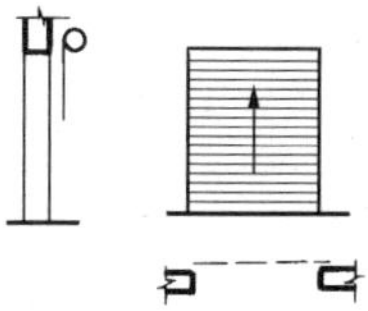
28	提升门	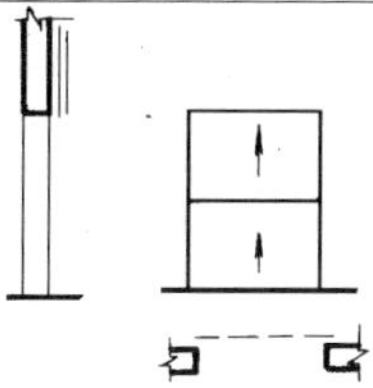
29	单层固定窗	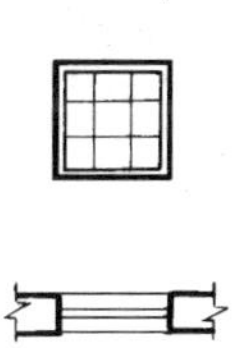
30	单层外开上悬窗	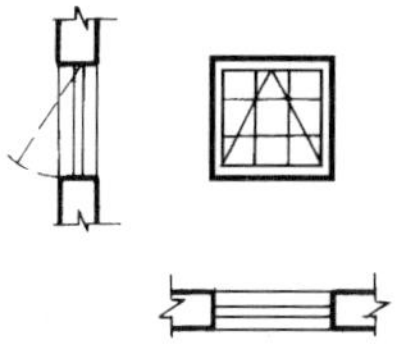

续表

序号	名　　称	图　　例
31	立转窗	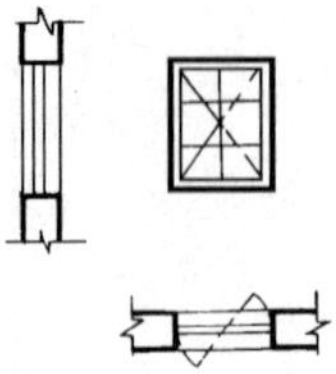
32	单层外开平开窗	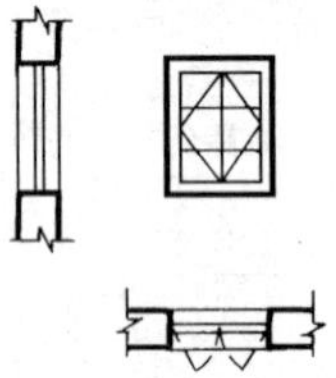
33	单层内开平开窗	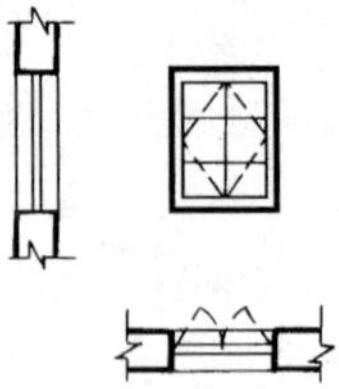
34	双层内外开平开窗	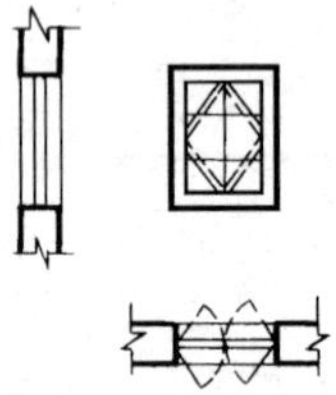
35	推拉窗	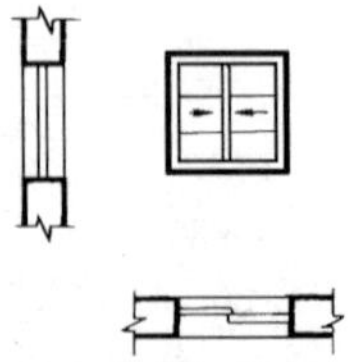

续表

序号	名　称	图　例
36	百叶窗	
37	高　窗	h=
38	电　梯	
39	自动扶梯	上 上　下

续表

序号	名　称	图　例
40	自动人行道及自动人行坡道	上

说明：

1. 门

(1) 门的名称代号用 M。

(2) 图例中剖面图左为外、右为内，平面图下为外、上为内。

(3) 立面形式应按实际情况绘制。

2. 窗

(1) 窗的名称代号用 C 表示。

(2) 立面图中的斜线表示窗的开启方向，实线为外开，虚线为内开；开启方向线交角的一侧为安装合页的一侧，一般设计图中可不表示。

(3) 图例中，剖面图所示左为外、右为内，平面图所示下为外、上为内。

(4) 平面图和剖面图上的虚线仅说明开关方式，在设计图中不需表示。

(5) 窗的立面形式应按实际绘制。

(6) 小比例绘图时平、剖面的窗线可用单粗实线表示。

第三节　识读图纸的方法和步骤

一、识读图纸前的准备

房屋建筑图是用投影原理和各种图示方法综合应用绘制的。所以，识读房屋建筑图必须具备一定的投影知识，掌握形体的各种图示方法和制图标准的有关规定，要熟记图中常用的图例、符号、线型、尺寸和比例，要具备房屋构造的有关知识。

二、识读图纸的方法和步骤

识读图纸的方法归纳起来是："由外向里看、由大到小看、由粗到细看、由建筑结构到设备专业看，平立剖面、几个专业、基本图与详图、图样与说明对照看，化整为零、化繁为简、抓纲带目，坚持程序。"

“由外向里看、由大到小看、由粗到细看、由建筑结构到设备专业看”。首先查看图纸目录和设计说明，通过图纸目录看各专业施工图纸有多少张，图纸是否齐全。看设计说明，对工程在设计和施工要求方面有概括的了解。第二、按整套图纸目录顺序粗读一遍，对整个工程在头脑中形成概念。如工程的建设地点、周围地形、相邻建筑、工程规模、结构类形、工程主要特点和关键部位等情况，做到心中有数。第三、按专业次序深入细致地识读基本图。第四、读详图。

“平立剖面、几个专业、基本图与详图、图样与说明对照看”。看立面和剖面图时必须对照平面图才能理解图面内容。一个工程的几个专业之间是存在着联系的。主体结构是房屋的骨架，装饰装修材料、设备专业的管线都要依附在这个骨架上。看过几个专业的图纸就要在头脑中树立起以这个骨架为核心的房屋整体形象，如想到一面墙就能想到它内部的管线和表面的装饰装修，也就是将几张各专业的图纸在头脑中合成一张。这样就会发现几个专业功能上或占位的矛盾。详图是基本图的细化，说明是图样的补充，只有反复对照识读才能加深理解。

“化整为零、化繁为简、抓纲带目、坚持程序”。当你面对一张线条错踪复杂、文字密密麻麻的图纸时，必须化繁为简，抓住主要问题。首先应将图纸分区分块，集中精力一块一块地识读。第二要按项目，集中精力一项一项地识读。坚持这样的程序读任何复杂的图纸都会变得简单，也不会漏项。“抓纲带目”有两种含义，一是前面说过的要抓住房屋主体结构这个纲，将装饰装修、设备专业构件材料这些目带动起来，做到“纲举目张”。第三是当你识读一张图纸时必须抓住图纸中要交待的主要问题。如一张详图要表明两个构件的连接，那么这张图纸中这两个构件就是主体，连接是主题，一些螺栓连接、焊接等是实现连接的方法。读图时先看这两个构件，再看螺栓、焊缝。

三、识读建筑平面图、立面图、剖面图、详图的步骤、要点

1. 平面图

(1) 看图名、比例，了解该图是哪一层的平面图，绘图比例是多少。

(2) 看首层平面图上的指北针，了解房屋的朝向。

(3) 看房屋平面外形和内墙的分隔情况，了解房间用途、数量及相互间联系，如入口、走廊、楼梯和房间的关系。

(4) 看首层平面图上室外台阶、花池、散水坡及雨水管的位置。

(5) 看图中定位轴线编号及其尺寸。了解承重墙、梁、柱位置及房间开间进深尺寸。

(6) 看各房间内部陈设，如卫生间浴盆、洗手盆位置。

一般在建筑平面图上的尺寸（详图除外）均为未装修的结构表面尺寸（如墙厚、门窗口尺寸）。

(7) 看地面标高，包括室内地面标高、室外地面标高、楼梯平台标高等。

(8) 看门窗的分布及其编号，了解门窗的位置、类型、数量和尺寸。

(9) 在底层平面图上看剖面的剖切符号，了解剖切位置及编号，以便与有关剖面图对照阅读。

(10) 查看平面图中的索引符号，以便与有关详图对照查阅。

2. 立面图

(1) 看图名和比例，了解是房间哪一立面的投影，绘图比例是多少。

(2) 看房屋立面的外形，以及门窗、屋檐、台阶、阳台、烟囱、雨水管等形状及位置。

(3) 看立面图中的标高尺寸，通常立面图中注有室外地坪、出入口地面、勒脚、窗口、大门口及檐口等处标高。

(4) 看房屋外墙表面装饰装修的做法，通常用指引线和文字来说明材料和颜色。

(5) 查看图上的索引符号，有时在图上用索引符号表明局部剖切的位置。

3. 剖面图

（1）看图名、轴线编号和绘图比例，与首层平面图对照，确定平面剖切的位置及投影方向。

（2）看房屋内部构造，如各层楼板、楼梯、屋面的结构形式、位置及其与墙（柱）的相互关系等。

（3）看房屋各部位的高度，如房屋总高、室外地坪、门窗顶、窗台、檐口等处标高，室内首层地面、各层楼面及楼梯平台的标高。

（4）看楼地面、屋面的构造，在剖面图中表示楼地面、屋面构造时，通常在引出线上列出做法的编号，如地 9，在华北地区《建筑构造通用图集》88J1—X1（2000 版）工程做法上就是铺地砖地面。

（5）看有关部位坡度的标注，如屋面、散水、排水沟等处。

（6）查看图中的索引符号。

4. 详图

下面以某通用图集“居住建筑”部分为例说明详图识图步骤和要点（图 2-29）。

（1）看图名知道是“筒子板”，此详图介绍筒子板做法。

（2）由详图得知，此图为墙体上门洞一侧的水平剖面图。砖墙内预埋经防腐处理的木砖，中距 500mm，4 根 25mm × 25mm，2 根 10mm × 30mm 的木条固定在木砖上，3 块五夹板固定在木条上。压缝条共有两种，从索引符号得知详图在本页找，很容易找到Ⓐ、Ⓑ两详图。得知压缝条分别为 L 形和半圆形。

（3）从图纸“注”得知五夹板和木条之间用白乳胶粘贴，气射钉固定，油漆品种颜色由设计人员确定。

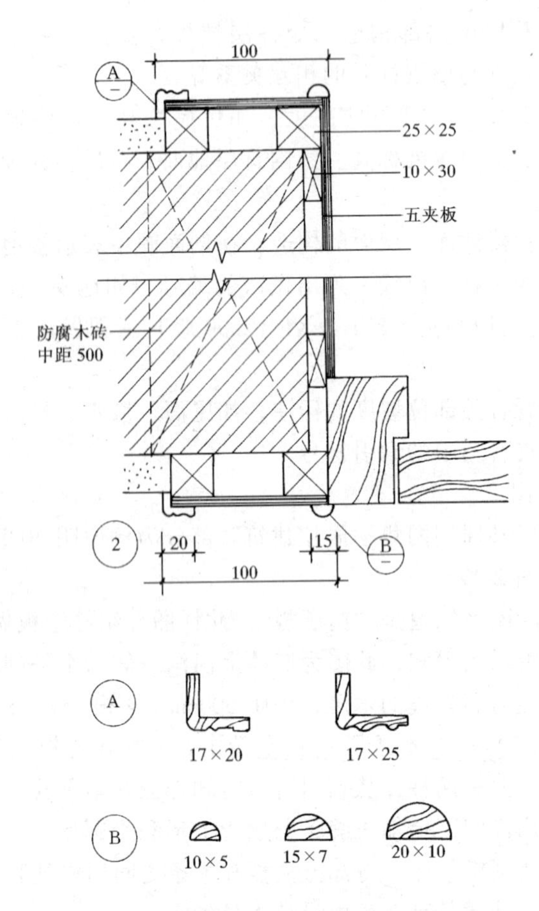

注：1. 本图为成品木线及板材构成的筒子板，采用白乳胶粘贴，气射钉固定。

2. 油漆品种及颜色由设计人员定。

3. 低密度板表面可改用1厚木皮粘贴。

4. 节点③、⑤适用于改造工程。

图 2-29　筒子板详图

第三章　建筑装饰装修木工材料

第一节　常用材料简介

墙面装饰用材料种类繁多、品种各异。装饰木工常用材料和木制品有原木、板方材（含木龙骨）、人造板材、木雕花饰、木线等。其中饰面用板材有木质面板、防火板、铝塑板以及一次成型的免漆板等。辅材有五金件、铁钉、钢钉、排钉、塑料胀塞、自攻螺钉、木螺钉、膨胀螺栓、胶粘剂等。

龙骨的材质有多种，如木龙骨、轻钢龙骨、塑钢龙骨、石膏龙骨等。木龙骨材料是木材通过加工而成的截面为方形或长方形的条状材料。龙骨一般用作基层找平、装饰骨架或直接作为隔墙、隔断龙骨框架。目前，除直接用作隔墙、隔断等对横截面要求较大的材料外，其他装饰用材基本不在现场加工（对材质有特殊要求的除外）。市场上均有加工好的木龙骨销售，其规格，长一般为4000mm，横截面有30mm×40mm、30mm×20mm、40mm×50mm等，材质以樟子松、白松居多。

基层用板材主要以各种板式型材为主。有胶合板、纤维板、威力板、刨花板、密度板、木工板等。表面规格一般为2440mm×1220mm。

面层用板材的材质品种很多。木质面板材有榉木、柚木、橡木、水曲柳、黄菠萝、花梨木、樱桃木等。各种材质又根据其刨皮部位不同而形成的花纹、色泽不同形成多种饰面板材品种，如花樟、猫眼、树榴等。除木质饰面板外，还有防火板、铝塑板等。面层用板材的规格一般也为2440mm×1220mm。

目前市场还销售各种木雕花饰，各种部位使用的塑料木线、木线，如门套线、窗套线、平线、阴角线、阳角线、收口线、半圆线、圆柱、花柱、方木线、雕刻花饰等。在使用时，只要善于组合就能产生各种装饰效果。

为了不使材料在待用期间发生变形、破损等现象，最好是分类堆放，而且要尽可能平放，以免发生翘曲、开裂。在各地区施工时，还应注意当地气候条件，环境温度、湿度的影响。尤其是饰面用板材，应尽量避免长时间对流风的吹拂或阳光直晒，以避免不必要的损失。另外，在搬运材料时，应注意保护边角，防止破损。木材属易燃材料，所以在施工现场堆放时，还一定要注意防火。

第二节　木　　材

一、木材基本知识

1. 常见树木的特征和用途

我国的树木有灌木和乔木两类，有 7000 余种，其中有千余种具有使用价值。按树叶的形状和大小不同，乔木通常分为针叶树和阔叶树两大类。针叶树的叶呈针形，平行叶脉，树干长直高大，纹理通直。一般材质较轻软，容易加工。阔叶树的叶呈大小不同片状，网状叶脉。大部分材质较硬，经刨削加工后表面有光泽，纹理美丽、耐磨。目前，木材在建筑工程中，主要用于建筑装饰装修。

（1）针叶树的性能、用途

1）红松

红松，又名果松、海松。产于东北长白山、小兴安岭。树皮灰红褐色，内皮淡驼色。边材浅黄褐色，心材淡玫瑰色，年轮窄而均匀，材质轻软，纹理直，结构中等，干燥性能良好，不易翘曲、开裂，耐久性强，易加工。主要用于制作门窗、屋架、檩条、模板等。

2）鱼鳞云杉

鱼鳞云杉，又名鱼鳞松、白松，产于东北。树皮灰褐色至暗棕褐色，多呈鱼鳞状剥层，木材浅驼色，略带黄白色，材质轻，纹理直，结构细而均匀，易干燥，易加工。主要用于制作门窗、模板、地板等。

3）樟子松

樟子松又名蒙古赤松、海松尔松，产于东北大兴安岭。边材黄白色，心材浅黄褐色。早晚材急变。较红松略硬，纹理直，结构中等，耐久性强。主要用于制作模板、胶合板等。

4）马尾松

马尾松，又名本松，产于长江流域以南。外皮深红褐色微灰，内皮枣红色微黄，边材浅黄褐色，甚宽，心材深黄褐色微红。材质中硬，纹理直或斜不匀，结构中至粗，不耐腐，最易受白蚁蚀，松脂气味显著。主要用于制作模板、檩条以及胶合板等。

5）落叶松

落叶松，又名黄花松，产于东北大小兴安岭及长白山（故又有兴安落叶松及长白落叶松之别），树皮暗灰色，内皮淡肉红色，边材黄白色微带褐，心材黄褐至棕褐色。早晚材硬度及收缩差异均大。材质坚硬，耐磨，耐腐性强，干燥慢，在干燥过程中易开裂。

主要用于制作檩条地板、木桩等。

6）臭冷杉

臭冷杉，又名臭松、白松，产于东北、河北、山西。树皮暗灰色，边心材色淡黄带白。材质轻软，纹理直，结构略粗，易干燥，易加工。主要用于制作门窗、模板等。

7）杉木

杉木产于长江流域及其以南。按照产地不同又有建杉、广杉、西杉之分。树皮灰褐色，肉皮红褐色，边材浅黄褐色，心材浅红褐色至暗红褐色。有显著杉木气味，纹理直而匀，结构中等或粗。易干燥，耐久性强。主要用于制作屋架、檩条、门窗、脚手架等。

(2) 阔叶树的性能、用途

1) 水曲柳

水曲柳产于东北。树皮灰白色微黄，肉皮淡黄色，干后浅驼色，边材窄呈黄白色，心材褐色略黄。材质光滑、花纹美丽、结构中等。不易干燥、易翘裂、耐腐性较强。主要用于制作胶合板、栏杆扶手、地板等。

2) 核桃楸

核桃楸，又名楸木，产于东北。外皮黑褐色，内皮淡褐色，边材淡黄白色带褐，心材淡灰褐色稍带紫。有韧性，干燥易翘曲。主要用于制作胶合板及细木装修等。

3) 柞木

柞木，又名蒙古栎、橡木，产于东北、华北、安徽。内皮淡橙黄色，木材淡红褐色，常呈灰褐斑点或条纹。纹理直，结构细，耐磨。主要用于制作胶合板、地板及细木装修等。

4) 色木

色木，又名槭树，产于东北、华北、安徽。内皮淡橙黄色，木材淡红褐色，常呈灰褐斑点或条纹。纹理直，结构细，耐磨。主要用于制作胶合板、地板及细木装修等。

5) 桦木

桦木，又名白桦，产于东北，树皮粉白色，老龄时灰白色或片状剥落，内皮肉红色，材色呈黄白色略带褐色。纹理直，结构细，易干燥不翘曲，切削面光滑、不耐磨。主要用于制作胶合板及细木装修等。

6) 杨木

杨木，又名山杨、青杨。树皮灰绿色，光滑，下部分暗而粗糙。内皮纤维质。心边材区别不明显，材色淡黄褐色。年轮分明，纹理直，结构细，材质轻而富有弹性。刨削而光滑，干燥易变形。可供生产火柴、胶合板、纸张等。

7) 核桃木

树皮淡灰色，具深槽纵裂，内皮纤维质。心边材区别明显。

心材红褐色略带紫色，间有深色条纹；边材淡黄色略带灰色。结构略细，刨削面光滑有光泽，干燥性能良好。可用于制作家具、枪托、镶贴木等。

8）榆木（白榆）

树皮灰褐色，坚实，具深槽纵裂，内皮纤维质。心边材区别明显，边材狭窄呈黄褐色，心材暗红褐色。年轻略呈波浪形。纹理直，结构粗，材质略重。干燥易变形。弦切板花纹美丽，适用于装饰和制作家具、农具车辆等。

9）椴木（紫椴）

树皮灰色，质柔，老皮纵裂，内皮红褐色。心边材区别稍明显，边材黄白色，心材浅红褐色至红褐色，有腻涩气味。年轮分明，宽而均匀。纹理直、结构细、材质轻柔，易加工，易干燥。适用于装饰和制作胶合板、火柴、家具等。

10）楠木

树皮暗褐色，质柔，略厚，外皮呈不规则一片状剥落，内皮褐色。心边材区别不明显，材色黄褐色，略带浅绿色。材质致密，纹理斜，结构细，易加工，切面光滑有光泽。耐久性强，具有香气，味苦。用于制作胶合板、家具、高级建筑门窗及木结构。

11）泡桐

树皮暗灰色，平滑，皮孔显著。年轮甚宽，髓心大则中空。心边材区别不明显，材色黄白色至淡肉红色，木纹通直，材质轻柔，刨光后有绢丝光泽。弦切面花纹美丽。木材不易变形翘曲，耐湿隔潮，耐光性强，耐腐蚀，易于自然干燥，易加工。可用于制作家具、乐器、木箱及其他装饰品。

12）臭椿

树皮平滑灰白色，有灰色斑纹，皮孔显著，有臭味。内皮质硬。边材黄白色，心材浅黄褐色。纹理直，结构粗。易加工，干燥易开裂，不耐腐，易被虫蛀。适用于制作家具、纸张和火柴等。

13）刺槐（洋槐）

图 3-1　树木的组成

树皮暗褐色，有深裂，内皮纤维质。边材狭，浅黄色；心材暗黄褐色带绿。纹理直，结构略粗。切削费力，但切面光滑，弦切面花纹美丽。干燥易开裂翘曲。可用于制作家具、地板、运动器材、农具等。

2. 树木构造基本知识

(1) 树木的构造

树木由树根、树干和树冠（包括枝和叶）三部分组成（图 3-1），建筑装饰装修用材主要取自树干。

树干是由树皮、形成层、木质部（边材和心材）和髓心等组成，见树干横切面图（图 3-2）。

树皮是树干的最外层，为识别树种的重要特征之一，各树种的厚薄、颜色和外部形态有所不同。有些树皮有利用价值，可以造纸，可以制造工业用绝缘、隔热和耐振的材料，也可供医药上用。在林区也有用树皮代替房瓦的。现在，随着工业化的发展，人们回归自然的心理越来越强，树皮也经常被用来做内外墙装饰。

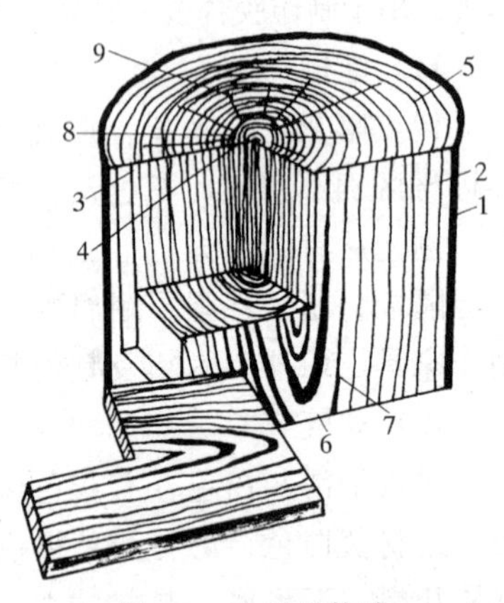

图 3-2　木材的构造
1—外皮；2—形成层；3—边材；4—心材；5—年轮；6—春材；7—晚材；8—髓心；9—心材

形成层是位于树皮与木质部之间，是一层很薄的组织。形成层向外分生韧皮细胞形成树皮，向内分生木质细胞构成木质部，即树干的木质是从外层增长而成，而树皮则从内层增长。

木质部有心材和边材，树木生长形成年轮，每个年轮内，又有早材和晚材之分。在横切面上的一圈圈呈同心圆式的木质层称为年轮，多数树种的年轮近似圆圈，少数树种的年轮呈不规则的波浪状。每一个年轮内，靠里面一部分是每年春天生长的，颜色较浅，组织较松，材质较软，称为早材（春材）。靠外面的一部分是夏末生长的，称为晚材（夏、秋材），颜色较深，组织致密，坚硬而质重。因此，木材的重量和强度大小与晚材的多少有关。由于早材与晚材的组织结构不同，在材质交界处有一条界线，它的明显与否，有助于识别树种。

有些树种，在树干中心部分颜色较深的称为心材，心材外围部分颜色较浅的称为边材。心、边材区别很明显的树种称为显心材树种；内外材色一致的树种称为隐心材树种。心材是在树木生长时，由边材转变而来。在变化过程中，活的细胞逐渐死亡，水分减少，树脂与色素等渗入，这些影响使心材颜色加深，材质变硬，耐久性提高。从边材到心材颜色变化有缓有急，各种树木的边材宽窄也有不同。边材的颜色和宽窄也是树种的特征之一。

髓心位于树干中心，是一种柔软的薄壁组织，它和第一年生的初生木质组合在一起。髓心位置有时在中心，有时因外界环境影响，偏于树干一侧。髓心组织松软、强度低、易开裂、易腐朽。因此，质量要求高的用材，不得带有髓心，但对于一般用材影响不大，可以允许存在。

(2) 木材结构的装饰特征

木材随树种不同，其结构、肌理、花纹、颜色、光泽、气味等也各有特征。

木材结构是由组成木材的各种细胞的大小和性质决定的木材纤维组成状态。由较多的大细胞组成，材质粗糙的称为粗结构；由较多的小细胞组成，材质致密的称为细结构；组成木材的细胞大小变化不大的称为均匀结构；变化大的称为不均匀结构。木材结构粗糙或不均匀，在加工时容易起毛或板面粗糙，油漆后没有光泽；结构致密和均匀的木材则容易加工，材面光滑。结构不均匀的木材，花纹美丽；结构均匀的木材花纹较差，但容易旋切，刨削光滑。

木材纹理是由各种细胞的排列情况形成的，可根据年轮的宽窄和变化缓急分为粗纹理和细纹理，还可根据纹理方向分为直纹理、斜纹理和乱纹理。直纹理的木材强度大，容易加工，斜纹理和乱纹理的木材强度较低，不容易加工，刨削面不光滑，易起毛刺。

木材花纹是指纵切面上有组织松紧、颜色深浅不同的条纹，它是由年轮、纹理、材色及不同锯切方向等因素综合形成的。花纹可以帮助识别树种，主要用在细木制品或贴面、镶边上，保持木质本来花纹和材色，自然美观。

木材颜色是多种多样的。木材的颜色长期接触空气会逐渐氧化，有的变浅，有的变深，有些树种心材与边材的颜色也有所不同。在室内装饰和细木工制品中要选用木材不同的颜色。识别树种也可以看新切削材面的颜色。

木材的光泽是材面对光线的吸收和反射结果，反射性强的光彩夺目，反射性弱的暗淡无光。有些木材具有显著的光泽，有些木材则没有光泽。

木材的气味不仅可以帮助识别木材，还有特殊用途。木材在空气中放久了，气味会逐渐减退，因此识别时要以新切面的木材为准。

木材的结构及颜色、光泽、气味使木材的装饰性能大大增强，使其在建筑装饰装修中形成自己独特的风格和无可替代的角色。

3. 木材的分类

为了合理用材起见，木材按加工与用途不同，可分为原木、杉原条、板材、方材等。

原木是指伐倒后经修枝，并截成一定长度的木材，分直接使用原木和加工用原木两种。直接使用原木适用于作坑木、电杆、桩木等，其小头直径 8～30cm，长 2～12m。加工用原木分特殊加工用原木（造船材、车辆材、胶合板材）和一般加工用原木，其小头直径 20cm 起，长 2～8m。

杉原条是指经修枝、剥皮，没有加工造材的杉木，长度在 5m 以上，梢径 6cm 以上。

板材是指断面宽度为厚度的三倍及三倍以上者。

按板材厚度的大小，板材分为：

薄板：厚度 18cm 以下。

中板：厚度 19～35cm。

厚板：厚度 36～65cm。

特厚板：厚度 66cm 以上。

方材是指断面宽度不足厚度三倍者。

按方材宽度相乘积的大小，方材分为：

小方：宽厚相乘积 54cm^2 以下。

中方：宽厚相乘积 55～100cm^2。

大方：宽厚相乘积 101～225cm^2。

特大方：宽厚相乘积 226cm^2 以上。

板方材长度：针叶树 1～8m；阔叶树 1～6m。

4. 木材的缺陷

树木自然生长、木材生产受各种因素影响，会产生各种各样的缺陷，木材的缺陷在不同程度上影响其质量，降低使用价值。我们要正确合理利用木材，设法使存在缺陷的劣材变为良材，变无用为有用，节约使用木材。同时保证建筑装饰装修木作工程的质量和装饰效果。

常见的木材缺陷有以下几种：

（1）节子

节子是由树干上的活枝条或枯死枝条在树干长出处形成的，又名木节、节疤。按节子质地及其与周围木材相结合的程度，主要分为活节、死节和漏节三种。

1）活节

活节与周围木材全部紧密相连，质地坚硬，构造正常。严格地讲，活节实际不能称为木材的缺陷，它使木材纹理复杂，形成千变万化的花纹，如旋形、波浪形、皱纹形、山峰形、鸟归形，给建筑装饰装修带来特殊的效果。

2）死节

死节与周围木材部分脱离或完全脱离，质地有的坚硬（死硬节），有的松软（松软节），有的本身已开始腐朽，但没有透入树干内部（腐朽节）。死节在板材中往往脱落而形成空洞。

3）漏节

漏节本身的木质构造已大部分破坏，而且已深入树干内部，和树干内部腐朽相连。

节子会给木材加工带来困难，如锯材时遇到节子，进料速度要放慢，不然会损坏锯齿。节子会使局部木材形成斜纹，加工后材面不光滑，易起毛刺或劈槎，影响装饰木制品的美观。此外，节子还破坏木材的均匀性，降低强度。

（2）腐朽

木材受腐朽菌侵蚀后，木材的颜色和结构将发生变化，严重的则使木材变得松软易碎质轻，最后变成一种干的或湿的软块，即为腐朽。按腐朽在树干中分布的部位不同，分为外部腐朽和内部腐朽。

1）外部腐朽

分布在树干的外围，大多是由于伐倒木或枯立木受腐朽菌侵蚀而形成的。

2）内部腐朽

分布在树干内部，大多是由于立木受腐朽菌的侵蚀而形成。

初期腐朽对材质影响较小。腐朽后期，不但对材色、外形等装饰性有所改变，而且对木材的强度、硬度等有很大降低。因此，在承重结构中不允许采用带腐朽的木材。

（3）虫眼

虫眼大多是新采伐的木材、枯立木以及病腐木（有时是生长的立木）遭受昆虫的蛀蚀而造成的孔眼。根据蛀蚀程度的不同，虫眼可分为表皮虫沟、小虫眼和大虫眼三种：

1）表皮虫沟　指昆虫蛀蚀木材的深度不足1cm的虫沟或虫害。

2）小虫眼　指虫孔的最小直径不足3mm的虫眼。

3）大虫眼　指虫孔的最小直径在3mm以上的虫眼。

虫害不仅给树木和木材带来病害，影响木材的装饰性，而且降低木材的强度，因此必须加以限制。

（4）裂纹

裂纹即树木生长期间或伐倒后，由于受外力或温度和湿度变化的影响，致使木材纤维之间发生脱离的现象。按开裂部位和开裂方向不同，分为径裂、轮裂、干裂三种。

1）径裂　是在木材断面内部，沿半径方向开裂的裂纹。

2）轮裂　在木材断面沿年轮方向开裂的裂纹。轮裂有成整圈的（环裂）和不成整圈的（弧裂）两种。

3）干裂　由于木材干燥不匀而引起的裂纹。一般都分布在材身上，在断面上分布的亦与材身上分布的外露裂纹相连。一般统称为纵裂。

（5）斜纹（在圆木中称为扭纹）

斜纹即木材中由于纤维排列得不正常而出现的纵向倾斜纹。在圆木中斜纹呈螺旋状的扭转，在圆材的横断面上，纹理呈倾斜状。斜纹也可能人为所致。如由于下锯方法不正确，把原来为通直的纹理和年轮切断，通直的树干也会锯出斜纹来。人为斜纹与干材纵轴所构成的角度愈大，则木材强度也降低得愈多，因此在高级用材中对人为斜纹必须严格限制。

木材缺陷的种类及其分布情况是衡量木材材质的主要标准，木材的等级主要是根据缺陷的种类和分布而定，各级木材的缺陷的限制及测量方法要符合规定。

二、木材的性能

1. 木材的物理性能

(1) 含水率·平衡含水率·纤维饱和点含水率

木材中水分的重量与全干木材重量的百分比，称为木材含水率。按下式计算：

$$木材含水率 = \frac{原材重 - 全干材重}{全干材重} \times 100\%$$

木材含水率测定方法是：锯取一块试样，锯下后立即称出重量，称为原材重，然后将试样放入烘箱中，先在低温下烘，逐步使温度上升到 100 ± 5℃，在试样烘干过程中每隔一定时间称它的重量，到最后连续两次所称得的重量相差很小，即认为达到恒重，称为全干材重。

生材即新采伐的木材，只含有树木生长时的水分，其含水率约 50% ~ 100%。湿材即经过水运或贮存于水中的木材，其含水率大于生材。不论是生材或湿材，长期存放在空气中，水分会逐渐蒸发，一直到含水率为 12% ~ 18% 时，就不再继续蒸发了，这种状态的木材称为气干材。窑干材即把木材放在干燥窑里干燥到含水率为 4% ~ 12% 的木材。

生材或湿材在空气中逐渐蒸发水分，一直达到和周围空气湿度相平衡状态，这时木材含水率为平衡含水率。各地木材平衡含水率，随着地区的温度和湿度而变化。木材的平衡含水率在北方约 12%，在南方约 18%，长江流域约 15%左右。

潮湿木材在干燥过程中，首先蒸发的是细胞腔和细胞间隙的自由水，当自由水已蒸发完，而细胞壁上的附着水还处在饱和状态时称为纤维饱和点。这时木材含水率称为纤维饱和点含水率。或者是干材在吸湿过程中，细胞腔还没有出现水分，只有细胞壁饱含水分时，也称纤维饱和点。纤维饱和点含水率一般约 23% ~ 33%之间。纤维饱和点是木材干缩湿胀的转折点，是木材物理、力学性能转折点。木材含水率在纤维饱和点以下时，木材将随含水率变化而干缩或湿胀，强度随含水率增加而减少；在纤维饱和点以上时，即使水分再增加或减少，木材的体积、强度不会变化，只能引起木材重量的增减。为此，木材受环境湿度变化的影响较大。在建筑装饰装修前，我们应干燥木材；制作安装以后，也要注意防潮，以防止装修工程的变形、破坏，影响装修效果和质量。

（2）密度与表观密度

密度是指物质单位体积的质量。表观密度是指材料在自然状态下，单位体积的质量。木材单位体积的质量称为木材表观密度(过去称为容重)。由于木材含有的水分不同，表观密度差别很大。通常以含水率为 15% 的表观密度为标准。表观密度大的木材，它的细胞壁厚，孔隙小，组织致密，强度高；表观密度小的木材则细胞壁薄，孔隙大，组织疏稀，强度低。木材的表观密度大约为 400～750kg/m^3（防潮的）和 500～900kg/m^3（不防潮的）。由此可见，木材表观密度相对较小，材质较轻，但是与同密度的材料相比，木材具有很好的强度和耐久性。木材的比强度比钢材、混凝土较高。

常见普通使用的木材干密度约为 500kg/m^3，木材表观密度的大小，可用来识别和帮助人们合理利用木材和估计木材装饰工艺性质的好坏。木材的表观密度差异较大。不同树种，同树种生长的环境和地区不同或贮运的环境不同，同种木材部位不同，其表观密度都会有所不同。所以民间有“根梢分不清，师傅拿秤称”之说。

2. 木材的力学性能

木材的力学性能是指木材抵抗外力作用的能力，大多数建筑装饰装修木构件总是承受着各种外力的作用，正确掌握木材的受力性能，对于木装修合理使用木材和选择加工方法有着重要的意义。

木构件在外力作用下，在构件内部单位截面积所产生的内力称为应力，木材抵抗外力破坏时的能力称为强度。外力根据其作用性质不同，有拉力、压力、弯曲、剪切等，相应地木材有抗拉强度、抗压强度、抗弯强度、抗剪强度等。现分述如下：

(1) 木材的抗拉强度

木材的抗拉强度按照外力与木材纤维方向不同，有顺纹抗拉强度和横纹抗拉强度之分。

1）顺纹抗拉强度　即外力与木材纤维方向相平行的抗拉强度。木材的顺纹抗拉强度是所有强度中最大的，但由于节子、斜纹、裂纹等缺陷对抗拉强度影响很大，在实际应用中，木材顺纹抗拉强度反而比顺纹抗压强度为低。木屋架中的下弦杆、拉杆等均为木材顺纹受拉的情况。

2）横纹抗拉强度　即外力与木材纤维方向相垂直的抗拉强度。木材的横纹抗拉强度远较顺纹抗拉强度为低，这是因为木材纤维之间横向联系脆弱，容易被拉开，因而在木构件中不允许木材横向受拉。

(2) 木材的抗压强度

木材的抗压强度也有顺纹抗压强度和横纹抗压强度之分。

1）顺纹抗压强度　即外力与木材纤维方向相平行的抗压强度。木材顺纹受压后，主要是因丧失稳定而破坏。实际上，在同样条件下，木材顺纹受压时抵抗外力作用的能力要比顺纹受拉为低。由于木材在顺纹受压时有较好的塑性性质，使应力集中趋于和缓，木材的缺陷对顺纹受压影响较小。因此木材的受压比受拉可靠。故有“立木顶千斤”之说。在工程实际中，木材特别是原木作为受压构件被大量使用。屋架中的压杆、木桩、立柱、坑木等均为木材顺纹受压。

2）横纹抗压强度　即外力与木纤维方向相垂直的抗压强度。由于木材是管状细胞所组成，当横纹受压时，细胞被压扁，因此木材的横纹抗压强度要比顺纹抗压强度为低。垫木、枕木等均为木材的横纹受压。

(3) 木材的抗弯强度

木材受弯时（以梁为例），在截面上部产生顺纹压力，截面下部产生顺纹拉力，越靠近截面边缘所受的压力和拉力就越大。

木材的抗弯强度介于顺纹抗压强度与顺纹抗拉强度之间。木材的缺陷对木材的抗弯强度影响很大，尤其在受拉区的边缘更甚。为此，对于大梁、搁栅、檩条等受弯构件，不允许在中间段的受拉区内存在节子或斜纹等缺陷。

(4) 木材的抗剪强度

外力作用于木材，使其一部分脱离邻近部分而滑动时，在滑动面上单位面积所承受的外力，称为木材的抗剪强度。木材的抗剪强度有顺纹剪切、横纹剪切和剪断三种形式（见图 3-3）。

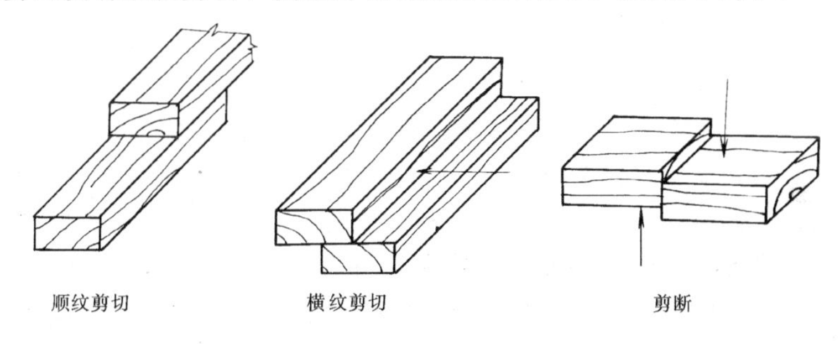

图 3-3 木材抗剪

1）顺纹抗剪强度　即剪力方向和剪切面均与木材纤维平行时的抗剪强度。木材顺纹受剪时，绝大部分是破坏在受剪面中纤维的连接部分，因此木材顺纹抗剪强度较小。

2）横纹抗剪强度　即剪力方向与木材纤维方向相垂直，而剪切面与木材纤维方向平行时的抗剪强度。木材的横纹抗剪强度只有顺纹抗剪强度的一半左右。

3）剪断强度　即剪力方向和剪切面都与木材纤维方向相垂直时的抗剪强度。木材的剪断强度约为顺纹抗剪强度的三倍。

木材的裂纹能使木材的抗剪强度降低，尤其是与受剪面相重合的裂纹影响最人，常为构件结合破坏的主要原因，应特别注意。

木材强度与树种有关，也因产地、生长条件与时期、部位的不同而变化，但影响木材强度的主要因素是含水率、温度、受力时间长短及缺陷等。例如：木材含水率越大，其强度就越低，而含水率的变化对抗拉强度影响较小，对抗压强度、抗弯强度和抗剪强度影响较大；温度愈高，其强度愈低，温度愈低，则强度愈高，而温度变化对抗压强度影响最大，对抗拉强度、抗弯强度和抗剪强度影响较小；长期受力的木材强度要比短期受力的木材强度低得多；木材的腐朽、裂纹、斜纹、节子都在不同程度上影响木材的强度。装饰木作工程中，木材受力现象还是非常普遍的，木装饰既有附着装饰性，也有构造结构性。

3. 木材的装饰性能

木材结构的装饰特征决定其装饰性能。木材广泛用于建筑室内外装饰装修，尤其是室内装饰。在大量的建筑装饰装修材料中，直接来自自然的材料，最受人们的欢迎，木材已属唯一。木材能就地取材，质地优良、质轻、坚固、富有弹性、经久耐用、加工方便、热胀冷缩较小，易着色和油漆，不易导热、声等特性，远非金属和非金属制品（如塑料、混凝土、陶瓷等）所能替代。如用于拼花地板、墙裙、踏脚板、挂画条、天花板、装饰吸声板、门、窗、扶手、拦杆等。木材采伐、选材、加工过程中剩余的下脚废料，通过综合利用可制作各种人造板材如胶合板、纤维板、刨花板等。

树种和木料的构造不同，其纹理、花纹、色泽、气味也各不相同。木材的纹理是指木材体内纵向细胞组织的排列情况，有直纹理、斜纹理、扭纹理和乱纹理等。木材的花纹是指纵切面上组织松紧、色泽深浅不同的条纹，它由年轮、纹理、材色及不同锯切方向因素等决定。有条板花纹、银光花纹、弦面花纹、泡状花纹、树瘤花纹、皱皮花纹、羽状卷曲花纹、月光卷曲花纹、色素花纹、鸟眼花纹、带状花纹等。有的硬木，特别是木射线发达的硬木，经刨削、磨光后，花纹美丽，光可鉴人，是一种珍贵的装饰材料。

现代的装饰材料在品种、花色、质量等方面有了很大的发展和进步。但来自天然的木材具有许多其他材料所无法比拟的装饰质量和特殊效果，如美丽的天然花纹、良好的弹性，给人们以淳朴、古雅、温暖、亲和的质感，因此木材作为建筑室内外装饰装修材料，有其独特的功能和价值，得到广泛的应用。在国外虽然有多种多样优质的墙纸、墙布、木纹贴面纸、涂料等，但仍选用优质木材或花纹美丽的旋切木薄片，镶贴于墙面、天花、家具等上，以获得典雅、高贵、朴实无华的传统自然美。

木材原属建筑材料的“三大材”钢材、木材、水泥之一。可见木材在建筑工程的重要地位。但是随着人类的乱砍乱伐，森林木材资源急剧减少以及建材工业的发展，木材在建筑主体结构工程中“三大材”之一的地位已明显不足。与此相反，木材的装饰性能在建筑装饰装修工程中的地位日盛。其质地优良，经久耐用，与自然的良好沟通，与人亲和的特性受到人们的特别厚爱。

三、木材的干燥

为了提高木材的强度，防止腐朽、变形、裂纹、弯曲等的出现，保证建筑装饰装修产品或工程施工质量，延长其使用年限，木材在制作安装之前必须进干燥处理，在制作安装以后更要防潮。

1. 天然干燥法

天然干燥法就是将木材堆积在空旷场地或棚内，利用空气作传热、传湿介质，利用太阳辐射热量，使木材中水分逐渐蒸发，达到一定的干燥程度。天然干燥法，主要用于制作木结构构件中厚度在 100mm 以上，规定含水率大于 15%的板方材。

堆积场地要求干燥、平整，有不大的坡度，便于排除积水，且要通风良好。同时，要位于锅炉房上风方向，与锅炉房或其他建筑物应有适当距离。场地上不得堆放刨花、木屑等易燃物品。为了防止火灾，必须健全防火制度和设置防火设备。

木材应按树种、规格和干湿情况加以区别分类堆垛。一般采用水平堆积法。在材堆底部应有适当高度的堆基，堆基可用砖墩或用其他原木作垫基，高度一般在 50cm 以上，以保证材堆底部通风良好。原木堆积一般采用实堆法，即将原木顺次放在堆基上。这种堆法垛内空气不太流通，须定期翻垛，以防止木材腐朽。也可采用分层纵横交叉堆积原木，每层原木间要留 3 ~ 5cm 的间隙，下部大些，往上逐层减小，堆垛的长和宽等于原木长度，高度一般不超过 3m。堆垛往上要逐渐收小，以求堆垛稳定，垛顶密放一层原木，稍带倾斜，以利排除雨水。

板方材一般采用分层纵横交叉堆积，即将板方材分层地互相垂直堆成整垛。也可在各层板方材之间设垫条，所用垫条厚度应一致，上下垫条应在同一垂线上。垛顶可利用板皮或板材铺盖，最好有 12% 的坡度，以防雨水浸淋材堆。顶盖下端应伸出材堆边 75cm，两边伸出材堆边 50cm。

对于难干燥的木材（如柞木、水曲柳、落叶松等），应用桐油、石灰（1:2）拌成乳剂，或用沥青、石灰浆等涂刷垛端部，防止开裂。如缺乏涂料时，可用挡板遮蔽阳光或使木材端面隐蔽在材堆内。

硬阔叶树材在气干过程中容易发生开裂和翘曲，要注意防止其端面和正面干得过快。

对于尺寸较小的针叶树材、软阔叶树材和较不易裂的硬阔叶树材，如果数量不多，又急需达到气干状态时，可采用平行堆积、角形堆积、井字形堆积、立架堆积等方法（图 3-4）。

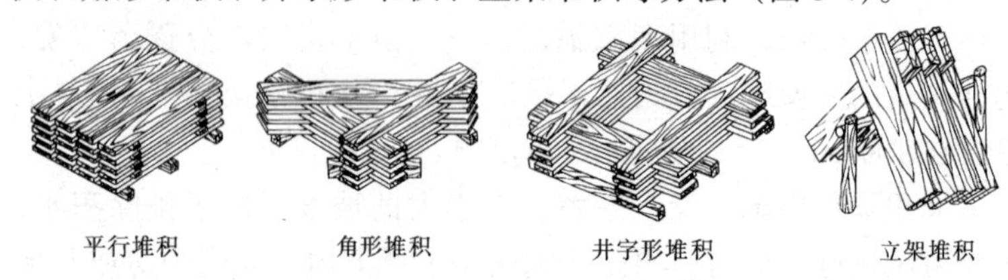

图 3-4　木材的堆积方法

各材堆应编号和挂牌，注明堆垛日期，并加强检查做好记录。

天然干燥不需要购买设备，不耗费电、热源、成本较低，技术简单。但干燥程度受到自然条件下平衡含水率的限制，占地场地大，干燥时间长，容易发生虫蛀、腐朽、变色，降低木材等级。

2. 人工干燥法

凡细木制品所用木材，厚度在100mm以下，规定含水率小于15%的方板材均用人工干燥。木材人工干燥处理，根据树种、规格、质量和数量的不同，结合当地具体条件和要求，可采用浸水法、水煮法、烟熏干燥法、蒸气干燥法等。浸水法和水煮法适用于有充分备料时间的情况下，烟熏干燥法适用于建筑工地施工现场，其设备简单，操作容易；蒸气干燥法是在生产集中、产品定型，并具备一定条件的木材加工厂所采用。

(1) 浸水法

将木材浸入水中，浸泡时间根据不同树种为2~4个月，使之充分溶去树脂，然后再进行风干或烘干处理。使用浸水法干燥的木材能减少变形，并且比天然干燥时间缩短约一半，但强度稍有降低。

(2) 水煮法

将木材浸放于加热的水槽中进行煮沸，然后取出装入干燥窑内进行干燥，从而加速干燥速度和减少开裂变形。如时间允许时，木材出水煮槽后可采取阴干法进行干燥，此时应使通风流畅，并将水煮的木材加压重物，以防变形。水煮法是对难干的硬阔叶树材在干燥前的处理方法。

(3) 烟熏干燥法（图3-5）

烟熏干燥法又称地坑干燥法，它是利用窑内锯末燃烧产生热量来烘干木材。根据生产经验，厚度在70mm以下的针叶树材和厚度在30mm以下的阔叶树材，用此法干燥能满足制作等方面的要求。烟熏干燥法设备简单，投资小，如操作得当，能获得较好的质量。制作门窗的木材多用此法干燥。

(4) 蒸气干燥法

这种干燥方法是用蒸气加热散热器，以强制循环的空气把热量带给木材，使木材中水分不断地蒸发。强制通风的方法有轴流式风扇通风和离心式鼓风机通风两种形式。

蒸气干燥法操作控制方便，干燥时间短，在干燥过程中木材

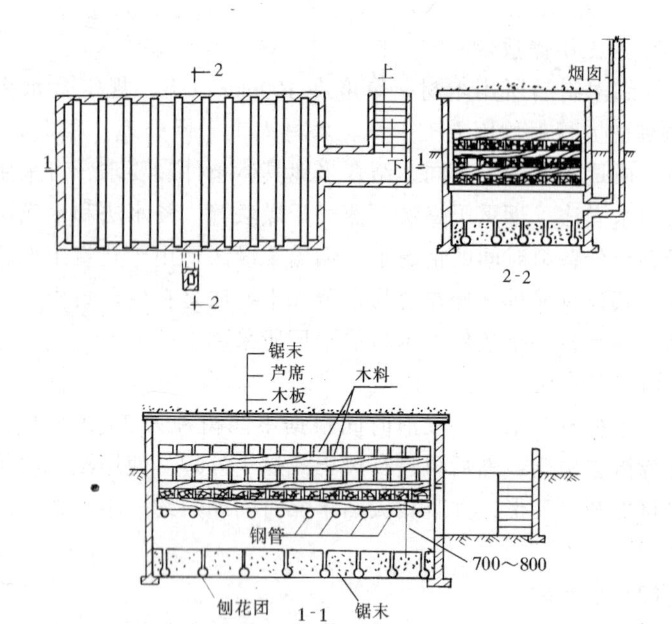

图 3-5 烟熏干燥法

出现缺陷时，可以及时补救，这是木材加工企业广泛采用的一种干燥方法。

四、木材的防腐、防虫与防火

1. 木材的防腐与防虫

木材受潮很容易腐朽。木材具有适合菌类繁殖和虫类寄生的各种条件，在适当的温度、湿度、阳光和空气等条件下，木材内部很容易繁殖菌虫。为了延长木构件的使用年限，保证木装修工程的质量，除了合理地保护、改善使用环境外，还应在建筑装饰装修工程施工前，对木材进行防腐、防虫处理。

木材的防腐、防虫处理是将有毒药剂浸入木材，控制菌虫的生存条件，用以防止菌虫寄生。

(1) 防腐剂种类

1) 水溶性防腐剂　有氟化钠、硼铬合剂、硼粉合剂、铜铬合剂、氟砷铬合剂等。这类防腐剂无臭味，不影响油漆，不腐蚀金属，适用于一般建筑装修装饰木构件的防腐与防虫，其中氟砷铬合剂有剧毒，不应使用于经常与人直接接触的木构件。处理方法可用常温浸渍、热冷槽浸渍、加压浸注等。

2）油溶性防腐剂　有林丹、五氯酚合剂等。这类防腐剂几乎不溶于水，药效持久，不影响油漆。适用于易腐朽环境或虫害严重的木构件。处理方法可用涂刷法、常温浸渍等。

3）油类防腐剂　有混合防腐油、强化防腐油等。这类防腐剂有恶臭，木材处理后呈暗黑色，不能油漆，遇水不流失，药效持久。适用于直接与砌体接触的木构件防腐，露明构件不宜使用。处理方法可用涂刷法、常温浸渍、加压浸注、热冷槽浸渍等。

4）浆膏防腐剂　有沥青浆膏等。这类防腐剂有恶臭，木材处理后呈暗黑色，不能油漆，遇水不流失，药效持久。适用于含水率大于40%的木材以及经常受潮的装修木构件。处理方法用涂刷法。

（2）防腐处理方法

1）涂刷法　用刷子将防腐剂涂于木材表面，涂刷1~3遍。这种方法简易可行，但药剂透入深度浅，使用时要选用药效高的防腐剂。

2）常温浸渍　将木材浸渍于防腐剂中一定时间，使其吸收量达到剂量的要求。这种方法适合于马尾松等易浸渍的木材。

3）热冷槽浸渍　用一个热槽、一个冷槽浸渍处理，把木材先放在热槽里煮，使木材中的空气变稀薄，然后放入冷槽里，木材中的空气因冷却而造成局部真空，吸收药剂，如此反复几次，药剂愈浸愈深，最后从热槽中取出，以排除多余的防腐剂。采用水溶剂防腐剂时，热槽温度为85~95℃，冷槽温度为20~30℃；采用油类防腐剂时，热槽温度为90~110℃，冷槽温度为40℃左右。木材在槽中浸渍时间应根据树种、截面尺寸和含水率而定，以达到剂量要求为准。

4）加压浸注　把木材放在密封的浸注罐里，注入药剂，施加压力，强迫药剂浸入木材内部。这种处理方法需要有机器设备，技术比较复杂，适用于木材防腐厂中大规模生产。

经过防腐处理的木材，使用年限可增加3~10倍。

2. 木材的防火

木材系易燃物质，为使木作工程具有一定的防火性，必须要做好木构件的防火处理，远离火源、电源。木材防火处理，一般是将防火涂料喷或刷于木材表面，也可把木材放入防火涂料槽内浸渍。

防火涂料根据胶结性质可分油质防火涂料（内掺防火剂）、氯乙烯防火涂料、硅酸盐防火涂料和可赛银（酪素）防火涂料。油质防火涂料及氯乙烯防火涂料能抗水，可用于露天木构件上；硅酸盐防火涂料及可赛银防火涂料抗水性差，用于不直接受潮湿作用的木构件上，不能用于露天构件。

第三节　人造木质板材

一、胶合板（多层板）

胶合板是用椴、桦、杨、松、水曲柳及进口原木等，旋切单板后胶合而成，由奇数层薄片组成，故称之为多层板（或多夹板），如：三合板、五合板、七合板、九厘板等。胶合板分类和特征见表3-1，是用量最多、用途最广的一种人造板材。

胶合板的分类和特征　　表3-1

分　类	品种名称	特　征
按使用树材分	阔叶树材胶合板	采用阔叶树，如椴木、桦木、水曲柳、黄菠萝、柞木、色木、核桃楸、杨木等，旋切单板后胶合而成
	针叶树材胶合板	采用松木旋切单板后胶合而成
按板的结构分	胶合板	按相邻层木纹方向互相垂直组坯胶合而成的板材
	夹芯胶合板	具有板芯的胶合板，如细木工板、蜂窝板等
	复合胶合板	板芯（或某些层）由除实体木材或单板之外的材料组成，板芯的两侧通常至少应有两层木纹为垂直排列的单板

续表

分　类	品种名称	特　　征
按胶粘性能分	室外用胶合板	耐气候胶合板，具有耐久、耐煮沸或蒸汽处理性能，能在室外使用，也即是Ⅰ类胶合板
	室内用胶合板	不具有长期经受水浸或过高湿度的胶粘性能的胶合板。其中：Ⅱ类胶合板：耐水胶合板，可在冷水中浸渍，或经受短时间热水浸渍，但不耐煮沸 Ⅲ类胶合板：耐潮胶合板，能耐短期冷水浸渍，适于室内使用 Ⅳ类胶合板：不耐潮胶合板，在室内常态下使用，具有一定的胶合强度
按表面加工分	砂光胶合板	板面经砂光机砂光的胶合板
	刮光胶合板	板面经刮光机刮光的胶合板
	贴面胶合板	表面履贴装饰单板、木纹纸、浸渍纸、塑料、树脂胶膜或金属薄片材料的胶合板
按处理情况分	未处理过的胶合板	制造过程中或制造后未使用化学药品处理的胶合板
	处理过的胶合板	制造过程中或制造后用化学药品处理过的胶合板，用以改变材料的物理特性，如防腐胶合板、阻燃胶合板、树脂处理胶合板等
按形状分	平面胶合板	在压模中加压成型的平面状胶合板
	成型胶合板	在压模中加压成型的非平面状胶合板
按用途分	普通胶合板	适于广泛用途的胶合板
	特种胶合板	能满足专门用途的胶合板、如装饰胶合板、浮雕胶合板、直接印刷胶合板等
按等级分	Ⅰ、Ⅱ、Ⅲ、Ⅳ类	阔叶树材胶合板Ⅰ、Ⅱ级含水率≤13%，Ⅲ、Ⅳ级含水率≤15% 针叶树材胶合板Ⅰ、Ⅱ级含水率≤15%，Ⅲ、Ⅳ级含水率≤17%

胶合板的特点是板材幅面大，易于加工，板材的纵向与横向抗拉强度和抗剪强度均匀，适应性强，板面平整，收缩性小，避免了木材的开裂、翘曲等缺陷，木材利用率高。常用于建筑室内及家具装饰的饰面和隔断材料。对于几种胶合板性能和质量要求主要见表 3-2。

几种胶合板的性能和质量要求 **表 3-2**

品种	厚度（mm）	使用木材树种	使用胶种	性能和质量要求	用途	备注
普通胶合板	3、3.5、5、6、7、8、10、12	椴、桦、杨、松、水曲柳、柞、楸、云杉、进口材等	血胶、豆胶、脲醛树脂胶、酚醛树脂胶等	按林业部部颁标准	门、隔断、家具	
层积板	5～10	桦木、柞木	醇液性酚醛树脂	企业标准	电气绝缘材料	用 0.55mm 旋切单板，浸胶干燥后高压成板
模压成型胶合板	5～7	各种树种	脲醛树脂胶、酚醛树脂胶	企业标准	椅子背	
防火胶合板	按需要	各种树种	脲醛树脂或酚醛树脂胶	同普通胶合板	建筑用材	经磷酸盐等耐药物处理
防虫、防腐胶合板	按需要	各种树种	酚醛树脂胶	同普通胶合板	建筑用材	经防虫、防白蚁、防腐等处理

二、纤维板

1. 纤维板的分类与特点

根据板材密度的不同，纤维板分成硬质纤维板（密度在 0.8g/cm³ 以上）、半硬质纤维板（也称中密度板，密度在 0.4～0.8g/cm³ 范围内）和软质纤维板（密度在 0.4g/cm³ 以下）。硬质、半硬质纤维板强度大，适合于各种建筑装饰装修，制作家具。软质纤维板具有保温、隔热、吸声、绝缘性能好等特点，主要适用于建筑装饰装修中的隔热、保温、吸声等，并可用于电气绝缘板。中密度纤维板是近年来国内外迅速发展的一种新型的木质人造板，简称 MDF。具有组织结构均匀、密度适中、抗拉强度大、板面平滑、易于装饰等特点。中密度纤维板分类见表 3-3。

中密度纤维板分类　　表 3-3

类　型	简　称	表示符号	适用条件	适用范围
室内型中密度纤维板	室内型板	MDF	干燥	所有非承重的应用，如家具和装修件
室内防潮型中密度纤维板	防潮型板	MDFH	潮湿	
室外型中密度纤维板	室外型板	MDFE	室外	

纤维板具有如下特点：

(1) 各部分构造均匀，硬质和半硬质纤维板含水率都在20%以下，质地坚实，吸水性和吸湿率低，不易翘曲、开裂和变形。

(2) 同一平面内各个方向的力学强度均匀。硬质纤维板强度高。

(3) 纤维板无节疤、变色、腐朽、夹皮、虫眼等木材中通见的疾病，称为无疾病木材。

(4) 纤维板幅面大，加工性能好，利用率高。1m^3 纤维板的使用率相当于 3m^3 木材。纤维板表面处理方便，是进行二次加工的良好基材。

(5) 原材料来源广，制造成本低。

2. 纤维板性能（表 3-4、表 3-5、表 3-6）

室内型中密度纤维板物理力学性能指标　　表 3-4

性　能		单位	公称厚度范围（mm）								
			1.8~2.5	>2.5~4.0	>4~6	>6~9	>9~12	>12~19	>19~30	>30~45	>45
内结合强度	优等品	MPa	0.65	0.65	0.65	0.65	0.60	0.55	0.55	0.50	0.50
	一等品	MPa	0.60	0.60	0.60	0.60	0.55	0.50	0.50	0.45	0.45
	合格品	MPa	0.55	0.55	0.55	0.55	0.50	0.45	0.45	0.45	0.45

续表

性能		单位	公称厚度范围（mm）								
			1.8~2.5	>2.5~4.0	>4~6	>6~9	>9~12	>12~19	>19~30	>30~45	>45
静曲强度		MPa	23	23	23	23	22	20	18	17	15
弹性模量		MPa	—	—	2700	2700	2500	2200	2100	1900	1700
握螺钉力	板面	N	—	—	—	—	—	1000	1000	1000	1000
	板边							800	750	700	700
吸水厚度膨胀率		%	45	35	30	15	12	10	8	6	6
含水率		%	4~13								
密度		kg/m^3	450~880								
板内密度偏差		%	±7.0								

注：当板厚小于15mm时，不测握螺钉力。

室内防潮型中密度纤维板物理力学性能指标　　表3-5

性能	单位	公称厚度范围（mm）								
		1.8~2.5	>2.5~4.0	>4~6	>6~9	>9~12	>12~19	>19~30	>30~45	>45
吸水厚度膨胀率	%	35	30	18	12	10	8	7	7	6
内结合强度	MPa	0.70	0.70	0.70	0.80	0.80	0.75	0.75	0.70	0.60
静曲强度	MPa	27	27	27	27	26	24	22	17	15
弹性模量	MPa	2700	2700	2700	2700	2500	2400	2300	2200	2000
吸水厚度膨胀率（方法1：湿循环性能测定）	%	50	40	25	19	16	15	15	15	15
内结合强度（方法2：沸腾试验）	MPa	0.35	0.35	0.35	0.30	0.25	0.20	0.15	0.10	0.10
内结合强度（方法2：沸腾试验）	MPa	0.20	0.20	0.20	0.15	0.15	0.12	0.12	0.10	0.10

室外型中密度纤维板物理力学性能指标　　表 3-6

性能	单位	公称厚度范围（mm）								
		1.8~2.5	>2.5~4.0	>4~6	>6~9	>9~12	>12~19	>19~30	>30~45	>45
吸水厚度膨胀率	%	35	30	18	12	10	8	7	7	6
内结合强度	MPa	0.70	0.70	0.70	0.80	0.80	0.75	0.75	0.70	0.60
静曲强度	MPa	34	34	34	34	32	30	28	21	19
弹性模量	MPa	3000	3000	3000	3000	2800	2700	2600	2400	2200
内结合强度（沸腾试验）	MPa	0.20	0.20	0.20	0.15	0.15	0.12	0.12	0.10	0.10

三、刨花板（木丝板、万利板、木屑板）

刨花板是利用木材加工过程中的刨花、锯末和一定规格的碎木作原料，加入一定量的合成树脂或其他胶结材料如水泥、石膏、菱苦土拌合，再经铺装、入模热压、干燥而成的一种人造板材。

刨花板具有严整结实、物理力学强度高、纵向横向强度一致、板面幅度大等特点，适宜于各种建筑装饰装修及制作各种木器家具。

刨花板加工性能良好，可钉、可锯、可上螺钉、开榫打眼，根据厚度、密度和强度的不同，刨花板有多种类型。经过特殊处理的刨花板具有防火、防霉、隔声等性能，经过二次加工和表面处理后的刨花板具有更广泛的应用前景。

刨花板的分类见表 3-7。

刨花板的分类　　表 3-7

分类方法	类别	特征
按密度分	轻级	$0.3g/cm^3$
	中级	$0.4 \sim 0.8g/cm^3$
	重级	$0.8 \sim 1.2g/cm^3$

续表

分类方法	类　别	特　　征
按层数分	单层板	在板的厚度方向上刨花的形状和尺寸没有变化，用胶量也相同
	二层板	下层有较厚的大刨花或微型刨花、上层用专门设备削制的平刨花、微形刨花、木纤维等。强度较高，表面平滑、美观，有利于二次加工
	三层板	表层用专门削制的平薄刨花或微型刨花、木质纤维，用胶量稍多，中层用大刨花或废料刨花，用胶量少。强度高，性能好，表面平整美观，平均用胶量较少
	多层板	在板的厚度方向上刨花的规格由表层逐渐向中间加大。用胶量逐渐减少（有的不变）。强度、性能介于单层板和三层板之间
按胶种分	蛋白胶	用蛋白胶制作，强度较低，耐水及耐腐蚀性能差，板面颜色深，成本低
	脲醛树脂胶	用脲醛树脂胶生产，产量最大，强度大、耐水、耐腐蚀性能较好，色浅、美观、成本较高，应用广泛
	酚醛树脂胶	用酚醛树脂胶生产，强度大、耐水、耐腐、颜色较深、成本高
按板面加工分	表面加工板	用印刷木纹、塑料贴面板覆面、薄木覆面等装饰加工后做的板
	不加工板	表面不经过加工厂直接使用的板
按结构分	实心板	实心板的密度大
	空心板	板的长度方向有圆形或六角形孔，使板呈空心状，密度小，吸声、保湿、绝缘性好

检验刨花板的标准见表 3-8 和表 3-9。

刨花板厚度的允许偏差　　表 3-8

厚度（mm）	平压板允许偏差（mm）			挤压板允许偏差（mm）不砂光
	不　砂　光		砂光	
	一级品	二级品		
<16 ≥16	±0.8 ±1.0	±1.0 ±1.2	±0.8	±0.8

刨花板外观质量缺陷的允许范围 表 3-9

缺陷名称		计算方法	允许范围		
			平压板		挤压板
			一级品	二级品	
板边断痕透裂		长度不超过（mm）	不许有		120
		宽度不超过（mm）			2
		每边允许条数			2
局部松软	中部	每处面积（cm^2）	不许有		80
		每 m^2 允许处数			1
	边部	宽度不超过（mm）	不许有	25	25
		长度不超过板材的		1/6	1/6
		每张板允许处数		1	1
表面夹杂物		测量最大边缘尺寸	轻微	不显著	不显著
压痕		测量最大尺寸	轻微	不显著	较显著
边角缺损		宽度不超过（mm）	不许有		10

注：1. 挤压板的缺陷允许范围系指不砂光板。

2. 本表未列的外观缺陷不许有。

四、碎木板

碎木板一般外贴纤维板或胶合板，在建筑上应用也很广泛。如隔墙、其他贴面材料的基材、家具等。碎木板既有纤维板和胶合板的特性，而与纤维板、胶合板又有所区别。比较厚的胶合板，内芯多采用碎木胶合，外贴胶合板，从而使板材变轻，各种边角余料也得到合理利用。几种碎木板规格及性能见表 3-10。

常见碎木板规格及其物理性能 表 3-10

种类	产地	规格（mm）			胶种	物理性能		
		长	宽	厚		密度（kg/m^3）	吸水率不小于（%）	静曲强度（MPa）
碎木板	北京	2100	1250	12，16		600～700		
	上海	2160 2250	1150	14，17，20		550		

续表

种　类	产地	规　格 (mm)			胶种	物理性能		
		长	宽	厚		密度 (kg/m³)	吸水率不小于 (%)	静曲强度 (MPa)
单层覆皮碎木板	北京			18	脲醛	600～750		
双层覆皮碎木板	北京			20	脲醛	600～750		
贴面碎木板	北京	3050	915	20	脲醛	650	25	16
	上海	1830	1220	13，17，20	脲醛	650	65	25
	成都	1900	1220	18	脲醛	650	50	25
	长春	1830 2175	915 1220	10，12， 14，16，19	脲醛	550～650		16

五、细木工板（俗称大型板）

以一定规格的木条排列组合起来作为芯板，再在其上下胶合三合板作为面板而成。其厚度有15、18、20、22mm等几种，较常用的为18mm厚。这种板材表面平整，具有一定的刚度和稳定性。在建筑装饰装修工程和家具制作中，已成为一种不可缺少的木制半成品，对于提高家具、木制品的质量，对于提高工作效率都起到很好的作用。

六、宝丽板、富丽板

宝丽板又称华丽板，它是以三合板为基材，表面贴以特种花纹纸，并涂覆不饱和树脂经压合而成。这类板材的表面质量比胶合板有了很大的提高，不仅花纹纸的图案色彩使板材表面更为美观，而且由于多了一层表层树脂使得板材的防水性能、耐热性、易洁性得以改善。富丽板和宝丽板的区别仅在于表面少了一层树脂保护膜，在装饰装修工程中可根据需要涂刷各类清漆。

七、模压木质饰面板

模压木质饰面板也是一种人造板材。产品具有板面平滑光洁，防火、防虫、防毒、耐热、耐晒、耐酸碱、色彩鲜艳，装饰效果高雅，不变形，不褪色，安装方便等特点。适用于制作护墙板、天花板、窗台板、家具饰面板等。常用产品的规格见表 3-11。

模压木质饰面板常用产品的规格　　表 3-11

品种	规格（mm）	面积（m^2）	用　途
台板	605×5500×（17~26） 405×5500×（17~26）	3.33 2.23	窗台、卫生间台、家具台面等
平板	600×5500×10 400×5500×10	3.30 2.20	家具面、室内装饰面
型材条板	605×5500×（11.5~18） 205×5500×（11.5~18） 145×5500×（11.5~18） 85×5500×（11.5~18）	3.33 1.13 0.80 0.47	窗眉板、墙脚板、装饰栏杆、墙身装饰条等

八、定向木片层压板

定向木片层压板，简称 OBS。具有结构紧密、表面平等，不开裂，不易变形特点。产品分不饰面的 OBS 板和饰面的 OBS 板。不饰面的 OBS 板所用的胶粘剂为 UF 脲醛树脂（室外用的 OBS 板则用 PF 酚醛树脂），可用作墙板、花搁板、地板、板式家具、楼梯、门窗框、踏步板、复式建筑、大空间建筑中的室内承重墙板、空心面板及内框材、电视机壳体、音箱箱体等。饰面的 OBS 板可作高级装饰用板，板式家具和拆装式家具以及通讯部门胶合板木材的代用品，内墙、天花板、隔板、花搁装饰用板、承重受力板等。

产品规格：幅面 1220mm × 2440mm、1200mm × 4880mm、1220mm × 9760mm；厚度 3、4、6、10、13、16、19、22、25、32mm 等规格。性能见表 3-12。

定向木片层压板性能　　表 3-12

性　能	定向木片层压板
密度（kg/m^3）	550
静曲强度：纵向（MPa） 横向（MPa）	36.5 20.9
静曲弹性模量：纵向（MPa） 横向（MPa）	5059.4 2578.0
平面抗拉强度（MPa）	0.37
干密度（t/m^3）	0.661

九、微薄木贴面装饰板

微薄木贴面装饰板（简称薄木）是以珍贵树种（如水曲柳、楸木、黄菠萝、柞木、榉木、桦木、椴木、樟木、酸枣木、槁木、梭罗、麻栎、绿楠、龙楠、柚木等），通过精密刨切，制得厚度为0.2～0.8mm的薄木，以胶合板、纤维板、刨花板等为基材，采用先进的胶粘工艺，热压制成的一种高级装饰板材。主要用于高级建筑的室内装饰以及家具贴面。

薄木按厚度分数，可分为厚薄木和薄木。厚薄木的厚度一般大于0.5mm，多为0.7～0.8mm；微薄木的厚度小于0.5mm，多为0.2～0.3mm。

由于世界上珍贵树种越来越少，价格越来越高，因此，薄木的厚度向着超薄方向发展。装饰用的薄木厚度最薄的只有0.1mm。欧美多用0.7～0.8mm厚度，日本多用0.2～0.3mm厚度，我国多采用0.5mm的厚度，厚度越小，对施工要求越高，对基材的平整度要求越严格。

薄木作为一种表面装饰材料，不能单独使用，只有粘贴在一定厚度和具有一定强度的基材板上，才能得到合理地利用。基材板的质量要求如下：

1. 平面抗拉强度不得小于0.29～0.39MPa，否则会产生分层剥离现象。

2. 含水率应低于8%，含水率高会影响粘结强度。

3. 表面应平整，不能粗糙不平，否则不仅影响粘结，还会造成光泽不均匀，使装饰效果大大降低。

装饰微薄木贴面板规格和技术性能，见表3-13。

装饰微薄木贴面板规格和技术性能　　表3-13

产品名称	规格（mm）	技术性能
装饰微薄木贴面板	1830×915 2135×915 2135×1220 1830×1220 厚度：0.2～0.8	胶结强度（MPa）：1.0 缝隙宽度（mm）：<0.2 孔洞直径（mm）：<2 透胶污染（%）：<1 无叠层、开裂 自然开裂、不超过板面积的0.5%

续表

产品名称	规格（mm）	技术性能
微薄 木贴面板	915×915×（10～30） 1000×2000×（3～5）	缝隙宽度（mm）：<0.2 剥离系数（%）：≥5 不允许有压痕、脱胶、鼓泡 不平整：最高（低）点<2

第四节 铺楼地面材料

装饰木工铺楼地面材料按材质分类，主要包括竹地板、木地板、复合地板、塑料地板革及地毯等。

一、竹地板

竹地板具有耐磨、防潮、防燃、铺设后不开裂，不扭曲、不发胀、不变形等特点，外观呈现自然竹纹，色泽高雅美观，顺应人们留恋回归大自然的心理，是20世纪90年代兴起的室内地面装饰材料。目前市场上销售的竹地板按形状分为条形板和方形板两种，条形板规格为610mm×91mm×15mm，方形板规格为300mm×300mm×15mm。竹木地板一般可分为径面竹地板（又称侧压板）、弦面竹地板（有两种做法，分别是平压式和字形地板）以及竹木复合地板。

常用竹地板规格和性能见下表3-14。

常用竹地板规格和性能 **表3-14**

项目			性能指标	项目	性能指标
规格（mm）	条形	嵌板	610×91×15， 单层：915×91×15	横向顺纹抗剪强度（MPa）	>10.00
		T字板	610×91×15， 双层：915×91×15	顺纹抗拉强度（MPa）	>100.00
		平拼板	610×91×15， 三层：915×91×15	横向横顺纹抗压强度（MPa）	>7.00
	方形板		300×300×15，三层	抗弯强度（MPa）	>10.00
	其他规格		根据用户需要制作	冲击韧性（MPa）	>0.2

续表

项　目	性能指标	项　目	性能指标
干缩系数	横向 < 0.16，纵向 < 0.13，体积干缩 < 0.38	硬度（MPa）	端面 > 35.00；横面 > 45.00；径面 > 30.00
湿胀系数	横向 < 0.36，纵向 < 2.95，体积湿缩	耐磨性	高于柚木和水曲柳木
基本密度（g/cm³）	< 0.467	干燥度	水分 < 13%
顺纹抗压强度（MPa）	< 37.00	防蛀防霉处理	药物全浸透，渗透率 > 95%；防蛀防霉率 100%
抗弯强度（MPa）	> 80.00		
抗弯弹性模量	> 860.00		

二、木地板

1. 条木地板

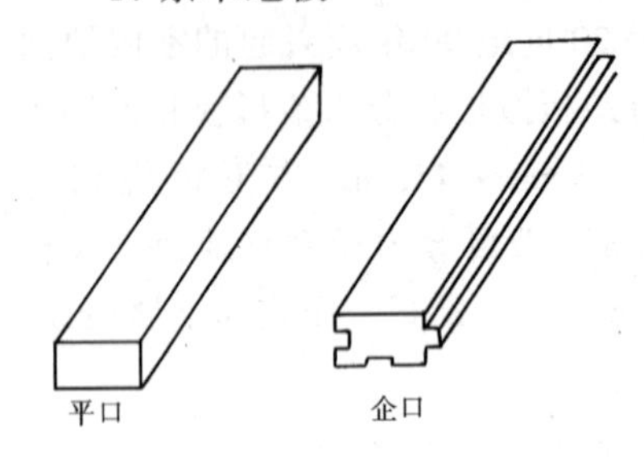

图 3-6　条木地板

条木地板是使用最普遍的木质地面，常选用松木、水曲柳、枫木、柚木、榆木等硬质木材。材质要求耐磨，不易腐蚀，不易变形开裂。条木地板可分为平口地板和企口地板（又称或错口地板、榫接地板或龙凤地板），见图 3-6，其构造做法见图 3-7。

平口地板常见规格：200mm × 40mm × 12mm、250mm × 50mm × 10mm、300mm × 60mm × 10mm。

企口地板常见规格：小规格：200mm × 40mm ×（12 ~ 15）mm、250mm × 50mm ×（15 ~ 20）mm；大规格：（1200 ~ 400）mm ×（50 ~ 120）mm ×（15 ~ 120）mm。

（1）平口木地板具有以下优缺点：

1）原材料来源丰富（小径材、加工剩余的小材、小料），出

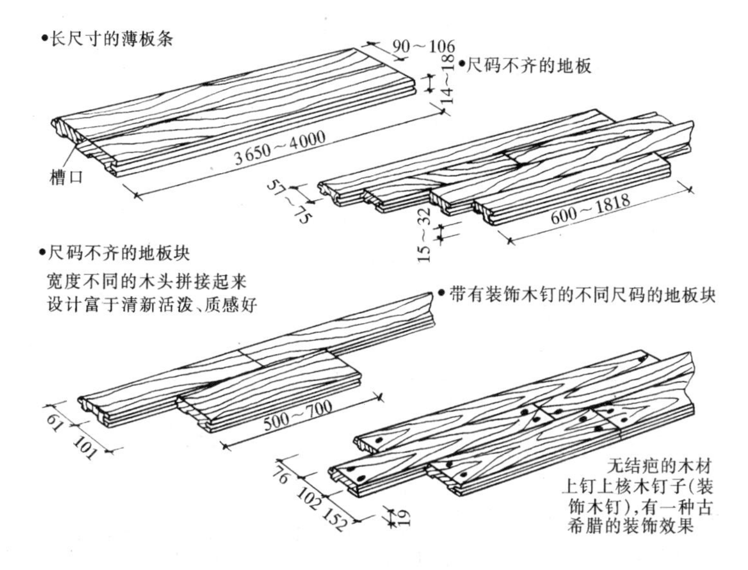

图 3-7　条木地板示意图

材率高，设备投资低，因此其成本价相对低廉。

2）用途广。它不仅可作为地板，也可作拼花板，墙裙装饰以及天花板吊顶等室内装饰。

3）该地板生产属劳动密集型，为开辟就业之路，提高木材综合利用开辟了广阔天地。

4）平口地板铺设简单，一般采用与地面基层直接粘接，施工成本低，一般消费者都能承受。

5）地板加工精度比较高，相邻之间必须互相垂直，纵向尺寸只允许有负公差，拼装后缝隙与加工精度有关。

6）整个板面观感尺寸较碎，图案显得零散。

（2）企口木地板具有以下优缺点：

1）企口木地板与平口地板相比较，结合紧密，脚感好，工艺成熟，可用简单的设备操作，也可用专用设备生产。加工工艺较平口地板复杂，价格较贵。

2）企口木地板常用的铺设方法有以下三种：

①小于 300mm 的企口地板可采用直接用胶粘地；

②大于 400mm 的企口地板，必须采用龙骨铺设法；

③双企口地板采用不粘胶悬浮铺设法，拆装搬迁灵活方便，有损坏时，修补也方便。

2. 拼木地板

拼木地板是一种高级的室内地面装修材料，是一种工艺美术性极强的高级地板。常选用水曲柳、核桃木、栎木、柞木、槐木和柳木等木材。拼木地板又称木质马赛克，它的款式多样，拼装图案见图 3-8。

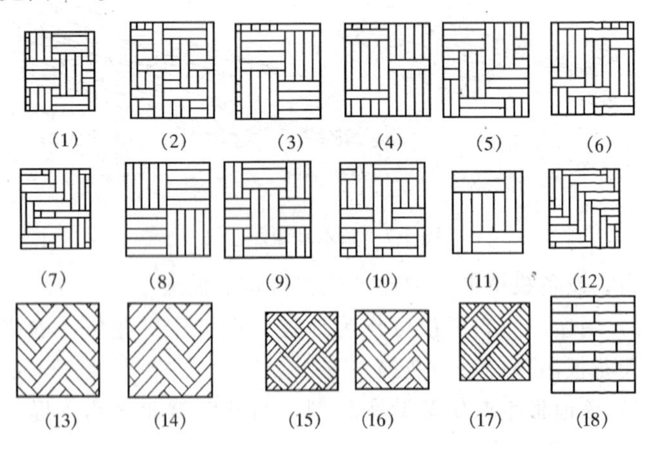

图 3-8 拼装图案

拼花板有较高的加工性和观赏艺术性，能充分体现设计者的艺术技巧和风格，具有如下特点：

(1) 观赏效果好。可根据设计要求和环境相互协调，体现室内装饰格调的一致性和高档性，既典雅大方，又浪漫抽象。

(2) 投资少、见效快、利润高，属劳动密集型产品。

(3) 图案多变，工艺性强。

(4) 原料丰富，出材率、利用率高。

(5) 工艺设计应变性较高，大批量生产有困难。

(6) 由于不同树种的拼合，木材含水率要严格控制，稍有不慎，就成废品。

3. 曲线木地板

曲线木地板通常均为长条形，它充分考虑了木材本身的材性，较好地解决了木地板受潮后引起的起拱变形的弊端，而且保证了槽与榫之间的咬合力远远大于条形木地板，因此倍受消费者的喜爱。见图 3-9 曲线木地板。

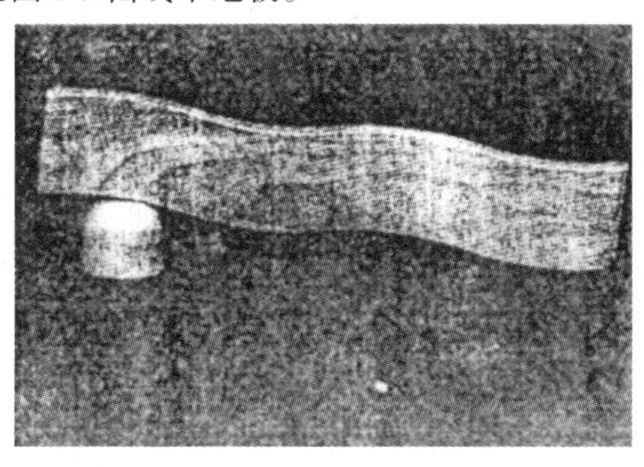

图 3-9 曲线木地板

4. 软木地板

软木地板是将软木颗粒用现代工艺技术压制成规格片块，表面有透明的树脂耐磨层（一般生产厂家保证产品有 10 年耐磨年限），下面有 PVC 防潮层的复合地板。这种地板具有软木的优良特性，自然、美观、防滑、耐磨、抗污、防潮、有弹性、脚感舒适。此外，软木地板还具有抗静电、耐压、保温、吸声、阻燃功能，是一种理想的地面装饰材料。

软木地板有长条形和方块形两种，长条形规格为 900mm × 150mm，方块形规格为 300mm × 300mm，能相互拼花，亦可切割出任何几何图案，见图 3-10 各种软木地板图案。

三、复合地板

复合地板是由原木经去皮、粉碎、蒸煮、复合压制而成的，是近年来在国内市场上流行起来的一种新型、高档铺地材料，尤其是以美国、德国、瑞典、奥地利的复合地板在国内市场占据了较大份额。复合地板有实木复合地板和强化复合地板之分。美国

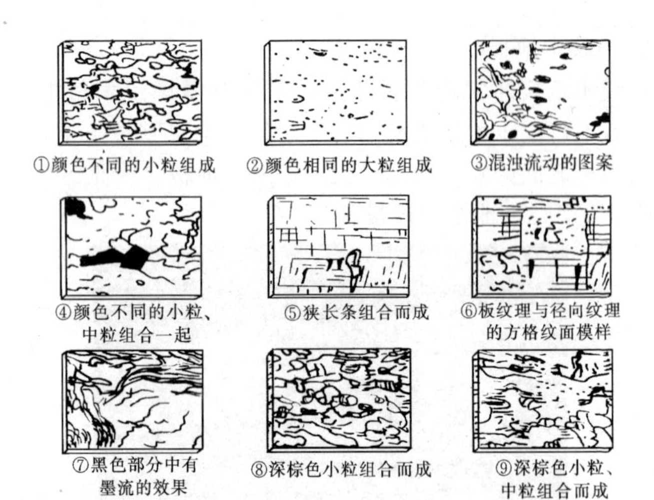

图 3-10　各种软木地板图案

产的欧陆亚牌，德国产的圣象牌、升建牌、宝力牌，奥地利产的康都牌地板等都属于此类强化复合地板。复合地板尽管有防潮底层，仍不宜用于浴室、卫生间等潮湿场所。

复合地板重组了木材的纤维结构，解决了木材的变形问题，克服了普通原木地板在使用过程中随季节变化而发生翘曲变形、干裂湿涨的缺陷。复合木地板的断面结构通常由四层组成：

1. 平衡底层：即树脂板定型平衡层。具有确保外形固定、完美、防潮和阻燃作用。

2. 高密度纤维板层：即木纤维层压强化板。硬度很高，能承受重击及负重，不会出现凹痕、辙痕，并能防腐蚀、防潮、防蛀。

3. 图案层：即彩色印刷层。可印制出橡木、榉木、枫木、樱桃木、桤木等逼真的木质花纹，使自然木纹得以真实再现。

4. 保护膜：即透明耐磨层，是密胺树脂的涂覆层，具有较好的耐磨性能，用 Taber 磨测试，其耐磨损性为原木地板的

10～20倍。此外，该表层还具有良好的防滑、阻燃性能。

在选用强化复合地板时，需要注意的是复合地板中所用的胶粘剂以脲醛树脂为主，胶粘剂中残留的甲醛，会向周围环境逐渐释放。长期处于这种环境有致癌的危险。因此，消费者在选用复合地板时，建议选择甲醛含量较少的品种，并且在铺装地板后的一段时间内，保持室内通风。

四、塑料地板

塑料地板的种类很多，按形状可分为块状和卷状。块状塑料地板可以拼成各种不同的图案；卷状塑料地板也有许多规格。

塑料地板可分为硬质、半硬质和软质三种。硬质塑料地板使用效果较差；半硬质塑料地板价格较低，耐热性和尺寸稳定性较好；软质塑料地板铺覆性好，具有较好的弹性，并有一定的保温吸声作用。

从结构上，可分为单层、双层和三层塑料地板。从花色上，可分为单色、单底色大理石花纹、单底色印花、木纹等品种。塑料地板除 PVC 地板外，还有氯乙烯—醋酸乙烯塑料地板、聚乙烯塑料地板、聚丙烯塑料地板等品种，适用于公共建筑、实验室、住宅等各种建筑的室内地面铺设。

在一些发达国家，塑料地板仍然走俏。究其原因：一是品种、图案多样，如仿木纹、仿天然、石材的纹理，其质感可以达到以假乱真，能满足人们崇尚大自然的装饰要求。二是材性好，如耐磨性、耐水性、耐腐蚀等能满足使用要求。三是脚感舒适，特别是弹性卷材塑料地板，具有一定的柔软性，步行其上脚感舒适，不易疲劳，解决了某些传统建筑材料冷、硬、灰的缺陷。与木质地板相比，隔声且易清洁。与陶瓷地面砖相比，不打滑，且冬季无冰冷感觉。四是可实现规模自动化生产，生产效率高，产品质量稳定，成本低，维修更新方便。五是价格比较低廉，施工方便。

第五节　罩 面 板 材

装饰饰面板材除前面介绍的木质板材外，还有石膏板系列产品：矿棉板、硅板、各种吸声板、防火板等。

一、石膏板系列装饰板材

石膏作为一种传统材料，至今仍具有强大的市场，主要是因为具有如下特点：能耗低，石膏制品生产周期短，保温隔热性能好，良好的吸声功能以及良好的防火功能，便于加工等特点。常用的石膏板材有：

1. 纸面石膏板

纸面石膏板具有轻质，保温隔热性能好、防火性能好，便于加工、安装等特点。通常用于室内隔墙和吊顶等处。纸面石膏板按性能分为普通纸面石膏板（代号 P），耐水纸面石膏板（代号 S）和耐火纸面石膏板（代号 H）三类。按棱边形状又可分为四种，见图 3-11。

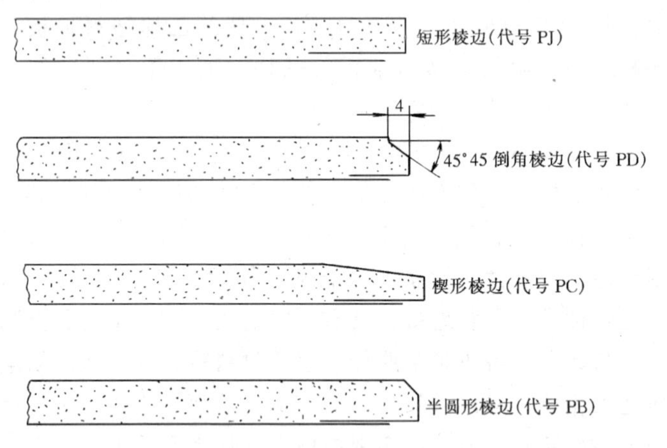

图 3-11　纸面石膏板分类

纸面石膏板的规格尺寸有如下规定：长度为 1800、2100、2400、2700、3000、3300、3600mm，宽度为 900、1200mm，厚度

为 9.5、12、15、18、21、25mm，也可根据具体情况而定。其性能与其他板材对比见表 3-15 和表 3-16。

三种轻质板材产品性能对比 **表 3-15**

性能指标	石膏纤维板	纸面石膏板	增强硅钙板
抗折强度(MPa)	6.0～8.0	4.0～5.0	—
抗压强度(MPa)	22～28	—	—
含水率(%)	0.3	2	10
单位面积质量(kg/m^2)	11.5～12.0	9～12	9～12
断裂荷载(N)	518	纵向 353，横向 176	570
吸水率(%)	3.1	防水板 5～10	—
受潮挠度(mm)	5.3～7.9	防水板 4.8～5.6	—
螺钉拔出力(N/mm)	75.1～86.1	—	80
表面吸水量(g)	2.5	2.0	—
耐火性能(级别)	不燃	难燃	不燃
耐火极限(min)	85	45	54
导热系数(W/(m·K))	0.35	0.194～0.209	0.24
隔声(dB)	52	45	48
伸缩性(%)	0.07	—	0.1
可加工性	可锯、可刨、可粘	可锯、可刨、可粘	可锯、可刨、可粘
环保性	好	好	含石棉

石膏纤维板与其他板材性能比较 **表 3-16**

产品性能	某公司生产的纤维石膏板		一般均质纤维石膏板	一般纸面石膏板	木质板	矿棉板	轻质纤维石膏板
	3 层标准板	均质板					
尺寸厚度	范围广	范围有限	范围有限	范围有限	大范围	小范围	范围有限
厚度公差	小	小	砂磨后小	中等	砂磨后小	大	小
密度	中	高	高	中	低～中	很低	低
弯曲强度	中	中～高	中	中	高	很低	低～中

续表

产品性能	某公司生产的纤维石膏板		一般均质纤维石膏板	一般纸面石膏板	木质板	矿棉板	轻质纤维石膏板
	3层标准板	均质板					
强度差异(横向/纵向)	低	低	高	很高(1:3)	低/高	低	低
弹性变形	最佳	最佳至刚性	最佳至刚性	中	弹性	中	中
抗冲击	12次	高出约30%	高出约30%	2次	更高	不要求	不要求
装卸搬运	中等	容易损坏	容易损坏	中等	好	好	好
板边部抗夹紧固定能力	标准尺寸						
	100%	125%	125%	50%	高	—	50%
	板边不崩坏	板边有可能损坏		可能纸板损坏	—	—	—
圆钉螺钉夹持荷载下抗剪能力	100%不要求榫结合	100%不要求榫结合	100%不要求榫结合	50%不要求榫结合	高	—	30%不要求榫结合
内部粘接	可以叠层	可以叠层	可以叠层	有限制	可以	不要求	不要求
抗压痕能力	中	中	中	低	中	不要求	不要求
抗压强度	高	高	高	低	高	不要求	不要求
湿润挠度	低	低~中	低~中	很高	高	中	低
线性变化	低	低~中	低~中	低	很高(膨胀及收缩)	中	低
抗水性	高(已密封)	高(已密封)	高(已密封)	特殊板高	低	非常低(浸水)	高(已密封)
浸水	不分层、不脱层	不分层不脱层	不分层不脱层	可能分层	翘曲变形	翘曲变形	不分层
保温	100%	30%	30%	70%	—	很高	高
不可燃性	不可燃	不可燃	不可燃	特殊板	可燃	不可燃	不可燃
防火等级	高	高	高	较高	低	高	高
隔声	好	好	好	好	—	很好	好

2. 石膏纤维板

石膏纤维板（又称 GF 板或无纸石膏板）是一种以建筑石膏粉为主要原料，以各种纤维（主要是纸纤维）为增强材料的一种新型建筑石膏板材。有时在其中心层加入矿棉、膨胀珍珠岩等保温隔热材料，可加工成三层或多层板。

石膏纤维板是继纸面石膏板之后开发出的新型石膏制品，具有很高的抗冲击性能力，内部粘结牢固，抗压痕能力强，在防火、防潮等方面具有更好的性能，其保温隔热性能也优于纸面石膏板。石膏纤维板的规格尺寸有三类：其中大幅尺寸供预制厂用，如 2500mm×（6000～7500）mm；标准尺寸供一般建筑用，如 1250mm×1250mm（或 1200mm×1200mm）；小幅尺寸供销售市场及特殊用途，如 1000mm×1500mm。同时还能按用户要求生产其他规格尺寸。

石膏纤维板从板型上分为均质板、三层标准板、轻质板及结构板、覆层板及特殊要求的板等。从应用方面来看，可用作墙板、墙衬、隔墙板、预制板外包覆层、天花板、地板防火及立柱、护墙板等。

3. 装饰石膏板

主要介绍装饰石膏板，嵌装式装饰石膏板，吸声用穿孔石膏板。

(1) 装饰石膏板

装饰石膏板包括平板、孔板、浮雕板、防潮板（包括防潮平板、孔板、浮雕板）等品种。其中，平板、孔板和浮雕板是根据板面形状命名的。孔板除具有较好的装饰效果外，还具有一定的吸声效果。装饰石膏板的规格尺寸有：500mm×500mm×9mm；600mm×600mm×11mm，形状为正方形，其棱边断面形式有直角形和倒角形两种。

装饰石膏板的代号及分类见表 3-17。

(2) 嵌装式装饰石膏板

嵌装式装饰石膏板四边加厚，并带有嵌装企口。板材正面可以为平面、带孔或带浮雕图案。代号为 QZ。

装饰石膏板的代号及分类 表 3-17

分类	普通板			防潮板		
	平板	孔板	浮雕板	平板	孔板	浮雕板
代号	P	K	D	FP	FK	FD

嵌装式装饰石膏板，适宜于宾馆、酒店、写字楼、影剧院、商场等公共建筑的吊顶装饰。主要规格：600mm×600mm，边厚大于 28mm；500mm×500mm，边厚大于 25mm；

其形状嵌装式装饰石膏板为正方形，其棱边断面形式有直角形和倒角形。产品标记顺序为：产品名称、代号、边长和标准号。例如：边长为 600mm×600mm 的嵌装式装饰石膏板，则标记为：嵌装式装饰石膏板 QZ600GB9778。

（3）吸声用穿孔石膏板

吸声用穿孔石膏板主要用于室内吊顶和墙体的吸声结构中。具有轻质、防火、隔声、隔热，抗振性能好，调节室内湿度等特点，同时施工简便、效率高，劳动强度小，干法作业及加工性能好。在潮湿环境中使用或对耐火性能有较高要求时，则应采用相应的防潮、耐水或耐火基板。吸声用穿孔石膏板根据棱边形状有直角型和倒角型两种。规格尺寸：边长为 500mm×500mm，600mm×600mm，厚度为 9mm 和 12mm。

二、矿棉装饰吸声板

矿棉装饰吸声板具有轻质、吸声、防火、保温、隔热、装饰效果好等优异性能，适用于宾馆、会议大厅、写字楼、机场候机大厅、影剧院等公共建筑吊顶装饰。矿棉装饰吸声板品种通常有滚花、浮雕、主体、印刷、自然型、米格型等多个品种，规格有正方形和长方形，尺寸有 500mm×500mm、600mm×600mm、300mm×600mm、600mm×1200mm、300mm×300mm 等。

三、玻璃棉装饰吸声板

玻璃棉装饰吸声是以玻璃棉为主要原料，加入适量胶粘剂、防潮剂、防腐剂等，经加压、烘干、表面加工等工序而制成的吊顶装饰板材。表面处理通常采用贴附具有图案花纹的 PVC 薄膜、铝箔，由于薄膜或铝箔具有大量开口孔隙，因而具有良好的吸声效果。产品具有轻质、吸声、防火、隔热、保温、装饰美观、施工方便等特点，适用于宾馆、大厅、影剧院、音乐厅、体育馆、会场、船舶及住宅的室内吊顶。

四、防火装饰板

许多装饰材料除具有本质功能外，还具有防火功能，为适应现代的建筑防火要求，陆续开发了一些防火性能优异的装饰棉线木材，如 SJBZ 无机防火天花板，天然平板（埃特板），硅钙板等。

第六节　装饰线条类材料

装饰线条类材料是现代装饰工程上不可缺少的装饰材料。包括木线条和其他材质线条。

木线品种较多。从材质上分有：硬杂木线条、进口杂木线条、白木线条、白圆木线条、水曲柳木线条、红榉木线条、山樟木线条、核桃木线条、柚木线条等。从功能上分有：压边线条、柱角线条、衬角线条、墙面线条、墙腰线条、上楣线条、覆盖线条、封边线条、镜框线条等。从外形上分有：半圆线条、直角线条、斜角线条、指甲线条等。从款式上分有：外凸式、凸凹结合式、嵌槽式等。

木线条材质选用质硬、结构较细、材质较好的木材。在室内装饰工程中，木线条主要起着固定、连接、加强装饰面的作用。主要体现在以下方面：

、吊顶线

吊顶上不同层面的交接处的封边，吊顶上各不同材料面的对接处封口，吊顶平面上的选型线，吊顶上设备的封边等。

二、吊顶角线

吊顶与墙面，吊顶与柱面交接处封边。

三、墙线

墙面上不同层次面的交接处封边，墙面上各种不同材料面的对接处封口，墙裙压边，踢脚线压边，设备的封边装饰边，墙面饰面材料压线，墙面装饰造型线、造型体、装饰隔墙、屏风上的收边收口线和装饰线以及门窗框和家具台面上的收边线装饰线等。

木线条具有表面光滑，加工精细，棱边、棱角、弧面弧线挺直，轮廓分明，耐磨、耐腐性，不易变形，上色性好、粘结性好等特点，因而在室内装饰工程上应用十分广泛。

第七节 地 毯

地毯是地面装饰中的高中档材料。地毯不仅隔热、保湿、吸声、吸尘、挡风及弹性好，还具有高贵、典雅、美观的装饰效果，广泛用于宾馆、会议大厅、会议室外和家庭地面装饰。

地毯根据图案类型分为："京式"地毯、美术式地毯、仿古式地毯、彩花式地毯、素凸式地毯；根据材质分为：羊毛地毯、混纺地毯、化纤地毯、塑料地毯、剑麻地毯；根据规格尺寸分类：块状地毯、卷材地毯。

一、常用地毯的规格和性能（表 3-18 ~ 表 3-20）

国产纯毛毯的主要规格和性能　　表 3-18

品　名	规格（mm）	性能特点
羊毛满铺地毯、电针绣检毯、艺术壁挂	有各种规格	以优质羊毛加工而成，电针绣检地毯可仿制传统手工地毯图案，古色古香，现代图案富有时代气息，艺术壁挂图案粗犷朴实，风格多样，价格仅为手工编织壁挂的 1/10 ~ 1/5
90 道手工打结地毯、素式羊毛地毯、高道数艺术壁挂	610 × 910 ~ 3050 × 4270 等各种规格	以优质羊毛加工而成，图案华丽、柔软舒适、牢固耐用

续表

品　名	规格（mm）	性　能　特　点
90道手工结地毯、提花地毯、艺术壁挂	有各种规格	以优质西宁羊毛加工而成，图案有北濂式、美术式、彩色式、互式、东方式及古典式，古典式的图案分青铜、画像、蔓草、花鸟、锦乡五大类
90道羊毛地毯、120道羊毛艺术挂毯	厚度：6～15 宽度：按要求加工 长度：按要求加工	用上等纯羊毛手工编织而成，经化学处理，防潮、防蛀、吸声、图案美观、柔软耐用
手工栽地毯	2140×3660～6100×910等各种规格	以上等羊毛加工而成，产品有北濂式、美术式、彩色式、素式、敦煌式、仿古式等等，产品手感好，色牢度好，富有弹性
纯羊毛机织地毯	有5种规格	以西宁羊毛加工而成，图案花式多样，产品手感好，脚感好、舒适高雅、防潮、隔声、保暖、吸尘、无静电、弹性好等
90道手工打结地毯、140道精艺地毯、机织满铺羊毛地毯	幅宽4m及其他各种规格	以优质羊毛加工而成。图案花式多样，产品手感好、脚感好、舒适高雅、防潮、吸声保暖、吸尘等
仿手工羊毛地毯	各种规格	以优质羊毛加工而成。款式新颖、图案精美、色泽雅致、富丽堂皇、经久耐用
纯羊毛手工地毯、机织羊毛地毯	各种规格	以国产优质羊毛和新西兰羊毛加工而成。具有弹性好、抗静电、保暖、吸声、防潮等特点

化纤地毯的品种与性能　　表 3-19

名　称	说明和特点	规格（mm）	技术性能
丙红外线簇绒地毯	以聚丙烯纤维经加工为面层，背衬有胶背、麻背、聚丙烯背三种。毯面分为割绒、圈绒、高低圈三种。色泽鲜艳、牢固、耐磨损、防起毛、耐酸碱腐蚀、防虫蛀、不霉烂、弹性好、阻燃、抗静电、吸声减噪等	簇绒地毯 幅度：4m 长：15m 或 25m 提花满铺地毯 幅宽：3m 提花工艺美术地毯 1250×1660 1500×1900 1700×2350 2000×2860 3000×3860	
丙纶机织提花满铺地毯			
丙轮机织提花工艺美术地毯			
化纤无纺织针刺地毯	以丙纶长纤维为原料，用聚乙烯胶作胶粘剂加工而成。色泽鲜艳，牢固度强，不忌水浸、质地良好	品种：有素色、印花两种（备有 6 种标准色） 卷状：幅宽 1m 长：10～20m 方块：500×500	断裂强度（N/5cm） 经向≥800 纬向≥300 难燃性：不扩大 水浸：全防水、耐酸碱腐蚀、无变形
化纤地毯	以腈纶、丙纶、涤纶长纤维为原料，经加工而成	宽：0.75、1.20、1.35m 长：60m/卷 厚：10 品种：有暗红、黑红、灰色、绿色、墨绿色、枣红等颜色	
塑料化纤地毯	经丙纶、尼龙长纤维加工成面层，人造黄麻为背衬复合而成。具有质地柔软、富有弹性、绒毛粘结牢固、耐磨性好、色泽鲜艳、不蛀不霉、阻燃、抗静电、降噪声等特点	有切绒、圈绒、提花三种，绒高 5 和 7，最大幅宽 4m，色泽可由用户选择	动负荷厚度减少（%）： 圈绒：9.17 切绒：14.05 染色牢度（级）： 圈绒：5 切绒：6 绒毯粘结力（N）： 圈绒：52.2 切绒：43.1 圈绒（经、纬）：54.3、53.5

组合地毯的规格和特点 表 3-20

名称	规格（mm）	说明和特点
拼花地毯	300×300，150×150 厚：8.5～9 有多种颜色，可拼出各种各样的图案	系由丙纶合成纤维作面层材料，EVA 作底层材料，经特殊加工复合而成，具有弹性好、脚感舒适、耐磨、易清洗等特点
方块地毯	450×450，500×500	方块地毯面层材料为聚丙烯纤维，底层材料为改性石油沥青及聚酯无纺布。方块地毯间用榫合方式相连。产品具有防静电、防污染、防潮湿、阻燃、易清洗、搬运方便、图案色彩可随意设计等优良性能
方块地毯	500×500，450×450	以高档化学纤维为面层，面层经过特殊防火和防污处理，采用复合底衬，具有防水、抗腐、耐磨、易清洗、更换方便等特点
组合地毯	150×150，600×600	面层材料为优质防火地毯，底层是柔软、富弹性、不吸水、防滑的 EVA 材料。产品具有脚感舒适、耐腐、耐磨、防水、易清洗、易更换等特点
拼块组合地毯	500×500，450×450	是以 BCF 长丝或纯羊毛为面料，复合材料为背衬，经特殊工艺制成地毯，然后经切割成正方形的块材而成。产品具有抗水性强、耐潮湿、不腐蚀、无气味、耐磨、不掉毛、无热胀冷缩、尺寸精确等特点

二、地毯的日常保养

无论何种地毯，日常都得注意保养。羊毛地毯以动物纤维为原料，必须保持干燥，防潮、防霉、防蛀，使用一般时间后要放在太阳下晒一晒，用掸子或吸尘器吸去灰尘，切不可往墙上或树杆上甩打，以避免地毯的经纬线断裂而破损。收藏时应放些樟脑丸。化纤地毯虽不怕蛀，但污渍应及时清除。污迹清洗方法见表3-21。

地毯污渍去除方法　　表 3-21

污渍种类	应急方法	药品去除法
醋、酱油、饮料、番茄酱、巧克力、酒类等	以温水沾面挤干后吸取或用吸水纸吸取	中性洗涤剂泡温水清洗、用酒精擦洗，茶或咖啡可先用甘油涂在污染处，再用温水沾布轻轻叩打，最后用中性洗涤剂清洗
牛奶、冰淇淋、蛋白质类、牛油类、呕吐类	牛奶、冰淇淋可泡温水挤干后擦洗，牛油、蛋白质类则应用干布吸取然后再用温水擦	先用酒精或其他中性洗涤擦洗
鞋油、动植物油、矿物油	用纸或布擦除	先用香蕉水、酒精等溶剂擦除，再用中性洗涤剂。清洗鞋油可先用松节油擦去，再用肥皂水清洗
蓝色墨水、墨汁	用吸水纸或干布吸取	先用苯擦洗，再用中性洗涤剂加温水清洗。再用中性洗涤剂清洗
红色墨水、复印液、显影液	用吸水纸或干布吸取	用酒精清洗或用热皂水清洗
专用墨水、油墨等	用吸水纸或干布吸取	先用酒精、香蕉水等溶剂清除，再用中性洗涤剂洗涤

不论清除哪类污迹，都不宜用热水烫，宜用温水清洗，然后放到阴凉处晾干。平时还应注意保养，不要把燃着的烟头丢在地毯上，移动地毯也不要硬扯撕拉。因放置家具而引起地毯上出现凹痕，可用布蘸温水或以蒸汽熨头把倾倒的纤维扶起来即可恢复原状。每日要保持地毯的清洁干燥，最好准备吸尘器。一般家庭用地毯每隔 2～3 天清扫吸尘一次。总之，地毯的清洁要及时，时间一长，除去污渍就更加困难。此外，使用地毯务必防潮。擦过的地板，需等干透了再铺地毯，清洗时尽量避免过湿。

第八节　胶　粘　剂

一、胶粘剂的组成与分类

胶粘剂一般多为有机合成材料，主要由粘结料、固化剂、增塑剂、稀释剂及填充剂（填料）等原料配制而成。有时为了改善胶粘剂的某种性能，还需要加入一些改性材料。对于某一种胶粘剂而言，不一定完全含有这些组分，同样也不限于这几种成分，而取决于其性能和用途。胶粘剂的分类如下：

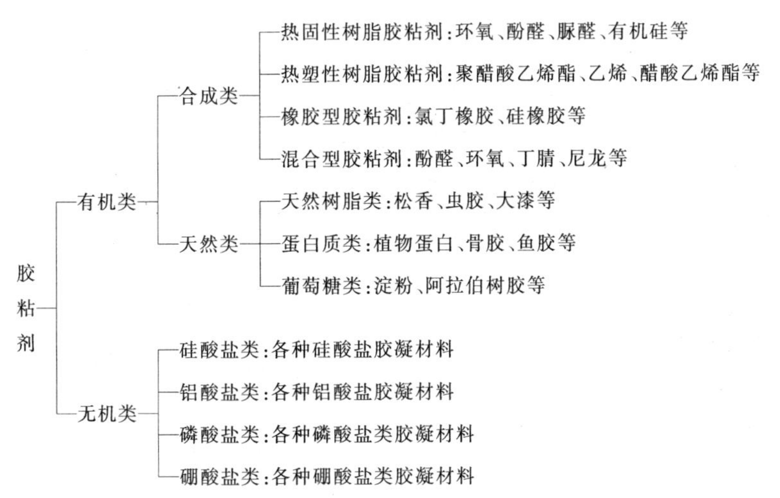

二、常用胶粘剂的特性

1. 环氧树脂类胶粘剂

俗称万能胶，这类胶粘剂具有粘结强度高，收缩率小，耐腐蚀、耐水、耐油且电绝缘性好，具有良好的粘结能力。常见品种及特点见表3-22。

2. 聚醋酸乙烯酯类胶粘剂

又称白乳液或白乳胶，这类胶粘剂呈酸性，具有亲水性、流动性好、耐水性差，装饰性能较差。常用品种及特点见表3-23。

环氧树脂胶粘剂品种及特点 表 3-22

产品型号	名 称	特 点
AH-03	大理石胶粘剂	耐水、耐候、使用方便
EE-1	高效耐水建筑胶	耐热、不怕潮湿
EE-2	室外用界面胶粘剂	耐候、耐水、耐久
EEI-3	建筑胶粘剂	
SG-792	装修建筑胶粘剂	
WH-1	万能胶	耐热、耐油、耐水、耐蚀
YJ-I-IV	建筑胶粘剂	耐水、耐湿热、耐蚀
601	建筑装修胶粘剂	粘结力强、耐湿耐腐
621F	胶粘剂	无毒、无味、耐水、耐湿热
6202	建筑胶粘剂	粘结力好，耐腐
4115	建筑胶粘剂	粘结力好、耐湿、耐污
	装饰美胶粘剂	粘结力强、胶膜柔韧
	地板胶粘剂	粘结力强、耐水、耐油污

聚醋酸乙烯酯类胶粘剂的品种及特点 表 3-23

型 号	名 称	特 点
KFT841	建筑胶水	
SG701	建筑轻板胶粘剂	无毒、无臭、耐久、耐火
SJ-801	建筑用胶	无毒、无味、耐酸、耐碱
17-88	聚乙烯醇	白色絮状
108	108 胶	粘结力强
424A	地板胶	干燥快、耐湿热、防潮
801	建筑胶水	
8402	多功能建筑用胶	无毒、无味、不燃、耐冻
中南牌	墙布胶粘剂	无毒、无味、耐酸、耐碱
	白乳胶	粘结力强
中南牌	陶瓷锦砖胶粘剂	无毒、无味
SG8104	壁纸胶粘剂	粘结力强，对温度、湿度变化引起的胀缩适应性能好，不开胶
水性 10 号	塑料地板胶	无毒、无味、快干、粘结力强
4115	塑料地板胶	粘结力强、防水、抗冻

3. 合成橡胶胶粘剂

简称氯丁胶，具有弹性好、柔性好、耐水、耐燃、耐油、耐溶剂和耐药物性，耐寒性较差，贮存时稳定性欠佳等特点。常用品种及特点见表 3-24。

氯丁胶品种、性能及特点　　表 3-24

型　号	名　　称	特　　点
CX401	氯丁胶粘剂	
LDN-1-5	硬材料胶粘剂	耐湿、耐老化
长城牌 202	氯丁胶粘剂	干燥快、初粘 强度大，胶膜柔软
XY401	胶粘剂	无毒、粘性强
804-S	PVC 地板胶粘剂	无毒、无味、耐温、不燃
801	强力胶	初粘强度高，耐冲击、耐油
CBJ-84	胶粘剂	初粘强度高，耐酸、耐碱
JY-7	胶粘剂	耐水、耐老化、耐酸碱
8123	PVC 地板胶粘剂	无毒、无味、不燃、粘性好
	塑料地板胶	无毒、耐热、耐低温
	家用胶粘剂	耐燃、耐气候、耐油

4. 其他种类胶粘剂的性能见表 3-25。

其他种类胶粘剂　　表 3-25

型　号	名　称	特　　点
BA-01	建筑胶粘剂	
SA-101	建筑密封膏	色浅、耐老化、弹性好
SC-01	高弹性建筑胶	高弹性、耐水
WL-2	塑料地板胶	不燃、耐水、耐弱酸碱
WH-3	过氯乙烯胶粘剂	耐油、耐水、耐弱酸碱
506	胶粘剂	耐湿、耐腐、耐磨
845	塑料地板砖胶粘剂	油溶性胶
841	胶粘剂	无味、耐温、防火、防霉
8404	墙布胶粘剂	无毒、无味、不燃、不霉
8123	胶粘剂	不燃、无毒、无味
MD-157	木地板胶粘剂	粘结力强、耐久、 耐水、无毒、无味

续表

型号	名称	特点
JD-502 -508	通用瓷砖胶粘剂	耐水、耐久、价格低廉
SF-1	双组分石材胶粘剂	粘结性好
AH-05	建筑装饰用胶粘剂	粘结性好、耐水、耐气候
SG-8407	内墙瓷砖胶粘剂	粘结性好、耐水、耐气候
	粉状建筑胶粘剂	耐水、耐湿热、无毒、抗冻融
BEA-02	膏头瓷砖胶粘剂	粘结强、耐酸碱
ZB-103	大理石胶	无毒、不燃、耐油、耐碱
903-A	超级瓷砖胶	粘结力强、耐水、耐碱、耐老化

三、胶粘剂选用方法（表 3-26）

按相粘材质选用胶粘剂 **表 3-26**

	酚醛	酚醛缩醛	酚醛聚酰胺	酚醛氯丁橡胶	酚醛丁腈橡胶	环氧树脂	环氧聚酰胺	过氯乙烯	聚酯树脂	聚氨酯	聚酰胺	聚醋酸乙烯酯	聚乙烯醇	聚丙烯酸酯	天然橡胶	丁苯橡胶	氯丁橡胶	丁腈橡胶	备注
木材—木材	○				○	○				○		○							
木材—皮革												○				○	○	○	
木材—织物										○						○	○		
木材—纸													○			○			
尼龙—木材					○	○	○				○								
ABS—木材				○	○														
玻璃钢—木材					○	○													
PVC—木材					○							○							
橡胶—木材		○		○	○					○					○	○			
玻璃陶瓷—木材		○		○	○	○				○		○			○	○			
金属—木材	○	○		○	○	○				○		○				○			

第四章　建筑装饰装修木工机具

第一节　装饰木工常用手工工具

一、量具

量具是用来度量、检验工件尺寸的工具。装饰木工常用的量具有量尺、水平尺、线锤等。

1. 量尺

量尺有钢卷尺、木折尺、丈杆等（图 4-1）。钢卷尺用于测量较长构件或距离，准确程度较高，有大钢卷尺和小钢卷尺。木折尺有八折木尺和四折木尺。使用时，必须拉直并贴平物面。丈杆是一种自制的画有尺度的木杆尺，一般长 3～5m，用于丈量长度较大的物面。

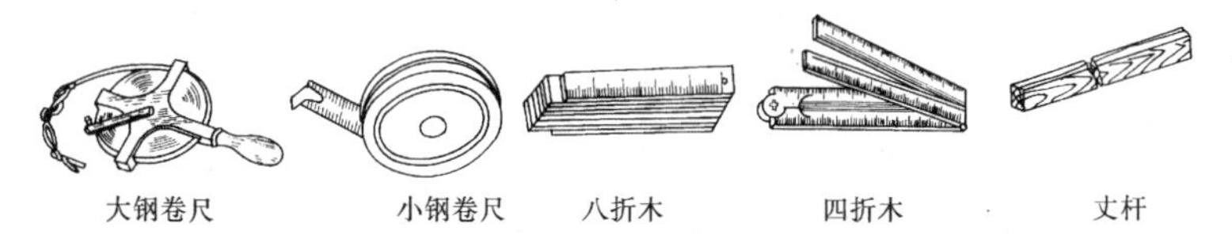

图 4-1　量尺

2. 水平尺

水平尺有钢制和木制两种（图 4-2），用于检验物面的水平或垂直情况。使用时，将水平尺置于物面上，如中部水准管内气泡居中，表示该面水平；将水平尺一边紧靠物体的立面，如端部水准管内气泡居中，表示该面垂直。

3. 线锤

线锤（图 4-3）用于校验物面是否垂直。使用时，手持线的

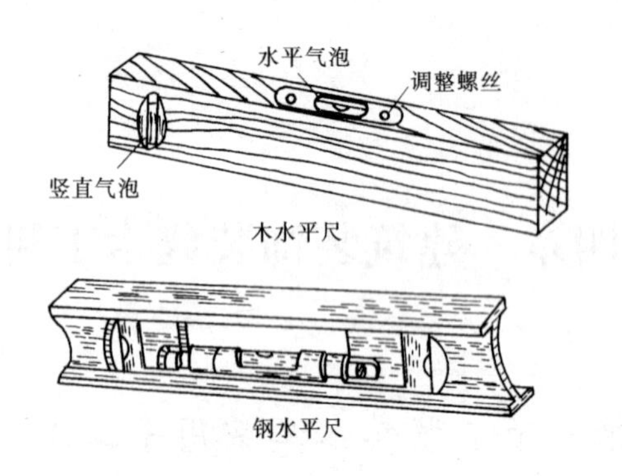

图 4-2　水平尺

上端，锤尖朝下自由下垂，视线顺着线绳，若线绳至物面的距离上下一致，则表示物面为垂直。

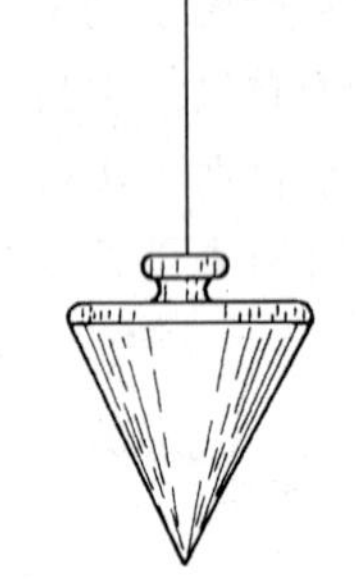

图 4-3　线锤

二、画线工具

木工画线工具种类较多，常用的有以下几种。

1. 画线笔

画线笔有木工铅笔和竹笔两种。

(1) 木工铅笔　使用时应将铅笔芯削成扁平形，划线时要使铅芯扁平面沿着尺顺画。

(2) 竹笔　又称墨衬（图 4-4），它是用韧性较好的毛竹片制成，长约 200mm 左右。笔端削扁成 40°斜角，宽约 10 ~ 15mm 左右，用薄刀将笔端削扁成斜刀形状（削薄竹肉，竹青一面保持平直），并剖成多条细丝，要求 1mm 内剖开 3 条，用以蘸墨画线。使用竹笔时，要垂直不偏不歪。

2. 勒线器

勒线器又称勒子，有线勒子和榫勒子两种。使用时，按需要尺寸调好导杆及刀刃，把蝴蝶螺母拧紧，将档靠紧木料侧面，由前向后勒线（如图 4-5）。

3. 墨斗

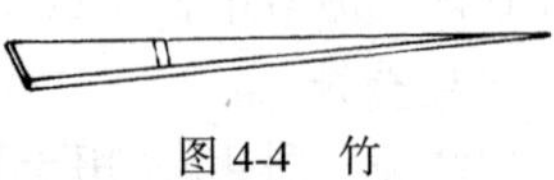

图 4-4　竹

墨斗用于弹线，由圆筒、摇把、

线轮和定针等组成。使用墨斗弹线时，左手握住墨斗，右手将线绳拉出一些，定针扎在木料一端的划分点上，再用竹笔挤压丝棉，使线绳饱含墨汁。然后将墨斗拉到另一端，用左手食指将线绳压在划分点上，拉紧线绳。再用右手食指和拇指把线绳的中点垂直提起，迅速放手弹回，线绳就在木料面上弹出一条墨线（图4-6）。

图 4-5　勒线器画线

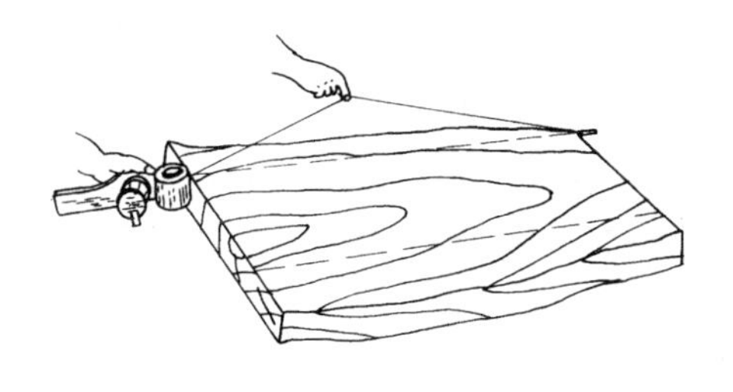

图 4-6　墨斗弹线

4. 拖线器

拖线器又称墨珠。用竹片制成，两端或一端制成锯齿形，用于拖划直线（图 4-7）。

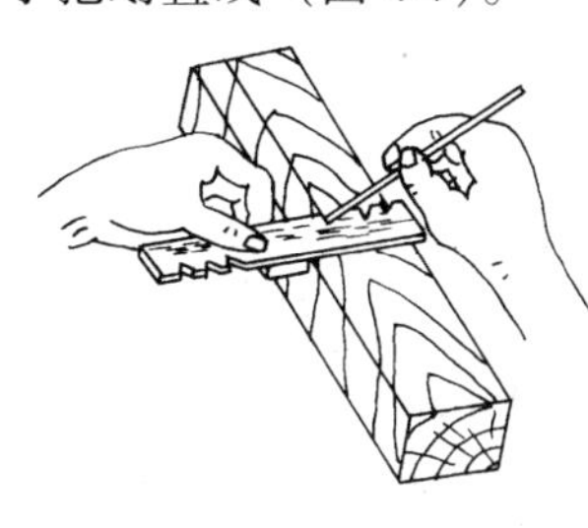

图 4-7　拖线器

（1）画线方法　圆木制作方木时，先在圆木小头截面中央用线锤吊测，画出中心线，然后二等分。过其中心点，用角尺画出水平线，在水平线上量出方木宽度，左右各半。再用线锤吊看，画出方木宽度边线。在中心线上量出方木高度，上下各半，再用角尺画出方木高度边线。用同样尺寸，在大头一端划出四条边线，注意不要移动圆木，以免两端边线扭曲。大小头端面画线确定后，连接相应的方木棱角点，用墨斗弹出纵长墨线，然后按线锯掉四边边皮即是方木（图4-8）。

圆木制作板材时，要用较平直的圆木，在端截面上用线锤吊

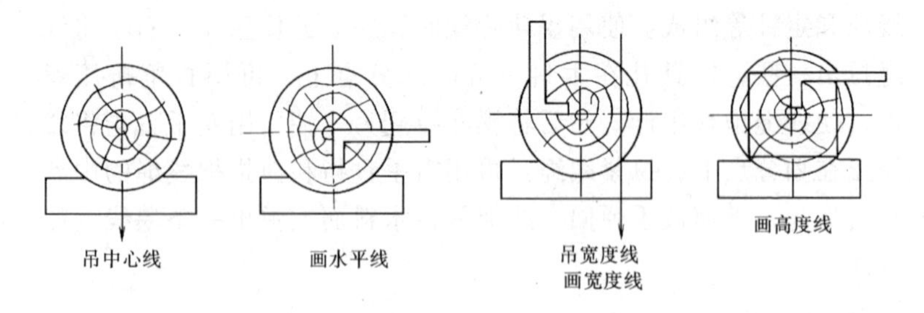

图 4-8 圆木画方木

出中心线后，用角尺画出水平线。在水平线上按所需板材厚度与锯口宽度尺寸之和，由截面中心向两边画平行线，再连接相应的板材棱角点，用墨斗弹出纵长锯口墨线（图 4-9）。

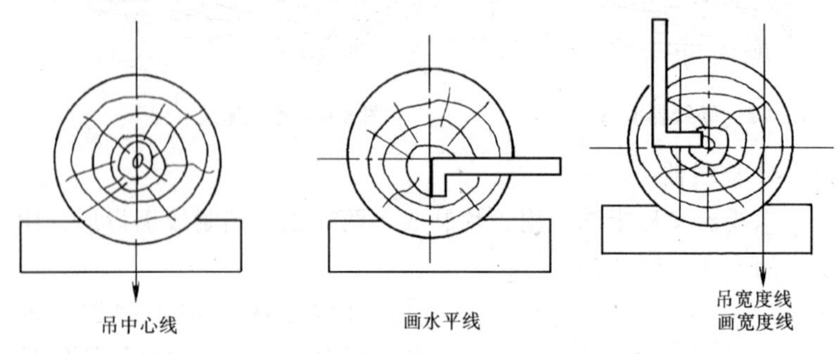

图 4-9 圆木画板材

（2）画线注意事项 画线时要根据锯边和刨光需要，留出消耗量。一般情况，锯缝的消耗量，大锯约 4mm，中锯 2 ~ 3mm，细锯 1.5 ~ 2mm。刨光消耗量，单面刨光 1 ~ 1.5mm，双面刨光 2 ~ 3mm（料长 2m 以上，应加大 1mm）。

三、锯割工具

锯是装饰木工常用的工具，有木框锯、钢丝锯、活动圆规锯、板锯等。

1. 木框锯

木框锯适用于纵截、横截、曲线锯割木料。使用前，应调整好锯条的角度（一般与锯框平面成 45°角），并用绞板绞紧张紧绳，使锯条绷直拉紧。

(1) 纵截木料时，将木料放在板凳上，其操作如图 4-10（a）所示，按下列步骤进行：

1）右脚垂直于锯割线踏住木料，左脚站直，与锯割线成 60°角。

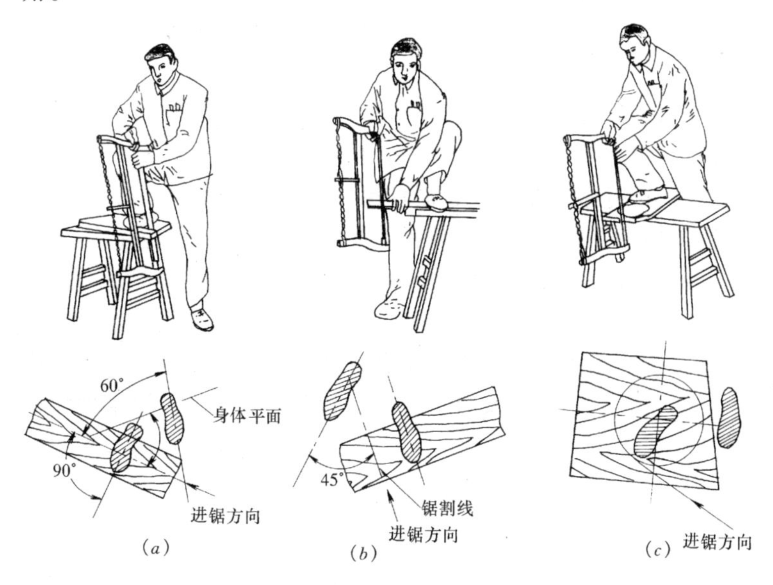

图 4-10 锯割木料

（a）纵截木料；（b）横截木料；（c）曲线锯割

2）右手垂直右膝盖，身体与锯割线成 45°角，上身略俯，锯割时，身体不要左右摆动。

3）开始锯割时，右手紧握锯把，左手大拇指紧靠锯割线的起点，先开出锯路，然后移开左手，帮右手推拉。

4）推拉时，锯条与木料面成 80°角，紧跟锯割线送锯，不要左右扭歪，开始时用力小一些，以后逐渐加大，节奏要均匀；提锯要轻，并可稍微抬高锯把，使锯齿离开上端锯口。

5）木料快锯开时，要将锯开部分用左手拿稳放慢锯割速度，一直到把木料全部锯开为止。

(2) 横截木料时，将木料放在板凳上，其操作如图 4-10（*b*）所示。

1）左脚平行于锯割线踏住木料；

2）左手按住木料，右手持锯；

3）锯条与木料锯割面成 30°～40°角；

4）拉锯方法与纵向锯割基本相同。

(3) 曲线锯割时的操作如图 4-10（*c*）所示。

1）双手握持锯把，使锯条与木料锯割面约成 80°角；

2）右脚踩住木料，并随锯割的进度更换位置；

3）推拉时紧跟锯割线，而且保持锯条上下垂直。

框锯使用完毕，把锯条放松，妥善放好，挂锯时齿口必须朝里。

2. 钢丝锯

钢丝锯适用于薄板中间锯割各种孔和曲线。锯割时，先在构件上钻个小孔，将钢丝穿过去，扣在竹弓的钉子上，用手按住竹弓依照墨线推拉（图 4-11），注意不要用力过猛。使用完毕，要把钢丝放松。

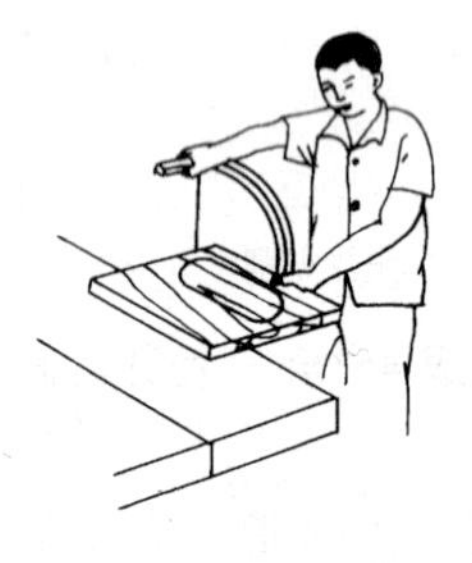

图 4-11　钢丝锯操作

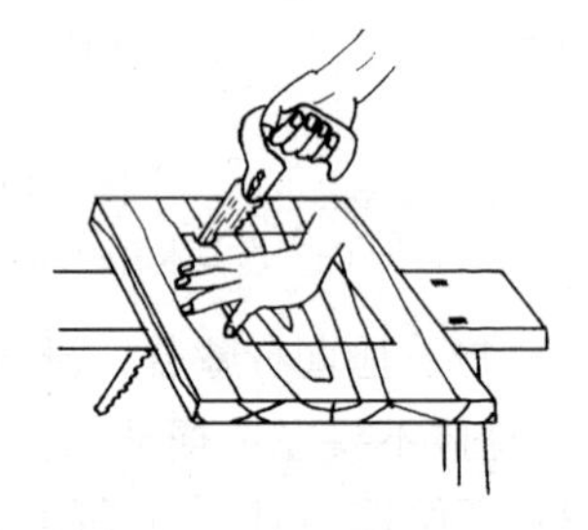

图 4-12　活动圆规锯操作

3. 活动圆规锯

活动圆规锯适用于在较大的构件上开小孔。使用时，先在构件上钻出一个圆孔，将圆规锯伸入孔内（图 4-12）。锯割时，要使锯条与所锯构件轮廓线相适应。如遇到绕不过时，应立即停止前进，用锯条在原处上下锯几次，开出一条较宽的锯路。

4. 板锯

板锯适用于直线锯割比较宽阔而木框锯不能锯的木料，锯割出来的木板很直。锯割时，左手揿住木料，右手紧握锯柄（图4-13）。快锯完时，左腿要靠住木料，右脚放开一些，左手到锯割线的中间揿住两边，以防木料折断。

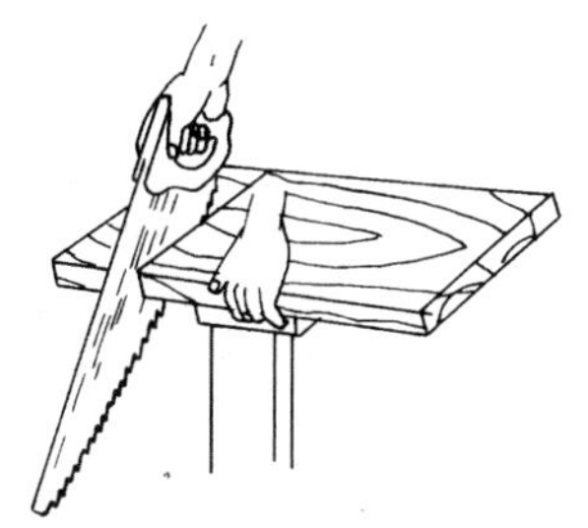

图 4-13　板锯操作

5. 锉伐锯齿

（1）锯割木料时，出现下列情况，应锉伐锯齿。

1）锯割时，切削量少，锯屑细，而且很费力，表明锯齿变钝，需要锉锐。

2）锯割时，平直地上下推拉有过重、夹锯现象，表明锯路退缩，需要重新分岔。

3）锯割时，锯片始终向一侧偏弯，表明锯路不匀，应重新修整。

无论进行哪一种修整，都要首先进行锯齿的分岔，然后锉齿。

（2）锯路分岔器

锯路分岔器是用来分岔锯路的。锯齿分岔时应先将锯条用老虎钳或木制简易夹具固定，然后用分岔器按图 4-14 所示形式逐个顺序拨齿，并根据不同用处的锯子，控制锯路宽度的大小。锯

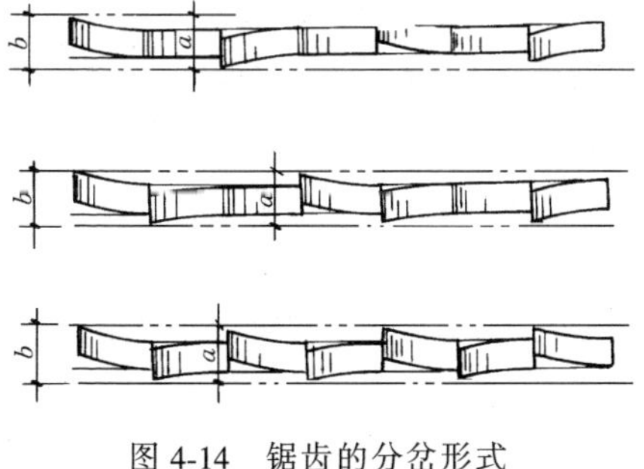

图 4-14　锯齿的分岔形式

齿分岔左右倾斜要均匀，以锯条为中心，两边对称。

(3) 锉伐

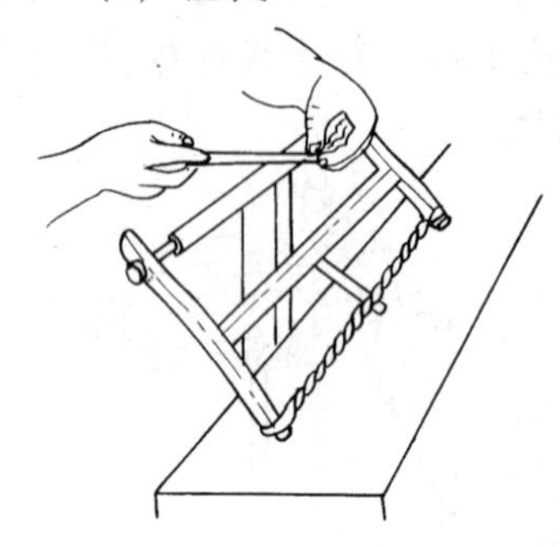

图 4-15　锉锯姿势

锉伐锯齿时，把锯条卡在木桩顶上，或工作板凳端部预先锯好的锯缝内，使锯齿露出。根据锯齿的大小，用 100 ~ 200mm 长的三角钢锉或刀锉，从右向左逐齿锉伐。锉锯时，两手用力均匀，行程要长而稳。锉的一面垂直紧贴锯齿的下刃，另一面紧靠邻齿的刃上。向前推时，要使锉面用力磨锯齿，要锉出钢屑；回拉时，只要轻轻拖过，轻抬锉面（图 4-15）。

四、刨削工具

刨削工具按照其用途及构造不同，可分为平刨、槽刨、线刨、边刨、轴刨等。

1. 平刨

平刨用于刨削木料的平面，使木料平直。使用前，调整刨刀。安装刨刃时，要使刨刃刃口露出刨口槽，刃口一般露出 0.1 ~ 0.5mm。

推刨前，选择比较洁净、纹理清楚的里材面为正面。刨削时，先刨里材面，再刨其他面。要顺纹刨削，既省力又使刨削面平整光滑。

推刨时，用两手的中指、无名指和小指握紧刨柄，食指压紧刨的前身，大拇指推住刨身的后面，用力要平稳，而且两脚必须站稳，左脚在前，右脚在后，上身略微前倾，使刨身平稳地向前推进。

刨削时，刨底应始终贴紧木料面。开始时刨头不要翘起，刨到前端时刨头不要低下（图 4-16）。

2. 槽刨

图 4-16

槽刨专用于刨削凹槽。使用前，先调整刨刃的露出量及挡板与刨刃的位置，用右手拿刨，左手扶料，先从木料后半部向后端刨削，然后逐渐从前半部开始刨削。如果是带刨把的槽刨，应将料固定后，双手握把，从木料的前半部向前刨，逐步后退到木料末端刨完为止。开始刨时要轻，待刨出凹槽后，再适当增加力量，直到刨出深浅一致的凹槽（图 4-17）。

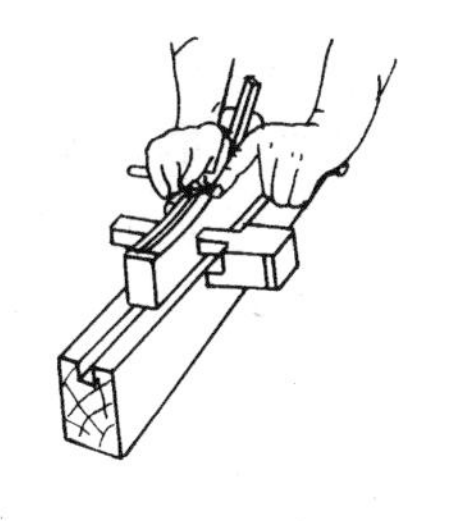

图 4-17　推槽刨手法

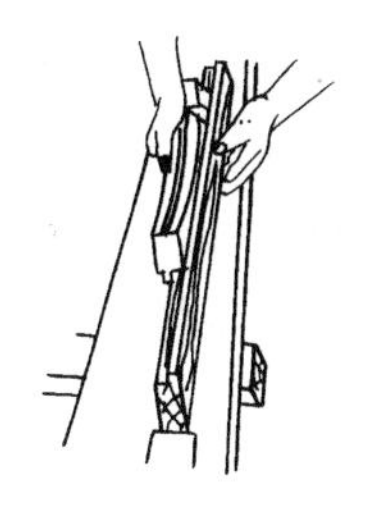

图 4-18　推边刨手法

3. 线刨与边刨

线刨专为成品棱角开美术线条用。边刨用于木料边缘截口，使用方法相似。使用前，先调整好刨刃的露出量。右手拿刨，左手扶料。刨削时，先从离木料前端 150 ~ 200mm 处向前刨削，再后退同样距离向前刨。依此方法，人向后退，刨向前推，一直刨到后端，最后再从后端一直刨到前端，使线条深浅一致（图 4-18）。

4. 轴刨

轴刨用于刨削各种小木料的弯曲部分。使用前，调整好刨刃。操作时，将木料稳固住，两手握住两端的刨把，使刨底紧贴木料，均匀用力向前推削。刨削时若遇到呛槎，为使刨削面光滑，可掉转刨头，两手换把后，再用力向后拉削。

5. 刨的维修保养

（1）刨刃研磨

刨刃用久后，刃口会变钝或缺口，需要进行研磨。磨刨刃所用的磨石，有粗磨石及细磨石。一般先用粗磨石磨刨刃的缺口或平刃口的斜面，再用细磨石把刃口研磨锋利。

磨刨刃时，先在洗净的磨石上洒水，使刃口斜面紧贴磨石面，再在磨石面上前推后拉（图 4-19）。前推时轻微加力，力要均匀，刨刃与磨石面的夹角不能变动，以防把刃口磨成弧形。后拉时不要用力，否则容易磨坏刃口。研磨中要勤洒水，不要总在一处磨，以保持磨石面平整。一般情况下，刨刃刃口的左角易磨斜，要注意左手用力不宜太大，左手的食指和中指要压在刨刃的中央。如果磨石不平，易使刃口磨成弧形，故须随时变换位置。刃口斜面磨好后，翻转刨刃平放在磨石面上研磨，磨去刃口的卷边（图 4-20）。最后，将刃口两角轻磨几下，即可使用。磨好后的刃锋，是一条细的黑线，刃口呈乌青色。

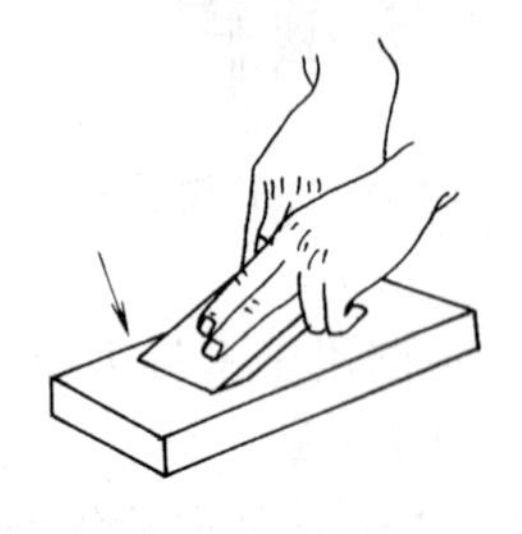

图 4-19　磨斜口

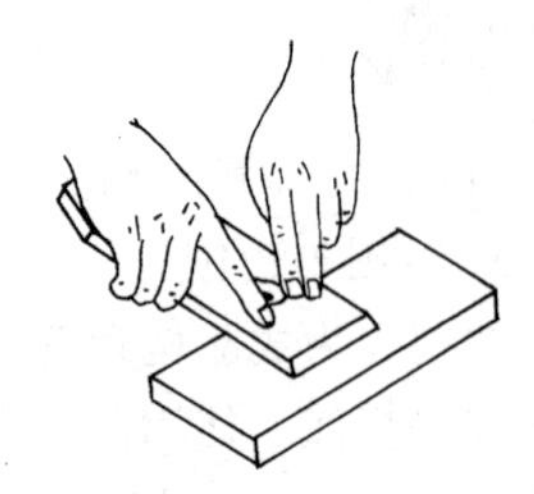

图 4-20　磨平面

（2）刨的维护

使用时，刨底要经常擦油。用刨完毕，退松刨刃，不要乱丢乱放，应挂在工作台板间或使其底面向上平放。敲去刨身时，要敲其后端，不要乱敲。要经常检查刨底是否平直、光滑，若不平整，应及时修理，以免影响刨削质量。刨如果长期不用，应将刨刃及盖铁退出另行放置。

五、凿钻工具

1. 凿子

凿子是用于打孔、剔槽及凿削木料狭窄部分的工具。

(1) 凿子的使用

凿孔前，将已划好榫眼墨线的木料放在工作台上，木料的长度在400mm以上。打凿时，人的左臀部可坐在木料上。若木料较短小，可用脚踏稳。凿孔时，左手紧握凿柄，凿刃斜面向外，刃口向内，凿刃离靠近身边的横线3~5mm，拿凿要垂直。同时，右手用斧或锤敲击凿顶，使凿刃垂直切入木料中，再拔出凿，将凿移前一些斜打一下，把木屑剔出。如此，反复打凿并剔出木屑（图4-21）。当孔凿到所要求的深度时，再修凿前后孔壁，但两根横线要留下半条墨线，以备检查。凿透孔时，应先凿背面至孔深，再将木料翻转过来，从正面打凿，直到凿透。这样，孔口四周不会产生撕裂现象。透孔背面，孔膛应稍大于墨线以外1mm左右，以免安装榫头时劈裂。同时，孔的两端面中部要略微凸起，以便挤紧榫头（图4-22）。

图4-21　打凿姿势

(2) 凿子的维修

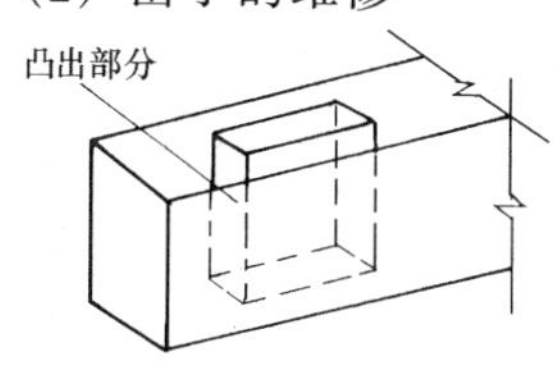

图4-22　孔壁形状

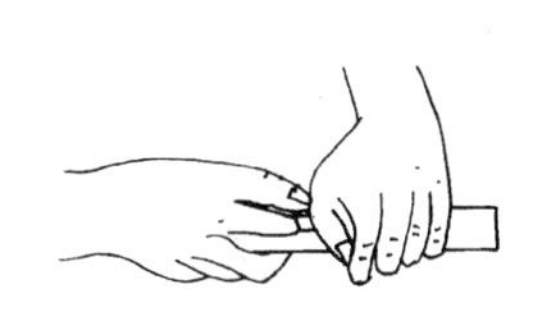

图4-23　磨凿手势

凿子用久后，刃口会变钝，甚至会出现缺口或断裂，要研磨修理。研磨凿刃时，用右手紧握凿柄，左手横放在右手前面，拿稳凿子的中部，将凿刃斜面贴紧在磨石面上，用力压住，前后均匀推动（图 4-23）。要注意保持凿刃斜面的角度一致。刃口磨锋利后，翻转凿子，把平的一面放在磨石面上，磨去卷边。

2. 钻

钻是用于木料上钻孔的工具。按其形式不同分为牵钻、手摇钻、弓摇钻、螺旋钻。

（1）牵钻（图 4-24）

牵钻使用时，用左手握住握把，钻头对准孔中心，右手握住拉杆保持水平地推拉，使钻杆旋转，钻头即钻入木料内。钻时要保持钻杆与木料面垂直，不得偏斜。

（2）手摇钻、弓摇钻（图 4-24）

使用时，用左手握住顶木，右手将钻头对准孔中心。然后，左手用力压住，右手摇动摇把，按顺时针方向旋转，钻头即钻入木料内。钻进时，要使钻头与木料保持垂直。钻到透孔时，将倒顺器反向拧紧，摇把按逆时针方向旋转，钻头即退出。

（3）螺旋钻（图 4-24）

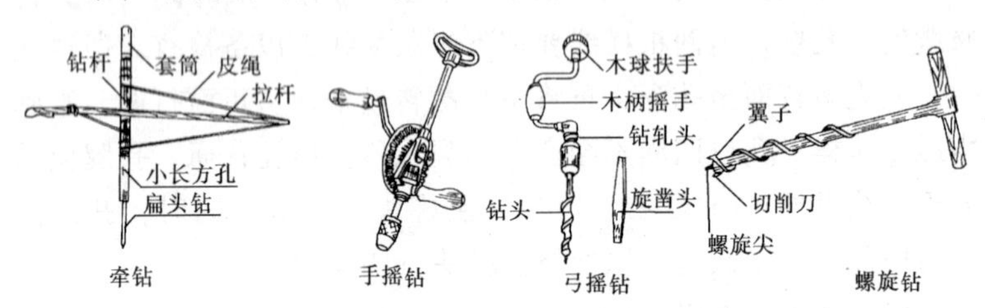

图 4-24 钻

操作时，先在木料正反面画出孔的中心，然后将钻头对准孔中心，两手紧握把手，稍加压力向前扭拧，钻头即可钻入木料。钻到孔深一半以上时，将钻退出，再从反面开始钻，直到钻通为止。当孔径较大、较深、拧转费力时，可钻入一定深度后，退出钻头，在孔内推拉几下，清除木屑后再钻。垂直或水平方向钻孔时，要使钻杆与木料面保持垂直。斜向钻孔时，应自始至终正确掌握斜向角度。

六、劈砍工具

锛和斧是装饰木工常用的劈砍工具。斧子由钢制斧头和木把组成，有单刃斧和双刃斧两种，单刃斧适合砍而不适合劈，双刃斧砍、劈都可以。斧有立砍和平砍两种。

1. 立砍

立砍适用于砍削短木料。画线后，按木料纹理方向，先由下而上将要砍削的部分砍成几段切口，然后再从上而下砍削，参见第五章图 5-3。

2. 平砍

砍削大木料时，可将木料稳固在工作台上，砍削方向根据木料纹理方向而定。若由右向左平砍，右手在前，握住斧把中部或前部抡斧。左手在后，握住斧把端部掌握平衡，参见第五章图 5-3。砍削时，由前逐步后退。若由左向右平砍，其方法与之相反。

3. 磨研斧刃

一般用双手食指和中指压住刃口部分，紧贴在磨刀石上来回推动。向前推时，要将刃口斜面始终紧贴在磨刀石面上，切勿使其翘起。当刃口磨得平整、发青、平直时，表示刃口已研磨锋利。

第二节　装饰木工常用机械

一、锯割机械

装饰木工常用锯割机械有电圆锯、转台式斜断锯、曲线锯等。

1. 电圆锯

电圆锯是装饰木工现场作业中应用最广泛的机具之一，可用来横截和纵截木料。

(1) 使用方法

1) 工作前的检查。检查锯片是否有裂纹、变形现象；锯片锁紧螺栓是否紧固；固定防护罩是否紧固；活动防护罩转动是否灵活；接通电源，扣下扳机再松开，开关是否自动断开弹回原位；电机运转是否正常，有无漏电、异响，调节底板各螺栓紧固件是否灵活有效。全部检查确认无误后，方可开始作业。

2）操作方式

①斜角锯割：先拧松调节底板前方角度尺上的蝶形螺母，在0°～45°内调整所需角度。调好后，拧紧该蝶形螺母使角度固定。将顶部导板左边较浅的缺口与工件上的切割线对正（图 4-25）。

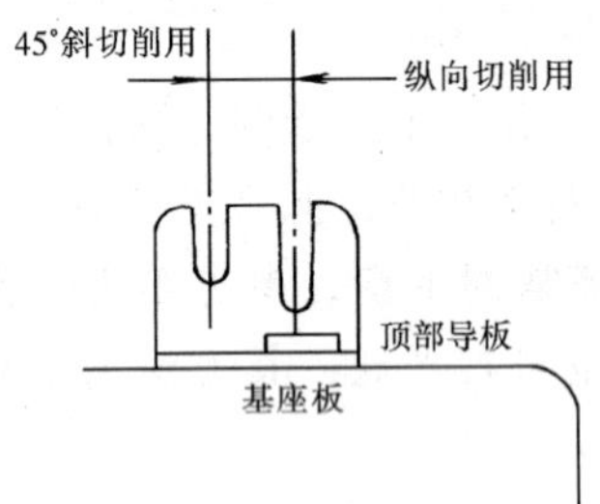

图 4-25　电圆锯锯割

②直线锯割：先将角度调节为0°，锁紧螺母，然后将底板前的顶部导板右边较深的缺口与工件上的切割线对正（图 4-25）。

3）底板及导尺的调节

①入锯材料的深度可以通过调节底板来控制。松开固定防护罩上固定深度尺的蝶形螺母，调节底板至所需的锯割深度。拧紧该蝶形螺母。如果作为割断加工，一般是将刀片调到可能锯断工件的深度。

②导尺可以保证电圆锯能精确地直线锯割。导尺的调节是通过底板右前方蝶形螺母来完成。松开该螺母，导尺可左右移动，调到所需位置。然后拧紧该螺母，将导尺固定。操作时须将导尺紧贴工件滑动。

4）锯割作业：一切检查、调整工作完成后，即可接通电源开始工作。右手握住后部把手，左手握紧前部把柄，将底板贴放在要锯割的工件上，但不要让锯片与工件接触。然后启动开关使电圆锯运转，待锯片达到最高转速时，沿工件表面紧靠导尺，平稳向前推动圆锯完成锯割作业。在推进过程中，要保持进速均匀，顶部导板缺口与工件切割线始终对正，以确保锯口干净、平滑。

5）锯片的拆装：首先拔下电源插头方可进行拆装。按下轴锁装置，使锯片不得转动。用专用扳手或开口扳手，按逆时针方向旋转六角螺栓，并拆下六角螺栓，取下外法兰盘及锯片。装上新锯片，让锯片上的箭头方向与防护罩上的箭头方向保持一致，不能装反，然后再装上外法兰盘，上紧六角螺栓。

（2）维护与保养

1）各紧固调节螺栓、蝶形螺母与转动轴要保持转动灵活，定期上油以防锈蚀。

2）操作完毕，锯片要取下架好，切勿挤压，以防变形、断裂。

3）要放松各紧固件，以防螺栓疲劳变形。

4）机具不用后，要有固定机架存放，不得乱放、挤压，以防零件变形。

5）定期做绝缘检查，发现有漏电现象时，应立即排除。特别是在潮湿环境作业时，要定期对电机做干燥处理。

6）定期检查更换电机碳刷。当碳刷磨损到 5～6mm 以下时，应及时更换。两个碳刷要同时更换。经常保持碳刷清洁，并使其在夹内自由滑动。

（3）安全操作规程

1）操作前检查所有安全装置必须完好有效；固定防护罩要安装牢固，活动防护罩要转动灵活，并且能将锯片全部护住；仔细检查工件上有无铁钉等硬物。如有应取下，以免回弹和损坏锯片。

2）操作时手及身体各部必须离开锯割区。锯片转动时，不可用手拿取切断的加工件。断开开关后，锯片尚在转动时，不可用手或其他物体接触锯片，更不可在作业时随意将其他物件插入锯割区。

3）锯片要保持清洁、锐利，无断齿、裂纹。安装要牢固。所用锯片必须与圆锯配套，不可使用锯片固定孔不合规格的产品。严禁使用不配套的套环和螺栓。

4）加工大块工件必须支撑稳定。以工件平稳、不晃动为标准，而且在锯断区附近必须有支撑，这样可以减少颤动、回弹和夹锯（图 4-26）。

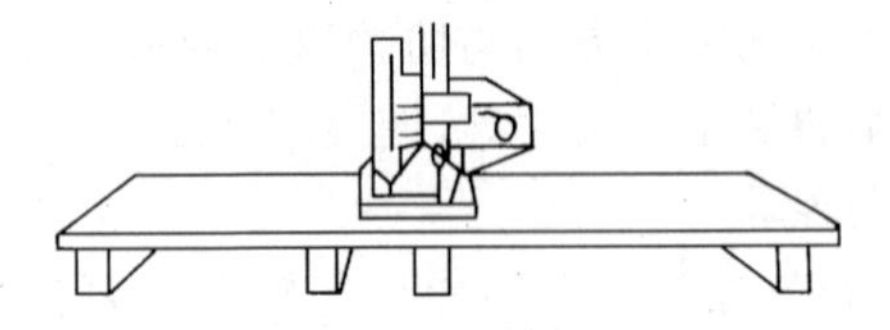

图 4-26　工件支撑

5）纵锯木料时必须使用导尺或直边档板。

6）当夹锯时，应马上断开电源开关，使转动停止，不可强行工作。

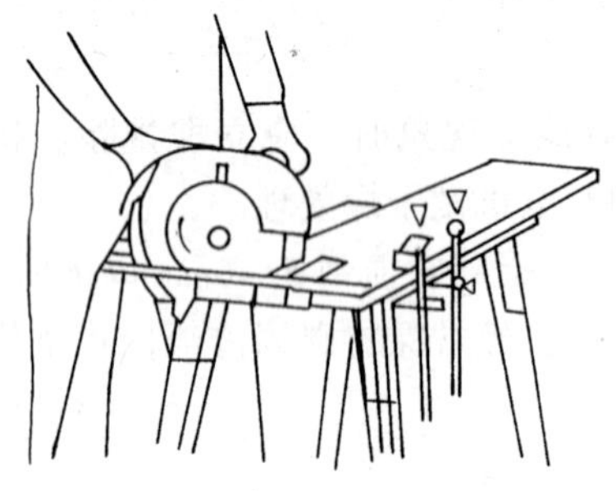

图 4-27　圆锯提握工件支旋方式

7）圆锯底板较宽的部分应放在有坚固支撑的工件部位，以免锯断后机具重心倾斜（图 4-27）。

8）当加工短小工件时，应将工件夹住。绝不能用手拿着工件进行加工。

9）绝不可以用台钳反夹圆锯，在上面锯割木料（图 4-28）。

10）操作完毕断开电源开关后，锯片要缓慢减速停止。所以放下电圆锯前，必须确认下方的活动防护罩完全复位，锯片停转。否则绝不可马上放下。

11）操作中禁止戴手套，不要穿肥大的衣服，不要系领带、围巾等。

12）当发生异响、电机过热或电机转速过低时，应立刻停机检查。

2. 转台式斜断锯

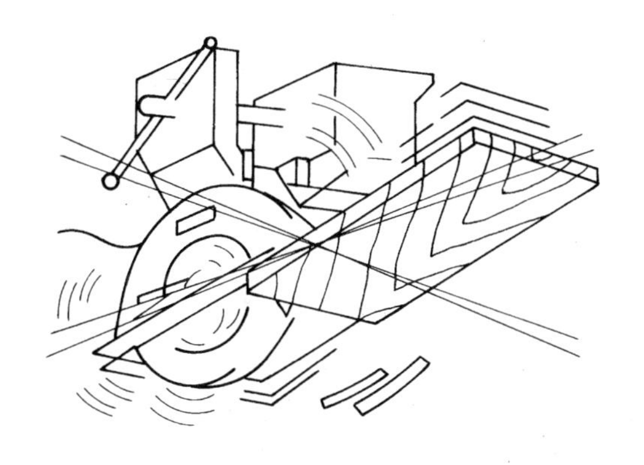

图 4-28　反夹圆锯（不正确操作）

转台式斜断锯适用于装饰木工纵断、横切或截成任意角度的边框、角料。

（1）使用方法

1）新购的斜断锯，如果切口铺上没有切下槽口的活，应该缓慢降下锯片，在切口铺上切下一条槽口（图 4-29）。

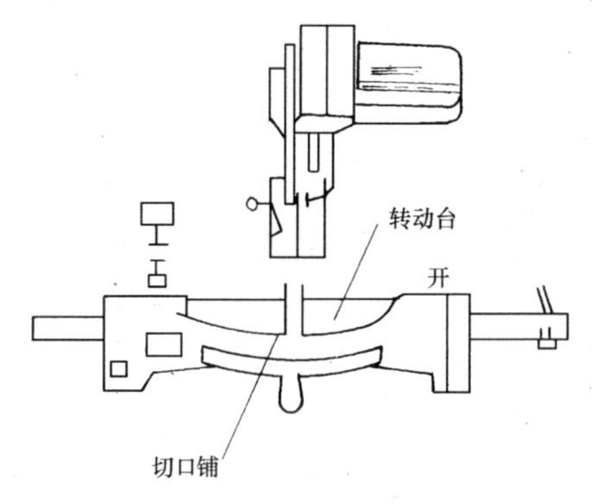

图 4-29　切槽口

2）用四个地脚螺栓把斜断锯固定在水平稳定的台面上。

3）操作前的检查：

①检查锯片是否符合要求，锯片锁紧螺栓是否紧固，锯片有无裂纹、变形现象。如果有，则应立即更换。

②检查刀片盖是否紧固，安全罩是否转动灵活。

③检查电源是否与机具铭牌相符。然后接通电源，按动开关，按下再松开，检查开关是否自动断开，弹回原位。

④检查电机运转是否正常，有无漏电、异响。

4）按所需角度调整好转动台，固定好所要锯割的工件，锯割线对在锯片的左或右。

5）一切检查、调整工作完成且确认无误后即可接通电源开始操作。右手握住手柄，按动开关，使锯片旋转，待锯片达到最高转速时，再慢慢放下手柄。当锯片与加工件接触时，再逐渐向下施加压力进行锯割。截断工件后，关上开关，等其完全停止转动时方可将手柄抬回原来的最高位置。

6）为了有助于保证加工件的无裂碎锯割，可以装上木质面板，利用导板上的孔，将木质面板用螺栓固定在导板上。螺栓的头部要卧进面板的里面。装上木质面板以后，不要在锯片处于低位置时转动转台，以防损坏木质面板。

7）锯片的拆装。拆卸锯片时，首先要松开处于最低位置的手柄，按动轴的锁定位置，使锯片不能转动。再用套筒扳手松开六角螺栓，然后取下六角螺栓、外法兰盘及锯片。安装锯片时，先取出新锯片，将锯片安装在中轴上，确认刀片表面上的箭头方向与刀片盖上的箭头一致。装上外法兰盘，拧上六角螺栓。然后按住轴锁，用套筒扳手沿逆时针方向，完全拧紧六角螺栓。然后按顺时针方向调整螺栓，以便扣紧中心盖。

（2）维护与保养

1）保持机具的清洁。每次操作完毕后，要擦洗整个机具，清除沟槽和零件间隙的杂物，以确保机具具有良好的工作状态。

2）机具使用完毕后，要用固定的机架存放，以免受到挤压和磕碰而使零件变形或损坏。

3）不用的锯片取下后，一定要放到安全、干燥的地方架好，以防变形和断裂。

4）机具的运动部位结合处，要定期上油，以保持运动灵活。

5）定期检查更换电机的碳刷。当碳刷磨损到 5～6mm 时要及时更换。经常保持碳刷的清洁，并且使其在夹内能自由滑动。

6）定期做绝缘检查，发现有漏电现象时，应立即排除。特别是在潮湿环境操作时，要定期对电机作干燥处理。

（3）安全操作规程

1）开机前要检查锯片有无断裂、破损或变形，开关安全罩是否固定，主轴锁定装置是否处于非锁状态。

2）检查工件锯割部位有无铁钉等硬物，如有应取下，以免回弹和损坏锯片。还要检查工件是否被夹紧。

3）操作时右手要牢牢握住手柄，左手起辅助作用，且绝不可以放在切割线或接近锯片的部位。

4）锯片在转动之前，一定要远离工件。锯片达到全速旋转后，方可接触工件开始操作。

5）如有异常现象，应立即停机，拔下电源插头，方可检查维修。

3. 曲线锯（图 4-30）

图 4-30　曲线锯

曲线锯适用于在木材上面锯割较小曲率半径的几何图形和图案简单的花饰。是装饰木工必备的机具之一。

（1）使用方法

1）工作前的检查。检查电源是否符合铭牌，开关是否灵活可靠、能否复位，锯条是否完好无损，然后方可接通电源开始工作。

2）将曲线锯底板贴平在工件表面。按下开关，待锯条全速运动后靠近工件，然后平稳匀速地向前推进。

3）若锯割材料中间的曲线，可先钻一个能插进曲线锯条的洞，然后再进行锯割。

4）若锯割薄板材时，发现工件有反跳现象，则是锯条齿距过大，应更换细齿锯条。

5）若板材太薄锯割困难，可考虑多层锯割或用废料加厚工件进行锯割，但废料必须要与工件夹牢。

6）使用导尺可以保证精确的直线锯割。使用圆形导件，可以锯割圆和圆弧。

7）如需锯割斜面，操作前先拧松底板调节螺钉，使底部旋转。当底板转到所需角度时，拧紧调节螺钉，紧固底板即可操作。

8）锯割过程中，切不可将曲线锯任意提起。如遇异常情况，一定要先切断电源再进行处理。为了保证锯割曲线的平滑，最好不把曲线锯从锯割的锯缝中拿开。

9）发现锯条磨损过多或已被损坏，要及时更换。

10）锯条的拆装：拔下电源插头，用内六角扳手拧松定位环上的锯条固定螺钉，将原有锯条拆下。然后将所需新锯条齿朝前，尾部插入锯条装夹装置。最后把前面和侧面的固定螺钉拧紧（图 4-31）。

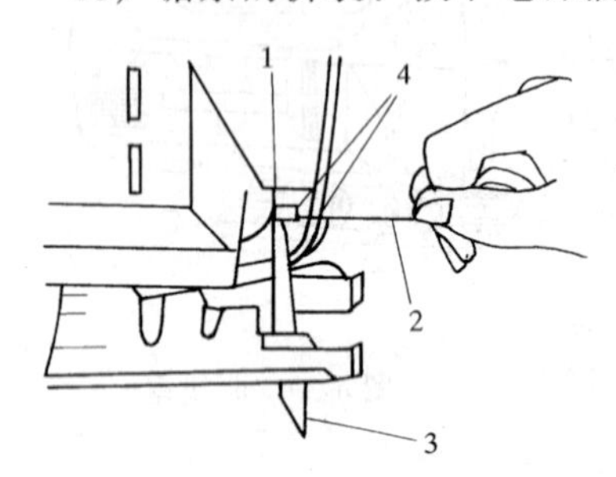

图 4-31　锯条的拆装

1—侧定位螺钉；2—内六角扳手；3—锯条；4—前定位螺钉

（2）维护与保养

1）保持机具的清洁。每次工作完后要擦洗整个机具，清除缝隙间的杂物，以便保持机具具有良好的工作状态。

2）机具使用完毕后，要有固定的机架存放，以免受到挤压和磕碰，而使零件变形或损坏。

3）不用的锯条取下后，一定要放到安全的地方架好，以防变形和断裂。

4）机具运动部位的结合处，要定期上油，以保持运动灵活。

5）定期检查更换电机的碳刷，当碳刷磨损到 5 ~ 6mm 时要及时更换，经常保持碳刷的清洁，并且使其在夹内能自由滑动。

6）定期做绝缘检查，发现有漏电现象时，应立即排除。特别是在潮湿环境操作时，要定期对电机作干燥处理。

（3）安全操作规程

1）操作前的检查，检查工件下面是否留有适当的空隙，以防锯条碰到其他物品，造成物品和锯条的损坏。所有安全装置必须完好有效，开关要灵活，而且能复位，电源要符合铭牌，螺钉要紧固。

2）锯割小的工件，应将工件固定好。不要锯割超过规定的工件。

3）在锯割墙壁、地板、顶棚等上面的材料时，一定要先检查所有锯割部位是否有通电电线。锯割时手一定要抓在机具的绝缘把手上。

4）只有当手拿起工具方可操作，不可脱手丢开已在转动着的工具。

5）锯割过程中，不能将曲线锯提起，以防锯条受到撞击而折断。

6）工作完毕，必须关上开关，并等到锯条完全停止运动后，方可将锯条移离加工件。

7）操作后不可立刻用手去触摸锯条和加工件，以免烫伤。

二、钻孔机械

装饰木工现场作业时，常用的钻孔机械有手电钻、电冲击钻等。

1. 手电钻（图 4-32）

主要用于在木板上钻孔、扩孔，还可以配上不同的钻头完成打磨、抛光、拆装螺钉螺母等。

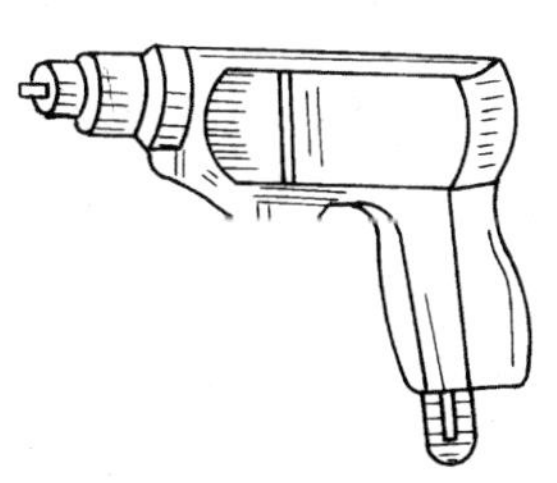

图 4-32　手电钻

（1）使用方法

1）按工作内容选择合适的手电钻

和钻头。钻头使用前要磨好，确保锋利适用，确认机具、导线绝缘良好，开关灵活有效。

2）确认钻头和夹头无杂物缠绕，装好钻头后，用专用扳手紧固。

3）将钻头顶部放在预钻孔的中心，轻压握牢、站稳，接通开关，完成操作。

4）在孔即将钻透时，要减少压力，以免钻透时造成人员、材料损伤。

（2）维护与保养

1）夹头滚柱等转动部分和电机要定期加润滑油。

2）电机工作时间过长会发热，这时要暂停，待电机冷却后再继续操作。

3）定期检查电机碳刷，当其磨损到5～6mm时要及时更换。

4）经常检查各紧固螺栓，确保无松动。

5）操作完毕后要拆下钻头，清除残屑尘土，盘好电源线挂放好。

6）潮湿天气要定期做干燥处理。

（3）安全操作规程

1）操作前要确认开关在断开位置再将插头插入电源插座。

2）操作时留长发的人要戴好帽子，双脚一定要站稳，身体不可接触接地的金属以免触电。

3）只可单人操作，不允许多人同时作业。

4）不准用电源线拉拽手电钻，以防机具损坏和漏电。

5）电钻把柄要保持干燥清洁，不沾油脂。

6）不得在易燃易爆处或过于潮湿处操作。

7）操作中出现卡钻头或孔钻偏等问题时，要立即切断电源开关调整。

8）手电钻操作时，要有漏电保护装置，电缆线要挂好，不可随地拖拉。

9）电钻出现故障或发出异响，应立即停机拔下电源插头，由专业人员检修。

10）拆装钻头时，必须用专用扳手。

11）操作中不准戴手套，仰面作业时要戴防护眼镜。

12）加工较小工件时，要用台钳夹牢，不可用手扶握工件操作。

2. 电冲击钻（图 4-33）

电冲击钻适用于装饰木工对各种室内外墙壁装修和复合材料的钻孔。

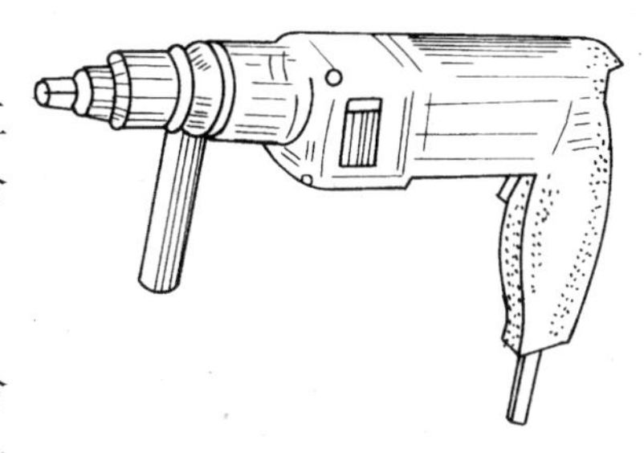

图 4-33 电冲击钻

（1）使用方法

1）根据操作内容选择合适的电钻和钻头，并确认钻头锋利，机具各性能良好，电源与机具规格相符。

2）确认钻头、夹头无杂物缠绕，按要求装好钻头，用专用扳手紧固。

3）将调节环指针拧至所需档位。

4）将钻头顶部放在所要钻孔的中心，握牢、站稳，接通控制开关，开始操作。

5）在钻孔过程中，一定要轻压，匀速推进。

（2）维护与保养

1）工作完毕后要拆下钻头，清除灰尘，运动部位要加润滑油。

2）定期拆机做全面清理。特别是传动装置要确保清洁、润滑良好。

3）每天从油量计窥视窗检查油液一次，当发现油量少时，应及时补充，并应定期更换，保持油液清洁。

4）经常检查各紧固螺栓，确保无松动。

5）定期检查电机碳刷，当其磨损到 5～6mm 时，应及时更换。

6）工作时间过长会使电机、钻头发热，这时要暂停，待其冷却后再继续操作。

7）钻头要妥善保管。工作完毕拆下后要用油脂涂其表面以防锈蚀。

8）潮湿天气，要定期对电机做干燥处理。

（3）安全操作规程

1）工作前要确认调节环指针指在与工作内容相符的地方。

2）操作时须戴防护眼镜，留长发者要戴好工作帽。

3）机具在操作中发生故障或出现异响，应立即停机，拔下电源插头，由专业人员检修。

4）操作中出现卡钻头等问题时，要立即关掉控制开关调整。

5）机具把柄要保持清洁、干燥、不沾油脂，以便两手能握牢。

6）只可单人操作，而且操作中不准戴手套，双脚一定要站稳。

7）严禁用电源线拉拽机具，以防损坏和漏电。

8）使用电钻操作，要有漏电保护装置。电源线要挂好，不可随地拖拉。

9）操作完要先关控制开关，再拔电源插头。

10）不得在易燃易爆现场操作。

三、刨削机械

刨削机械按其用途分类，主要有手提式电木刨和台式电木刨。手提式电木刨是装饰木工现场施工中应用最广泛的机具之一。下面介绍手提式电木刨。

手提式电木刨适用于木材表面的刨削、裁口、刨光、修边等。

1. 使用方法

（1）将工件夹持牢固。

（2）按加工要求将深度调节旋钮调到粗或精加工的数值范围，一只手握深度调节把手，另一只手握工具手柄（图4-34*a*）。

(3) 启动前先将刨削口的前端平放在工件的后端，而刨削刀口不要接触工件（图 4-34*b*）。

(4) 启动开关，使电刨的刃口沿着工件平稳缓慢地切入工件，操作过程中，使工具底面自始至终与工件保持水平状态，以保证工件刨削表面光滑平整，图 4-34*c* 为不正确操作。

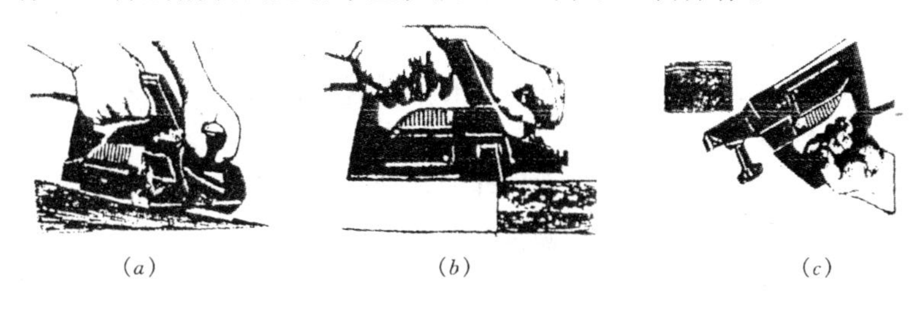

(*a*)　　(*b*)　　(*c*)

图 4-34　手提式电木刨操作

(5) 对于较长的工件，用工具前端的螺栓将导刨器固定在刨身的一侧，当推动工具前进时保持与工件在同一条直线上。

(6) 如需裁口，将导刨器装在工具一侧，然后将它调节至工件需刨削槽的宽度位置，沿着边沿已设定的距离刨削。

(7) 如需刨削棱边，将前部底板中央的 90°槽沟吻合在工件棱边上，斜着推进工具。

2. 维护与保养

(1) 在工具使用完毕后应清理干净并按工具使用说明及时加润滑油及更换失效的零件。

(2) 保持工具手柄清洁、干燥，并避免油脂等污染。

(3) 经常检查安装螺钉是否紧固妥善，若螺钉松了，应立即重新扭紧。

(4) 定期检查导线有无破损，工具是否绝缘。

(5) 定期更换和检查碳刷。当其磨损到 5～6mm 时就需要更换。要保持碳刷清洁，并使其在夹内能自由滑动。

3. 安全操作规程

(1) 使用前务必留意工具铭牌上所标明的运转电压及使用范

围。

(2) 空缺盖、罩或任何紧固零件的工具，务必装配齐全方可启用。

(3) 按说明书正确地安装紧固好刨刀。

(4) 工具在操作时勿用手触及运行中的部分，若遇到刀具咬合在工件上，勿强行操作。

(5) 刨削前应确定工件上没有钉子或其他硬物，避免损伤刀刃或导致事故。

(6) 由于起动时电机在惯性的冲动下会使刨具从操作者手中跳脱，因此必须牢固握持刨具。

(7) 整个操作过程中，工件要夹持平衡，不要偏于一端，免出事故。

(8) 工具活动部分还未完全停下时，不要把它搁下。

(9) 切勿将刀锋对着人。

(10) 在正式启动前或不使用时，若换用主件，务必将工具拔离电源插座。

(11) 不要用电源导线吊持工具或拉牵导线使插头拔离电源插座，勿使电源导线接近热源、油类和锐利物品。

四、磨类机械

在装饰木作工程中，为使材料的光泽与质地达到一定的装饰效果，研磨是一项必不缺少的工作。研磨机械常用的有：砂纸磨光机、电动磨光抛光两用机、砂带磨光机等。

1. 砂纸磨光机（图 4-35）

砂纸磨光机适用于木制品表面的抛光及喷漆之前木制品的打磨。

(1) 使用方法

1) 握紧工具，启动使其获得最大速度时，缓慢地将工具放在工件的表面。打磨时不可对打磨机施加过度的压力。此外，在打磨或抛光时，切勿盖住电机上部的通风孔，这样会导致过热以致损坏设备。

图 4-35　砂纸磨光机

2）为获得较好的研磨效果，要以平稳的速度和均匀的力量前后交替地移动打磨机。

3）在安装了新的粗颗粒的砂纸之后，打磨或抛光时，将打磨机前面或后面稍稍翘起，会避免打磨机运动的不稳定现象。

4）在工具下面放一布片，有利于家具或其他精细木制品表面光洁度提高。

5）固定砂纸，松开簧片，插入一张砂纸（图 4-36），把砂纸与砂纸垫平行对齐拉紧。在嵌入砂纸的一边之前，先将另一边从边缘算起 10mm 处折一下（图 4-37），从折过的边缘算起 10mm 处再折一下。

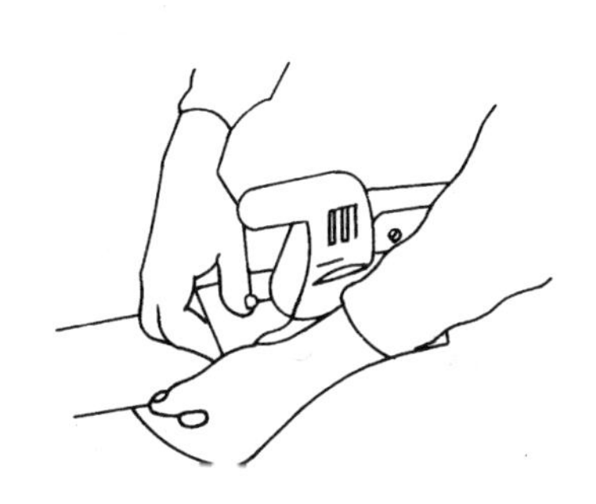

图 4-36　插入砂纸

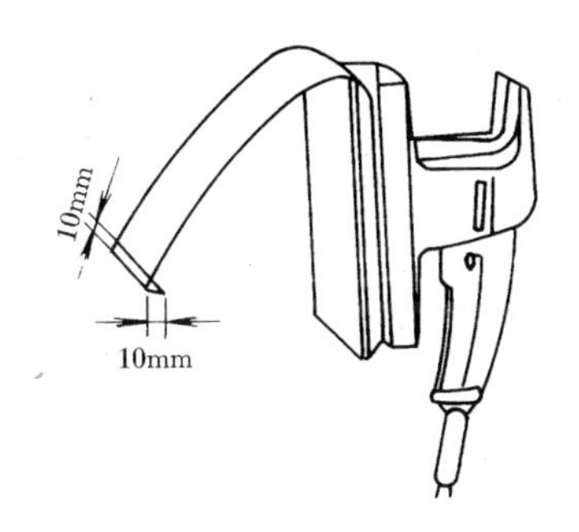

图 4-37　砂纸折边

（2）维护与保养

1）保持工具清洁，每次使用完毕后将底板及缝隙和机壳上的粉尘清除干净。

2）按工具使用说明给工具的活动部件和轴等处加润滑油，及时更换失效零部件。

3）保持工具手柄清洁、干燥，并避免油脂污染。

4）经常检查安装螺钉是否紧固，若发现螺钉松了，应立即重新扭紧。

5）若砂纸出现损伤应及时更换，以免导致砂纸垫损坏。

6）定期检查导线有无破损。

7）定期更换和检查碳刷。当其磨损达5～6mm时就需要更换。要保持碳刷清洁并使其在夹内能自由滑动。

8）工具不用时应收藏在干燥处。

（3）安全操作规程

1）操作前检查工具铭牌上标示的电压是否与电源电压一致，检查工具的开关是否关着。

2）操作前检查工具各部件有无损坏，有则及时更换。检查之前需关上并切断电源。

3）只有用手拿起工具后方可操作，不可脱手放开正在转动的工具。

4）必须在适当的转速下使用工具。

5）检查电线接头、接地是否良好。

6）除非电源插头已从电源插座拔下，否则绝不可接触活动部分或附件。

7）应以低于铭牌上的额定输入功率进行操作，否则电机将过载而影响操作精度，并降低效率。

8）贴砂纸前决不可转动工具，否则将会严重损坏砂纸垫。

9）不可拖着导线移动工具或拉出插头等，勿使导线接触高热物体或沾湿油脂。

10）打磨时勿用水或研磨液，否则会导致触电。

11）不可在阴暗潮湿地方使用电动工具，不可淋雨。

2. 电动磨光、抛光两用机

电动磨光、抛光两用机适用于木材表面的修整抛光、砂光、擦扫等。

（1）使用方法

1）握紧工具，启动使之获得最大速度时缓慢地将工具放在工件上，让磨削砂轮的边端与磨削材料的角度大约保持10°左右（图4-38）。

2）选择适当颗粒的磨削砂轮。

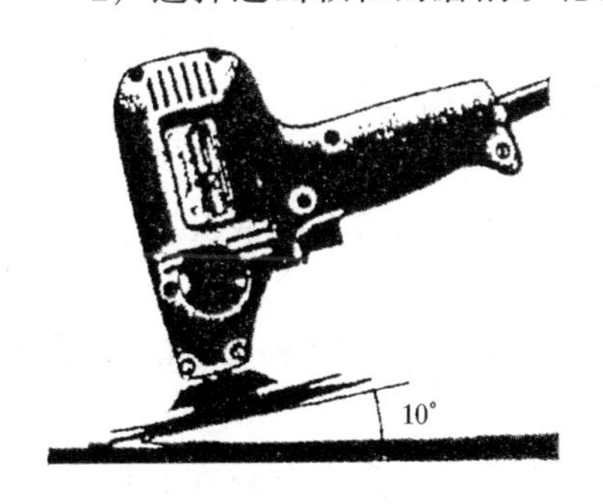

图4-38　电动磨光抛光机

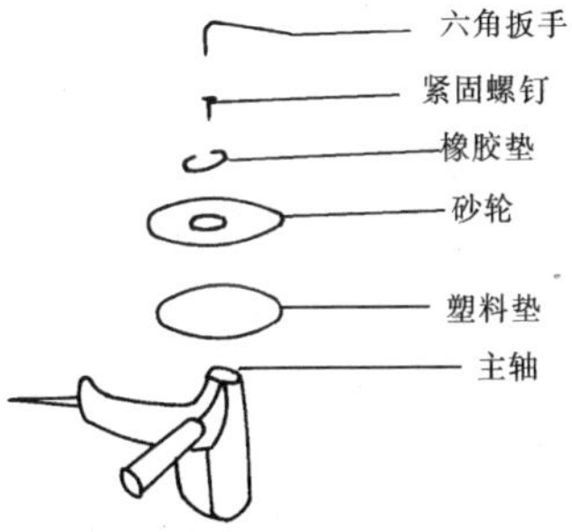

六角扳手
紧固螺钉
橡胶垫
砂轮
塑料垫
主轴

图4-39　砂轮拆装

3）砂轮的拆装。将电源关掉。首先按图4-39样子放好。安装砂轮时，把塑料垫放在主轴上，接着把砂轮、橡胶垫、紧固螺钉按顺序合在一起放在塑料垫上。然后捏住塑料垫的边端，用六角扳手把紧固螺钉向右拧紧。拆砂轮时，跟安装时一样，用一只手抓住塑料垫，另一只手用六角扳手向左松紧固螺钉。

（2）维护与保养

1）定期更换和检查碳刷。当碳刷磨损到5～6mm时，就需要更换。

2）定期检查导线有无破损，工具是否绝缘。当不使用时，工具应置于干燥处。

3）经常检查安装螺钉是否紧固，若发现螺钉松了，应立即重新扭紧。

4）保持工具手柄清洁、干燥，并避免油脂污染。

5）工具使用完毕后应清理干净并按工具使用说明及时加润滑油并更换失效的零部件。

(3) 安全操作规程

1) 使用前必须留意工具铭牌上的运转电压及使用范围。

2) 将插头插入电源插座以前，须检查工具的开关是否关着。

3) 操作前，须仔细检查工具的各部分是否有损坏，损坏的程度是否影响工具的正常性能。检查所有可移动部分是否在正确位置，必须固定的部分是否紧固等。

4) 接电源前先检查工具的开关操作是否灵活，扣上扳机再放松，扳机开关是否能够弹回原位（关闭）。

5) 必须在适当的转速下使用工具。

6) 只有用手拿起工具后方可操作，不可脱手放开正在转动的工具。

7) 除非电源插头已从电源插座拔下，否则绝不可接触活动部件。

8) 使用完毕在停止转动前，不要将工具立刻放在有许多细屑、污物和灰尘的地方。

9) 勿使工具受撞击，以免导致砂盘破裂。

10) 防止过载操作。

11) 按使用说明书定时更换砂轮。

12) 工具不用时一定要拔开电源插头。

3. 砂带磨光机

砂带磨光机适用于木制品表面磨光、磨砂（图 4-40）。

图 4-40 砂带磨光机

（1）使用方法

1）调节砂带的位置。按下开关键，把砂带调到检测位置（图4-41），向左或向右旋转调节螺钉，固定好砂带的位置，使砂带边缘与驱动轮边缘有2～3mm空隙。如果操作中砂带有位移，可进行调节。

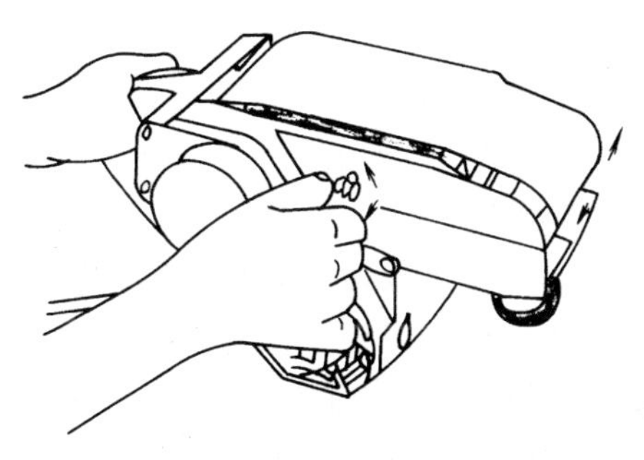

图4-41　调节砂带位置

2）用一只手抓住手柄，另一只手调节速度旋钮，启动机器，保证工具与工件表面轻轻接触。

3）要以恒定的速度和平衡度来回移动工具。

4）选择合适的磨光砂带。

5）边角磨光时用图4-42所示的附件来完成。

（2）维护与保养

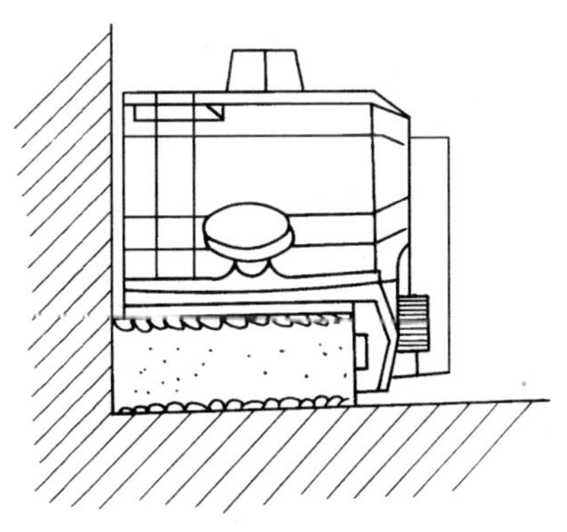

图4-42　边角磨光

1）按工具使用说明及时加润滑油及更换失效的零部件。尤其是砂带磨损大就应及时更换。

2）保持工具清洁。使用完毕后应将缝隙机壳等处擦干净。

3）检查螺钉有无缺损锈蚀，若有应及时装配齐全并加油，将松动螺钉拧紧。

4）定期检查导线有无破损。

5）定期更换和检查碳刷。当其磨损达到 5 ~ 6mm 时，就需要更换。要保持碳刷清洁，并使其在夹内能自由滑动。

（3）安全操作规程

1）使用前必须留意工具铭牌上的运转电压及使用范围。

2）工具操作前，须仔细检查工具的各部分是否有损坏，损坏的程度是否影响工具的正常性能。检查所有可移动部分是否在正确位置，必须固定的部分是否紧固等。

3）将插头插入电源插座之前，须检查工具的开关是否关着。

4）接电源前检查工具的开关操作是否灵活，扣上扳机再放松，扳机是否能够弹回原位（关闭）。

5）当机器与工件表面接触时，绝不能打开开关，否则将损坏工件。

6）必须在适当的转速下使用机具。

7）只有用手拿起工具后方可操作，不可脱手放开正转动的工具。

8）断开电源前绝不可用手接触活动部件。

五、钉枪类机具

在装饰木工中，钉枪类机具也是必不可少的，常用的有射钉枪，打钉枪等。

1. 射钉枪（图 4-43）

射钉枪是现代装饰装修中一种新型的紧固工具。

（1）使用方法

1）机具嘴朝上，钉尖朝下滑入装钉器内（图 4-44）。

2）把装钉器翻起，并对准内套嘴（图 4-45*a*）。

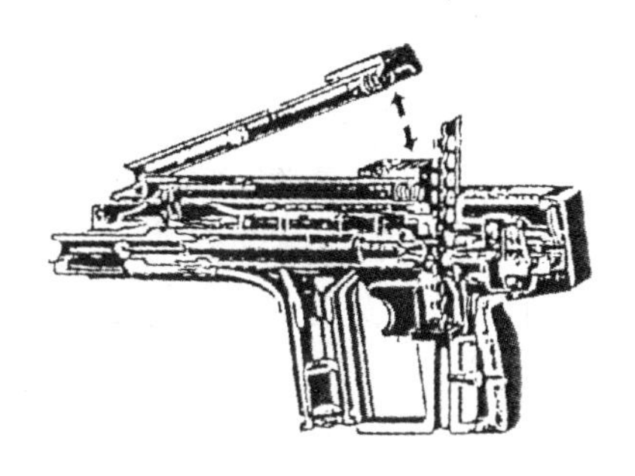

图 4-43 射钉枪

3）把装钉器上的装填把手尽量往回推，钉装好后，把装钉器回复到原来位置（图 4-45b）。

4）弹药夹由柄底插入（图 4-45c），必须先装好钢钉，才可插入弹药。

5）检查撞击力调节器的位置是否正确（图 4-45d）。

6）指示器调至图 4-45e 中 3 位置时，表示产生的撞击力最大，调至 1 位置时，表示产生的撞击力最小。

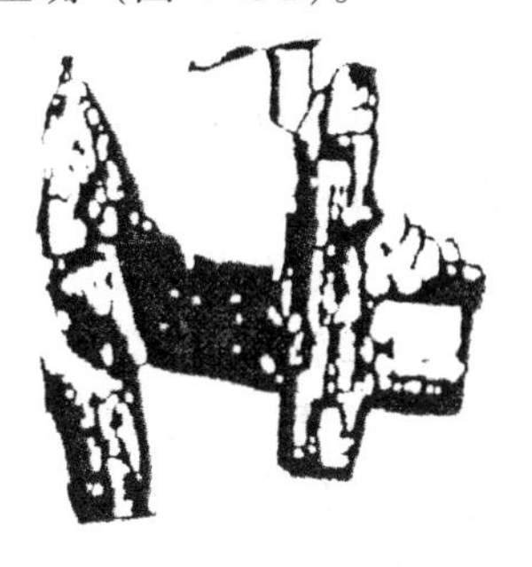

图 4-44 钉尖滑入装钉器

（2）维护与保养

1）各紧固调节螺栓、蝶形螺母及转动轴要保持转动灵活，定期上油。

2）射击中如活塞筒动作不灵活，应清除活塞筒外面及套筒里面的火药残渣。

3）机具操作完毕必须清洁干净。

4）机具使用完毕后，要有固定的机架存放，以免受到挤压

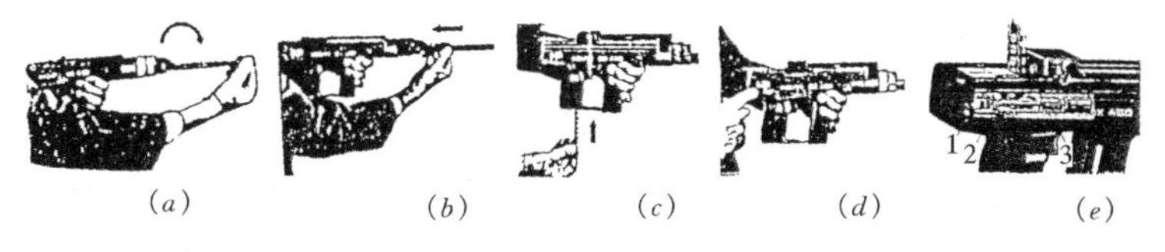

(a) (b) (c) (d) (e)

图 4-45 射钉枪使用

和磕碰，而使零件变形或损坏。

(3) 安全操作规程

1）操作前检查所有安全装置必须完好有效。

2）射钉枪的选用必须与弹、钉配套。

3）电源线应挂好或放在安全的地方，而不要随地拖拉、乱放或接触油及锋利之物。

4）基体必须稳定、坚实、牢固。在薄墙、轻质墙上射钉时，基体的另一面不得有人。

5）射击时，握紧射钉枪，枪口与被固件应保持垂直。

6）只有在操作时，才允许将钉、弹装入枪内。装好钉、弹的枪，严禁枪口对人。

7）发现射钉枪操作不灵时，必须及时将钉、弹取出。

8）如有异常现象，应立即停机，拔下电源插头方可检查维修。

9）射钉枪每天用完后，必须将枪机用煤油浸泡擦净，然后涂上油存放。

10）操作人员必须经过培训，按规定程序操作。

2. 打钉枪

打钉枪是用于紧固装饰木工工程中木制装饰面、木结构构件的一种比较先进的工具。

(1) 使用方法

1）右手抓住机身，左手拇指水平按下卡钮，用中指打开钉夹一侧的盖。

2）把钉推入钉夹内，钉头必须朝下，而且必须在钉夹底端。

3）然后将盖合上，接通气泵即可使用。

(2) 维护与保养

1）保持机具清洁，每次工作完毕后，要清理整个机具。

2）要放松各紧固件，以防螺栓疲劳变形。

3）各紧固调节螺栓、蝶形螺母及转动轴要保持灵活，定期上油，以防锈蚀。

4）机具使用完毕后，要有固定的机架存放，以免受到挤压和磕碰，而使零件变形或损坏。

5）及时更换易损件，擦洗灰尘。

（3）安全操作规程

1）操作前检查所有安全装置务必完好有效。

2）操作中的气钉枪充气压不超过0.8MPa。

3）钉枪口不能对着自己和其他人。

4）不使用钉枪时，钉枪需调整、修理，并取下所有的钉。

5）使用各种气钉枪时，都要戴上防护镜。

6）只能使用干燥的气体。

7）不可用于水泥、砖等硬基面。

六、其他木装饰机械

1. 木工雕刻机

木工雕刻机用于在木材上开各种不同形状的槽沟、凸面、凹面以及雕刻各种花纹图案等（图4-46）。

（1）使用方法

1）先使刀头与工件接触，然后使止动杆紧靠切削深度设定螺钉，并用蝶形头螺栓3将其锁紧。

2）松开蝶形头螺栓4，拉出把手并转动把手调节标尺，使得止动杆上的标尺指针对准标尺上的“0”。然后，松开把手并旋紧蝶形头螺栓4。

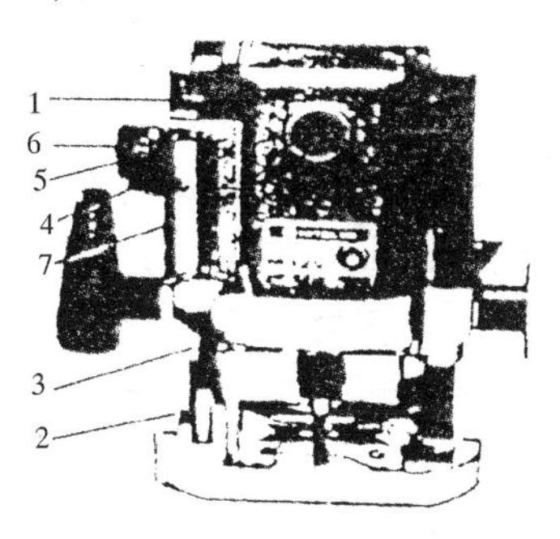

图4-46　木工雕刻机

1—止动杆；

2—螺钉；3、4—蝶形头螺栓；

5—把手；6—标尺；7—标尺指针

3）松开蝶形头螺栓3，使止动杆能自由移动，然后转动把手使止动杆上的标尺指针与标尺上示出的所要求的切削深度相一致。完成调节以后，旋紧蝶形头螺栓3锁紧止动杆。

4）利用此机具加工木线时将可调底面反紧固在台面下，将台面挖一孔使刀头露出可上下移动；台面上附以定位和压扶装置即可根据需要加工木线、装饰线等。

（2）维护与保养

1）滑动部分要时常加润滑油。

2）要经常检查安装螺钉是否紧固，若发现螺钉松了，应立即重新扭紧。

3）要注意电动机的维护、定期清洁。

4）定期检查更换电机碳刷。当碳刷磨损到5～6mm时，应及时更换，要保持碳刷清洁，并使其在夹内自由滑动。

5）定期做绝缘检查，发现有漏电现象时，应立即排除，特别是在潮湿环境操作时，要定期对电机做干燥处理。

（3）安全操作规程

1）使用前务必留意工具铭牌上的运转电压及使用范围。

2）操作中，一定要握住两根手柄。

3）操作中及操作完毕刀头热时，不可用手碰刀头。

4）如有异常情况，应立即停机，拔下电源插头方可检查维修。

5）电源线应挂好或放在安全的地方，而不要随地拖拉、乱放或接触油及锋利之物。

2. 木工修边机

木工修边机适用于装饰木工修整木制品的棱角、边框、开槽，适用各种作业面使用。是一种先进的木制品加工工具，而且容易操作。

（1）维护与保养

1）保持机具的清洁，每次工作完毕，要清理整个机具。

2）机具使用完毕后，要用固定的机架存放，以免受到挤压和磕碰，而使零件变形或损坏。

3）各紧固调节螺栓、蝶形螺母及转动轴要保持灵活，定期上油，以防锈蚀。

4）定期做绝缘检查，发现有漏电现象时，应立即排除，特别是在潮湿环境操作时，要定期对电机做干燥处理。

5）安装刀头时应使刀头完全插入套爪夹盘孔之后，用扳手拧紧套爪夹盘。拆卸刀头时，要按安装步骤的相反顺序进行。

（2）安全操作规程

1）操作前检查所有完全装置必须完好有效。

2）确认所使用的电源与工具铭牌上标出的规格相符。

3）操作中，要双手握住手柄同时工作。

4）如有异常情况，应立即停机，切断电源，及时维修。

5）电源线应挂好或放在安全的地方，而不要随地拖拉、乱放或接触油及锋利之物。

第五章　建筑装饰装修木工施工工艺

第一节　装饰木工基本技术

一、装饰木工基本操作技术

1. 锯割操作（图 5-1）

图 5-1　锯割操作

锯割是木工基本操作方法之一。锯割之前，首先要根据工作物的要求画线，依线锯割。不论何种手锯，操作时都用右手握住锯柄上下推拉。

如果被锯的木材体积较小，可把木材放在工作凳上，用一根木条的一端压住，然后用左手或脚压牢木条，使不移动，再进行锯割。体积较大的木材，要用脚踏住，腾出左手帮助右手一起推拉，可以增加锯割的速度。

落锯时，锯子容易跳动，应用左手大拇指靠住线条作靠具，右手慢慢轻拉几下，待锯出一定的锯路后，再逐步加快拉足。要注意下边锯路保持同上面锯线垂直，切不可将锯子左右摆动，使木材锯割面偏斜。到木材将要锯断时，被锯断的一段必须拿稳，因为这时被锯断的那部分木料因自身重量会向下折断，而未锯断的一小部分木材，就会沿木纹撕裂，影响质量。

锯割圆形的木材，应用绕锯和钢丝锯。操作时锯子必须垂直于所锯的木材，使前后接近 90°角。锯割时用力不可生硬，以免锯条断裂。若材料中间要开孔时，可在圆孔线的旁边，先用钻头钻一小孔，然后将钢丝穿过小孔，套在竹弓下端的铁钉上，即可开始锯割。转动钢丝上端的竹梢，可调节钢丝锯的方向。使用钢丝锯时，操作者的头切不可位于竹弓的上端，以免因钢丝断裂而被弹伤。

2. 刨削操作（图 5-2）

刨料是木工的基本功。我们使用刨子刨削时，用双手握住刨把手，两手的食指压住刨身，使刨子位于身体的右侧，刨底紧贴木材，同时左脚向前伸出成弓步，身体略向前俯，右侧腰部不要靠住工作台，双手用力平稳，向前推送。

图 5-2　刨削操作

无论使用哪一种刨削工具，刨底都应该紧贴在加工件的表面上，纵然遇到刨底宽度大于加工工件时也不能例外。特别要注意在开始刨料时，刨头往往容易向上翘起；而刨到末端时，刨头就会往下沉。这种现象易造成加工件的花鼓形，是初学者的通病，必须注意纠正。

刨削的几种方法简述如下：

（1）顺着木纹方向的纵向刨削　这种刨削方法使用最普遍。如要将一根扁方形的长料刨平，先用眼力观察平面形状，找出翘曲或不平的部位。开始时用中刨，将其不平与翘曲处刨平，等基本上刨平以后，再用粗细长刨刨削平直，然后刨削侧面。刨削侧面时必须用角尺检查是否成直角，一般是将活络尺扳成两侧内角都是 90°，来检查木料的两面是否成直角。如果熟练后，只用眼力观察就行。这两面是木材的标准面，同时用铅笔做上标记；其余两面，根据实际所需要的尺寸，进行拖线后刨削。

拖线时，将左手的中指抵住实际所需的尺寸，紧贴料边，右手将铅笔紧贴于尺头，从前向后拖出线条。拖线时要注意，抵尺的中指不要松动，尺翼必须保持平行。

刨削板材一般是用眼力观察，先从板的一端到另一端，看是否平直，再从侧面看是否有翘曲。用中刨刨削，操作时，应随时观察板材是否平直。

为了使加工件的表面光洁，没有雀丝，应尽可能按照木材纹理方向进行刨削，避免相反方向的刨削。

（2）横着木纹方向刨削　这种刨削适宜在木板较宽的情况下进行。操作时，先用粗长刨进行横刨，用力要比纵向面小，因此，刨刀可以吃深些。如加工台面，可先刨削四周边，将四周刨准后，再进行横刨；刨至四周边厚薄相同时，再进行顺纹理方向的纵向刨削，修整其光洁度。

（3）木材横断面刨削　它比纵向和横向刨削都要困难，是因为断面的每个木纤维都要被切断的关系。刨削时比较吃力。通常的横断面刨削是由两边刨向中间。如果单方向进行刨削，就会发生木纤维撕裂现象。

木材横断面的刨削也比较普遍，如台面两端的侧面刨削和榫眼料的两端与榫头料的接合处横断面以及明榫的榫头断面刨削等。

（4）槽刨削　其操作方法也是向前推送，但刨削时不要一开始就从后端刨到前端，应该先从离前端 150 ~ 200mm 处开始向前刨削，第二步后退同样距离向前刨削。按照上面步骤，人向后退，槽刨向前推送，直到最后，将槽刨由后端刨到前端，使所刨的槽深度均匀。通常的线脚刨操作方法都是这样。

刨削 U 字形线条时，要根据 U 字形的宽度来选用内圆刨。内圆刨的刨底半径应该小于加工圆线的半径，使内圆刨能在线条内翻滚刨削。刨削方法同于槽刨刨削，由前端逐渐刨削退至后端。刨削时要捏紧刨把，防止线刨刨削时发生出轨现象。

刨削圆棒时，应该有正确的步骤，否则很难刨削得圆整。先将木料用平刨刨成正方形，然后刨去四角成八角形，再将八角刨去成多角形的圆棒，再用外圆刨刨削光滑。外圆刨的半径应该比圆棒略大些，便于将刨翻滚刨削。

3. 劈砍操作（图 5-3）

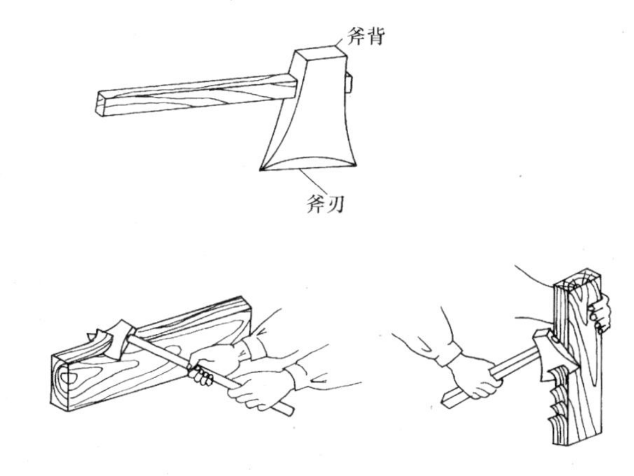

图 5-3 劈砍操作

用锛或斧将毛料劈砍成近于实际尺寸的毛坯，这也是木工基本操作之一。锛或斧在进行劈砍时主要依靠助势，使锛或斧刃口将木材分离。

在劈砍前，要先看清所需劈砍的木材纹理方向，劈砍时应顺着木纹方向，切不可逆向劈砍，使木纹撕裂而造成浪费。

劈砍时应该用左手捏住工作物的另一侧面，不使工作物摇动。将劈砍物的表面任意劈出一些切口，再进行落斧劈砍。这样劈砍，使木材纤维很容易地随着切口处折断，一旦碰到木材中段有逆纹也不会撕裂进去。

开始落斧时要准，如无把握，可将斧刃口搁在木材端部需劈砍的地方，把木材与斧一起顿下，劈出切口后再进行劈砍。

如劈砍的中途碰到木节时，应将木材调过头来，从另一端再劈。如遇木节非常坚固，两端对劈有困难，可用锯子将节子锯掉。劈砍软材时不能用力过猛，要轻劈慢砍，防止用力过猛而木材顺纹理撕裂，影响质量。

4. 凿抠操作（图 5-4）

图 5-4　凿抠操作

在木材上凿出各式各样的孔，叫做凿抠，也称凿削或凿眼。凿抠的孔，可以分为两种：贯通的和不贯通的，即明榫眼和暗榫眼。不论凿抠任何种类的孔，都要根据画好的线条进行。

开始凿抠时，将要凿抠的材料放在工作凳上。如果木料长度在 400mm 以上时，人的左臀部可坐在所凿抠的材料上面，进行凿抠。如果材料短小，可以用脚踏牢。总的说来，凿抠时不能使木料移动。有的人在凿抠时，将木料放在身体的右侧，用右臀部坐着，这是一种错误的操作，必须纠正过来。

凿抠时，把木材凿孔的面朝上，左手握凿柄，凿子的左右边应与所凿的材料垂直，在孔内离线 2mm 左右的地方，用斧背用力地敲击凿柄端部，这时木纤维被切断，当凿子进入木内一定深度时，拔出凿子，把凿子移前一些斜凿，切断纤维，然后将木屑从孔中挖抠出。以后就这样，凿子凿下，抠取出木屑，顺势就把凿子向前移动一些。凿抠到另一条线附近时，把凿子反转过来，垂直凿抠，取出木屑。当孔深度凿好后，再根据准确线垂直凿出前后两孔壁，两根线条应留在料上不要凿去。这种凿法要避免凿子掘出木屑而把孔壁碰得毛糙，影响质量。

凿抠贯通眼时，只要把木料反转过来，依上述方法，再从反面开始凿抠。当孔被凿通以后，如孔的侧面毛糙，可再用凿子进行修光。

二、装饰木工基本构件接合

1. 榫接合

这是由榫头与榫孔（榫槽）组成。榫的各种接合主要有：中榫、半肩中榫、半榫、半肩半榫、燕尾榫、马牙榫六种。这六种榫中，除了燕尾榫、马牙榫之外，还有暗榫与明榫之分。两相比较，明榫比暗榫的榫头横断面纤维暴露在表面，影响油漆的质量。因此，一般的构件都用暗榫为宜。

（1）中榫（图 5-5）因榫头两边都有榫肩，不易扭动，一般情况下都用中榫。

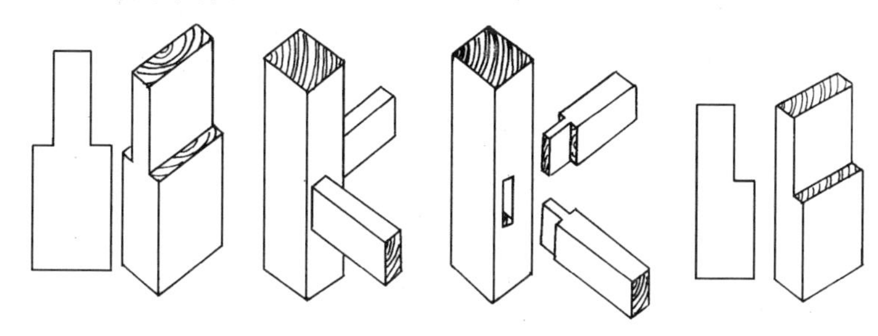

图 5-5　中榫

（2）半榫（图 5-6）在制榫头木料厚度不够的条件下，要用半榫，但牢度次于中榫。

（3）半肩中榫、半肩半榫（图 5-7）都用于接合榫眼料的两头，用以防止锯割榫眼多余的长头后露出榫头，影响榫头接合的坚固程度。

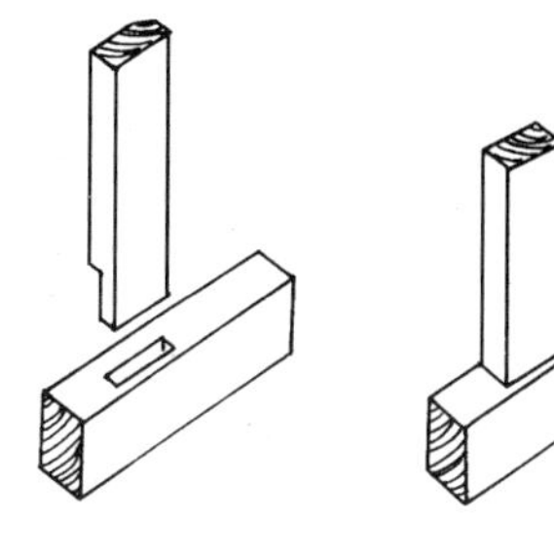

图 5-6　半榫

（4）燕尾榫（图 5-8）都用在需要活动与开启处的榫头接合，榫头两侧呈现斜形，榫头由横向拍入后，依靠两侧斜形轧住、固定。

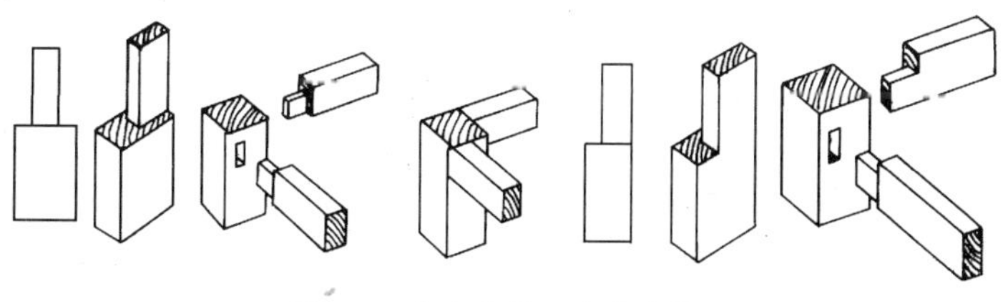

图 5-7　半肩中榫、半肩半榫

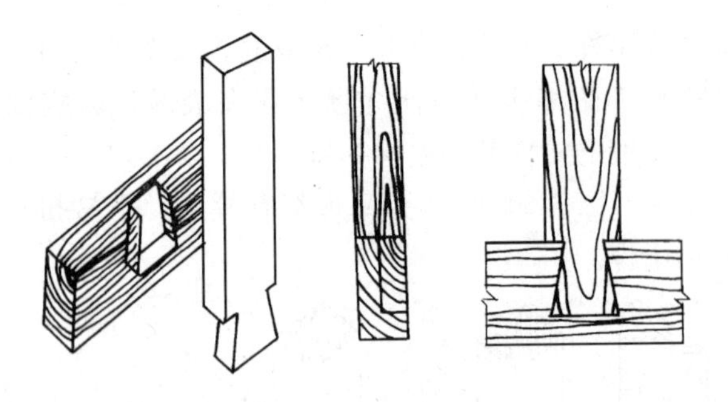

图 5-8 燕尾榫

(5) 马牙榫（图 5-9）马牙榫制作要比其他几种榫头困难。过紧会使木板发生裂缝，过宽又不够坚固。先将甲榫根据图的斜度，用小锯子锯好，然后用钢丝锯锯掉空隙部分；若无钢丝锯，可用较窄的凿子凿去。甲榫做好后，再把甲榫贴紧乙榫里端的一根线，按照甲榫逐一划线，照线锯好乙榫即成。

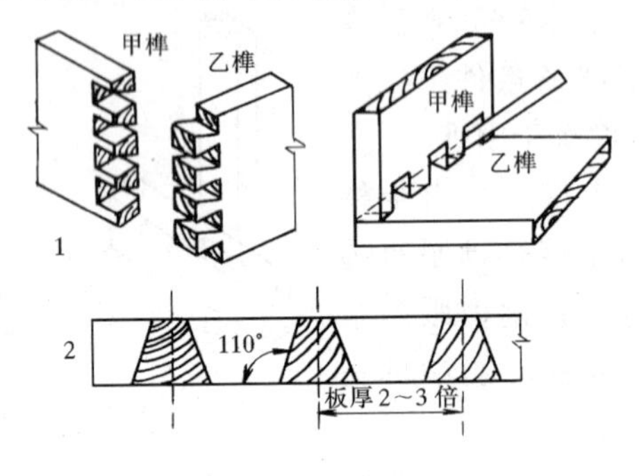

图 5-9 马牙榫

2. 板拼缝技术

(1) 板缝拼接的种类

1）企口接法：企口接法即龙凤榫接法，是将木板两侧面制成凹凸形的榫槽，使木板互相衔接起来，这种方法应用在较宽的面积上。如地板、门板、模型板等。

2）裁口接法：裁口接法又叫做边搭接法，是将木板两侧面制成高低阶形状，一般应用于家具的背板、隔板，也可用于屋面板、天花板和模板等工程上。

3）穿条接法：这种接法应用于门心板、靠背板等较薄的工件上。

4）栽钉法：这种方法可用作胶接时的辅助接合，或用于水分较大的木板上，其制作方法是在相接木板侧面的中央画十字线，并钻孔定出钉位，用两端尖锐的铁钉或竹钉栽在其中一块的钉位上。对准另一块木板的钉孔，用锤轻轻敲打木板侧面，密贴后不可再敲。

5）销接法：销接法是在两片木板接合的燕尾平面上，用木板制成拉销，镶进木板里。拉销的斜度与燕尾榫的斜度相等，厚度不超过板厚的1/3，如果两面镶销时，必须同样开孔。

6）暗榫接法：暗榫接法是在木板的侧面开孔眼，以适当大小的木键作榫，用栽钉法打入木孔眼内，将两木板拼合，使之稳固。

7）胶接法：在刨平直的木板拼缝间涂上胶料，再将多块木板拼合起来，涂胶动作要快，涂完后将两板上下放置接合起来。再往复推压板，将接合面多余的胶汁推研出来。推研三、五次以上，在感觉胶液稍微黏滞时便可使上板位置抹胶，然后铺平接合。胶合后的木板要放置在空气流通的地点，不可近热或太阳光直射，要静放10~20h后才能进行锯割或刨削。

（2）拼板缝的操作要点

在拼板缝操作时，木料必须充分干燥，刨削时双手按住刨子，用力要均匀平衡。刨缝时的起止线要长，如在拼2m左右的板时，全长推2~3刨就可将板缝刨直，使两板间的拼缝严密、齐整平滑。板面之间要配合均匀，防止凹凸不平。

拼合的时候，要根据木板的厚薄，采取直拼（把木板直立）或平拼（木板放平）。检查拼合面是否完全密接，并随手改正。木纹理的方向要一致，应能分辨出木材的表面和里面，并按形状配好接合面，画上标记。

胶料接合时，涂胶后要用木卡或铁卡在木板的两面卡住，并注意卡的位置是否适当，防止因卡过紧或不均匀使木板扭弯。

3. 胶接合

用黏性较大的胶液，使构件紧密地牢固地结合在一起，这种操作过程称作胶接合，简称胶合。

在胶合工艺中，胶料起主要作用。

胶料按其成分来说，主要分为蛋白胶和化学胶两大类。蛋白胶主要有皮胶和骨胶，化学胶主要有尿醛树脂胶、白乳胶等。

动物胶、皮胶、骨胶等，俗称明胶、水胶，是从动物的皮或骨中提炼出的胶质，是一种加水加热溶化冷却后凝固的固体胶，耐水性一般。

化学胶，用化学原料经过缩合或聚合反应而获得的胶液，如5011尿醛树脂胶、531酚醛改性尿醛树脂胶和聚醋酸乙烯乳液（俗称白乳胶、白胶水）等，都是胶合竹木制品的良好胶合剂。

5011尿醛树脂胶无色、耐光性好、毒性小、价格低，主要原料是尿素和甲醛。使用方法：以25%氯化铵水溶液作固化剂，固化剂的加入量一般为树脂的0.5%～1%左右，或视需要而定。注意宜存放阴凉处。531酚醛改性尿醛树脂胶，主要用作一般竹木小元件的清漆，也可用作竹木材料的胶粘剂。使用方法：作清漆时，加酒精稀释到所需黏度，以盐酸水溶液为固化剂（168ml盐酸溶于1000ml水中即成）。用作胶粘剂时，以25%氯化铵水溶液作固化剂，加入量一般为树脂的0.5%～1%左右。这两种树脂胶都是加热凝固的液体胶，耐水性强。

聚醋酸乙烯乳液，是一种高分子乳化聚合物，粘结性强，适用于榫结合拼板缝，它还可以粘合纸线、皮件等。使用时如黏度太厚，可用10%～30%清水冲淡。冬季使用要注意防冻。保存时要置于密封容器内，胶液暴露在空气中容易挥发凝结，用过的器具要用清水洗净保存，便于下次使用。这种胶液无毒、无臭，没有腐蚀性，非危险品，便于携带。

（1）板缝的胶合　使用调制适当的加热水胶，它的胶粘强度可以胜过木材本身纤维组织的强度。由于两个面的胶合是靠胶料通过木纹纤维间空隙透入材料内，经凝固后，使胶与木材坚固地连接在一起，故当木材因受收缩作用而裂缝时，胶合处并不脱缝。我们日常所使用的桌、椅、橱等家具，绝大部分产品的面板是采用胶粘结合的。

煮调胶水时，将骨胶放入铁罐内，每1kg骨胶加入清水约1.5kg左右，然后隔水煮调。应注意，切不可直接放于火上煮烧。在煮调时，要随时用棒将胶水调匀，将胶水表面浮起的杂质捞去，直至胶水表面发现薄膜为止。

胶合板缝时，要求板缝的结合面刨削得十分平直，将板缝合起移至对光处照看，没有丝毫光线透过时为最佳。

胶合时，将板缝一侧涂上干燥剂“甲醛”溶液（俗称“福尔马林药水”）；在板缝的另一侧，涂上胶水，然后合上板缝迅速移动几下，使胶水接触均匀，再用手在上侧稍加压力。静止十数秒钟后即会凝固，然后，对好缝再胶上另一侧板。整片木板胶合后，要静止10~20h，然后可以进行锯割与刨削加工。胶合板缝时，不应再用竹钉，如插入竹钉，反而会影响胶合质量。

不用干燥剂则凝固干燥得较慢，胶合时间较长一些。不用干燥剂胶合的板缝，经数年后，缝道胶水容易因潮湿而发霉，影响质量。使用“甲醛”干燥剂胶合的板缝，比较坚固，如用强力使其分离时，只能使木材的纤维撕裂，而无损于胶缝。

在胶合操作过程中，切不可将干燥剂误入胶水中。如果将干燥剂误入胶水，胶水就会因硬化而无用。

（2）榫接合胶合　为加强榫接合的强度，可同时使用胶合。这种方法一般都用合成树脂胶，如5011树脂胶。使用时，将树脂胶出瓶中倒出一定的需要量，加2%~5%氯化铵药粉作干燥剂。调匀后，用毛笔将胶水涂入榫眼中，使榫头与榫眼连接后能严密胶合。胶水的凝固程度由加入氯化铵药物的多少而定。加入药粉多些，胶水硬化得快些；加入少些，硬化则慢些。一般凝固硬化时间在6~7h以上。已拌入药粉的胶水，一次用不完，切不可倒入胶水瓶中，以防止胶水硬化，造成浪费。用后的碗、笔可用热水洗净。

用胶水胶合的榫接合，质量相当坚固，如在胶水硬化后再想退出榫头，较为困难。若硬力退出，就很可能使榫头断裂或木料撕裂。

4. 螺钉接合与钉接合

螺钉，我们通常叫作木螺钉，它是一种金属制的连接构件，螺钉尾部有槽沟，以供旋紧之用。

螺钉接合操作时，为了避免木料割裂，可在旋入螺钉的部位预先用钻头钻一小孔，但孔径不能超过螺钉的直径，否则螺钉失去其坚固作用。钻孔的深度等于旋入部分的长度，或比螺钉短些。当采用小规格的螺钉钻入软材时，就不必预先钻孔，只要用锤轻击几下，就可旋紧。

木作工程中，桌面、椅面、墙面、板缝的拼接等，常使用木螺钉吊面的做法。

木螺钉吊面的操作方法是：在距离接合处边沿 15mm 处，凿一个三角形的切口，在三角形切口的前端中间钻一小孔，贯通到边沿，然后将螺钉插入三角切口的小孔中用工具旋紧，吊紧另一木材的接合面。

钉接合：钉接合有铁钉接合与竹钉接合两种。

铁钉接合都作固定台面或板材之用。当铁钉钉入硬木材时，必须先在木材上钻孔，否则容易发生木材开裂或铁钉弯曲的现象。为了保持接合处表面的美观和有利于油漆上光，应先将钉头敲扁，然后钉入被接合的物件中，用铳头将钉头铳入木质表面。

竹钉接合，普遍用在表面不显露的地方，如板缝的拼接或者用作辅助材料如在榫接合时作固定之用。在板缝的拼接时，将板缝的侧面先钻好孔，孔的直径应该是所拼的板厚度 1/4 ~ 1/3，然后将竹钉削成两头略呈尖形，插入孔内拼缝。竹钉的直径应该略大于孔的直径，使板拼起来达到一定的坚固程度。但要注意竹钉不能远大于孔的直径，以免竹钉折断或木板裂开。

在作榫头固定时，一般都是没有胶合的榫接合，在相应榫头孔的横侧钻一圆孔，其直径4~5mm左右，贯穿榫头，把竹钉削成一头尖形敲入孔内，用凿子凿去留在外表面的一截竹钉，然后刨削光滑。

三、装饰木工基本操作工艺

1. 选材下料

这是保证产品质量和节约木材的关键问题。下料，包括在原材上预先画线、锯割和刨削几个步骤。俗话讲“三分下料七分做”。“根部、心材易开裂，梢部、边材多弯曲”，这里提醒我们注意从树木的生长状态构造多观察学习。

在毛料上预先画线时，要首先将装饰工程主要构件先行配好，主要构件是框料、龙骨料、台面板等，都应选用质量比较好的木材。毛料上预先画线，要根据构件的尺寸，在长、宽、厚等方面都要放宽，留有锯割、刨削操作的余地。一方面要尽可能避开毛料上对质量有影响的节子、虫眼、变质和裂缝等缺陷，要做到因材施用。另一方面，还要注意构件的纹理及根梢走向，便于加工，以提高木材的利用率。长度1m以上用料尽量分清根梢，根部向下，把木材根部亦放在下部位置，使受力状况和工艺趋于合理。画好线后，进行锯割和刨削。

2. 画线

是决定装饰工程各构件进行衔接形式的工序，力求使衔接坚固协调。根据各构件的受力，采取不同的接合方式。画线要注意规格的精确，在画对称方向料的时候，必须将它们合起来，相对地画线（即对称画线）。先用三角尺画出眼线与榫线后，再用三角尺把线条引向另外几个侧面。画线时，从装饰工程主件着手，如有数根长短相同、榫眼相同的木料，那就将它们平行起来，用曲尺一线画出，然后再逐根将线引向另外几个侧面。要画出榫眼与榫头的宽度时，可用拖线方法来拖出。

一般木工都以木料面上进11mm处制榫与榫眼。这11mm中的内侧靠近榫眼处，常用来开槽供拍入障板之用。同一装饰工程的每一个构件，都应该力求使榫头的宽度和榫头、榫眼与料面的距离达到统一。这样在加工操作时要方便得多。凡需起槽的地方，都以11mm中的内侧处起4mm左右宽的槽。榫眼的宽度也为11mm，用一只凿口11mm宽的凿子凿出全部榫眼。这几点在画线时都应充分加以考虑到。这样的做法能使装饰产品在施工安装生产过程中做到富有变化而不乱。

3. 龙骨或框架料并制榫

榫的接合形式在前面已经谈到，这里谈谈榫接合的受力面与榫接合坚固程度的关系。榫接合的受力面，主要依靠榫头四壁和榫肩与榫眼的接合。榫头四壁的受力面有不同，主要的受力面是榫眼木材纹理的纵向受力。在实际操作中，凿榫眼时要将两端的榫眼线留下，使榫眼长度短于榫头1.5mm左右，使它在与榫头接合时木纤维受力压缩后将榫头挤压固定。在锯割榫头时，要使榫头的宽度能插入榫眼，不能太紧，但也不能松动，主要使榫头不能向榫眼的木纹横向挤压。如果榫头的受力面转向榫眼料的木纹横向挤压，会使榫眼料的木纹撕裂而影响质量，严重的会使木材损坏造成返工。

在锯割榫肩时要注意：不能使里肩高出外肩，应该里肩要略虚些，这样在接合时榫肩表面可达到严密无隙的效果。榫肩的两侧肩同时也不应有高低现象，要求平行，使榫料接合时受力均匀，不使扭动。

由于燕尾榫与马牙榫的榫的接合受力面是木纹的横向受力，因此，在锯割榫头时特别要注意：切不可太紧，使木纹撕裂。在锯割马牙榫时，由于乙榫线是依靠甲榫的榫头线锯去半侧，使半侧铅笔线留在榫头上。这样，既可达到榫接合的接合面严密而不致撕裂，又可达到不易扭动的目的。

4. 下板材料

装饰产品在生产中用板量是很大的。由于各构件要求不同，板材选用也有不同。一般的台面板、抽屉面板，板厚应为20mm（加工的净料），门板、障板，板厚只需10mm（毛料）就行。这些部件的板材都应该选用较坚固的，不易变形的木材配制。产品的背面板、底板和中间的隔档板等，用料比较随便些，板的厚度都为10mm左右（毛料）。

当板缝用竹钉拼接时，两竹钉间的距离应该是150mm左右。在钻眼时，要将钻掌稳，不使钻头前后、左右摇晃，应使钻头垂直，否则钻孔会侧斜，致使板材拼合时变成翘曲形状。

板材在锯割实际尺寸时，要用曲尺来搭成直角后锯割。如果画进槽的板材尺寸时，要注意上下放长进槽的部分，应该比槽的深度每一面缩短1mm，即板材的长、宽都要比槽的深度缩短2mm，使板边不会顶住槽底。如板边顶住槽底，会使榫接合的榫肩接合处留有缝隙，影响质量。有些进槽板材的厚度超过了槽的宽度时，可用刨把板边的反面刨削成斜度，使板能插入槽内。

5．装配与安装

这是装饰木作工程的最后一道工序，把以上加工好的构件合成一个整体。在装配前，应将所有的木料及板材用短光刨细致地刨削光洁，此时木料及木板上不应留有任何铅笔线条。

装配时应根据产品的结构特点来确定，哪几侧先装。在用斧头将榫头击入榫眼时，左手应把榫头料捏住，不使左右倾斜，以免扭歪。

装配任何形式的框架，在榫头还没有敲紧时，就应该观察相对的两根木料是否都平行。如果有某一根木料一头翘起，要将其扳成平行后，用斧将榫头敲紧。框架敲好后，都要用直角尺检查是否成直角。如有歪斜，可将其突出的一角在工作凳上顿击，使成直角为止。

四、装饰木工测量放线技术

1．水准仪使用

（1）水准仪安置

1）支架

先将三脚架支放在行人少、振动小、地面坚实的地方。支架高度以放上仪器之后人测视合适为宜。放支架时应注意要等三角放置，支架面大致水平。

2）安仪器

从仪器箱中取出水准仪，应注意仪器放置的上下位置，用手托出，不要随意地拎出来。仪器取出后放到三脚架上并用固定螺旋与仪器连接板拧牢，最后将支架尖踩入土中，使三脚架稳定地立于地面。

3）调平

将水准仪的制动螺旋放松，使镜筒先平行于两个脚螺旋的连线，然后旋动脚螺旋使水准仪的气泡居中，再将镜筒转动90°角，与原来两个脚螺旋的连线垂直，这时仅需转动第三个脚螺旋使水准器气泡居中。最后转动几个角度看看气泡是否都在居中位置，如果还有偏差则应多次调整，达到各向都使气泡居中。在测量时再利用符合棱镜观察及调整调节微倾螺旋，使气泡两端的像重合，而使镜筒达到较精确的水平位置。

4）目镜对光

把镜筒转向明亮的背景，如白墙面或天空，旋目镜外圈，使在镜筒观察到的十字丝达到十分清晰。

5）概略瞄准

在对准目标时，将制动螺旋松开，利用镜筒上的准星和缺口大致瞄准目标，然后再用目镜去观察目标并固定制动螺旋，即为概略瞄准。

6）物镜对光

转动对光螺旋,使目标在镜中十分清楚,再转动微动螺旋,使十字丝中心对准目标中心,并要求物像和十字丝都十分清楚,就叫照准了,此时可以开始进行抄平。这中间需要说明的是:做好对光的标准是没有视差,也就是物像恰好落在十字丝的平面内。

检查的方法是用眼睛在目镜端头上下晃动，看到十字丝交点总是指在物像的一个固定位置上，这就表示没有视差。反之如有错动现象，这就表明有视差。有视差就会影响读数的精确度，这时须继续对光，直到没有错动为止。

以上六步是统一连贯完成的，只要操作熟练并不要花很多时间。此时还应注意拧螺旋时必须轻轻旋动，不能硬拧或拧过头造成损坏仪器。

（2）水准仪抄平

1）在水准仪安置后，就可进行抄平工作。抄平就是测定建筑物各点的标高。房屋施工中的抄平一般是根据引进的已知标高，用水准仪来测出所需点的标高，如测挖土的深度，或给出室内一定高度的平线等。

2）在抄平时主要是用水准仪来读取水准尺的读数，经过计算测出高差而确定另一点的标高。如要测定两个不同点的高差，首先将水准尺放到第一点的位置上，用望远镜照准，通过望远镜中十字丝的横丝所指示的读数，取得第一点的测点数值。

在读数之前应注意两点：一是先看一下镜筒边上的符合棱镜观察镜中的气泡两端是否吻合，如不吻合则应旋动一下微倾螺旋使之吻合。然后进行读数。二是读数时要注意尺上注字的顺序，并依次读出来，米、分米、厘米，估读出毫米。读得准确读数之后，记下第一点的观测所读的值。随后转动水准仪，对准第二点并在该处立尺，用观测第一点的方法读得第二点的数值。这两点数值的差，即为两点间的高差。在测量上把第一点叫后视点，把第二点叫前视点。高差的计算方法是用后视去减前视的数值，如果相减的值为正数，则说明第二点（前视）比第一点（后视）高，反之说明低。我们知道，当水准仪本身高度不动时，看到的尺上读数大，说明尺的零点位置比仪器所在的位置要低，反之说明比仪器位要高。从这个道理中我们知道了读数小的地势高，读数大的地势低。因此我们读得后视点如果数值大，而前视点数值小时，就说明前视点高，所以当后视值减前视值时得到正值（图5-10）。

例如：当读得第一点（后视）值为1.53cm，读第二点（前视）值为1.15cm，这时两点高差为：

$$1.53 - 1.15 = 0.38\text{m} = 38\text{cm}$$

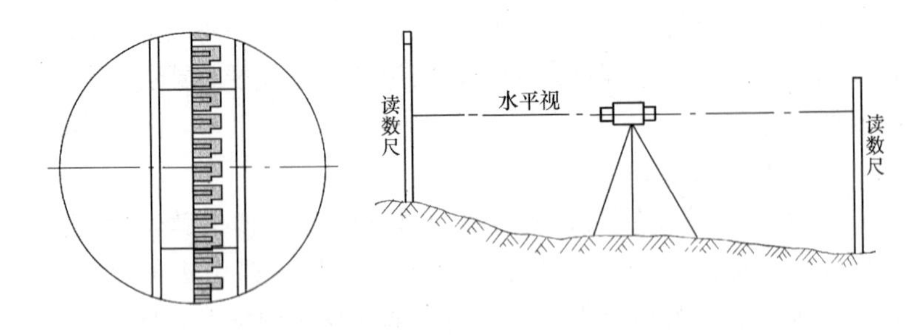

图 5-10　抄平方法示图

3）我们在房屋抄平中，往往第一点的标高为已知，如选的点为室内 ±0.000 标高点，因此要确定另一点时，只需加上应提高或降低的数值，即可确定第二点的标高位置。如将水准尺放在 ±0.080 标高线上，读得水准尺上读数为 1.67m，而我们要抄室内 0.5m 高的平线，这时我们只要将 1.67m 先减去 0.5m，就得到了 0.5m 平线时尺上应有的读数。这时持尺者只要将尺放到抄平的地方，由观测者在望远镜中读得 1.17m 的值时，则尺的下端零点即为 0.5m 标高的位置。持尺者只要在尺底用红蓝铅笔划一道短线，作为记号，当各点都测完后用墨斗弹出黑色平线。

4）在操作中，对于初学者应注意两点：一是持尺者用铅笔划线时要紧贴尺底，避免由于划线不准造成误差。二是在观测时，为了使读数吻合十字丝的横丝，这时要将尺上下移动。但我们要记住由于望远镜看到的物像在镜中是倒置的，要使某数字去吻合横丝时方向相反。假如要使读数很快趋靠（向上靠）横丝，那么我们的手势正好应指挥持尺者向下移动。反之如要使这个读数向下趋靠横丝，则手势应指挥向上。最后当这两者吻合时，观测者也应做手势叫对方停止移动，并再看一下镜内数字核对无误后，才可以让对方在尺的下端划记号。

5）抄平中由于各种因素造成的误差，大致有以下几个方面：

①仪器引起的误差　如水准仪的视准轴、水准轴和水准管轴互不平行所引起的误差，这是主要的误差。它只有通过对仪器的检验和校正才能解决。

②自然环境引起的误差　如气候变化引起的观测不准，或有时支架放在松软土上，时间长了引起仪器下沉等。克服的办法是：支架必须放置在土质坚实，行人较少，振动小的地方。同时在时间上亦应注意，如上午抄平时应将仪器支架高出地坪最少50cm，以减少地面蒸气上升对视线引起的影响。中午前后视线跳动严重时应停止观测。日照强烈时，应打伞观测。室外抄平时应尽量避免在风雨的天气进行。

③由于操作引起的误差　如调平没有调好，扶尺不直，仪器被碰动，读数读错或不准。此外在抄平时持尺者在尺下划痕时，观测者观看时间过长眼睛疲乏，视线跳动等原因引起的误差。总之因素较多，这就要求我们放线人员在操作中对工作极端负责任，认真细致地操作，以提高精确度，减少误差。

2. 经纬仪使用

(1) 经纬仪安置

1) 支架

支三脚架的方法同水准仪操作相同，但需注意三脚架中心须对准下面测点桩位的中心，以便对中时容易找正。

2) 安仪器

将经纬仪从仪器箱中取出，托起安放到三脚架上，然后用三脚架上的固定螺旋拧紧，并在螺旋下端小钩上挂好线锤，使锤尖与桩中心大致对中，并将三角架踩入土中固定，不再移动。

3) 对中

对中的目的是要将经纬仪水平度盘的中心安置在桩点的铅垂线上。对中时根据线锤偏离桩点中心的程度来移动仪器。偏得少的如1~2cm，可以松开固定螺旋移动上部仪器来对中，如果偏离太大就必须重新移动三脚架达到对中的目的。利用线锤对中时，观测者必须在仪器两个互相垂直的方向去看锤尖是否对准测点桩的中心标志（木桩中心一般钉一个小钉）。如果其偏移中心左右前后不大于2mm，就可拧紧固定螺旋，即对中完毕。

4) 安平

定平的目的是使水平盘处于水平位置。它的定平方法和水准仪一样，只不过没有水准仪要求那么精确，只要在各个方向水管的气泡均能基本居中就认为定平完毕。

（2）经纬仪使用

1）测角方法

在经纬仪安置好后，先将度盘读数对准 0°00′00″（若用测微轮式仪器，还要用测微轮将分划线对准 0′00″，再用水平制动或微动螺旋将双丝平分度盘 0°线）后，将离合器按钮扳下，松开制动螺旋，转动仪器用望远镜照准目标（需测视的桩点）。照准后固定度盘制动螺旋，对光看清目标，后用微动螺旋使十字丝中心对准目标，即用十字丝中段竖直的双丝把目标（如桩顶上的小钉）夹在中间。对准后将按钮扳上去，这时检查一下读数应为 0°00′00″,再松开制动螺旋仪器使在显微观察镜中读得 90°00′00″，90°角在放线是经常采用的。因此当给定了两个测点桩位，在一个桩位上对中后照准另一桩位，即可定出直方向的线了。房屋定位方法基本也是这样。

在测角时精神一定要集中，观测要仔细，同时在转动微动螺旋时一定不要弄错上下盘不同的两个螺旋，否则将会造成观测错误，一旦检查不到就会造成重大事故。因此操作时必须严格细心，才能不出差错。

2）竖直方向的观测方法

利用经纬仪进行竖直观测在施工中经常遇到，但一般都不用竖直度盘来读数，而是利用望远镜的视准轴在绕横轴旋转时扫出的一个竖直平面的原理来观测建筑物的竖向偏差。如吊装厂房或框架柱子时，观测吊装的垂直度，以保证柱子的垂直。或观测厂房的大角，以保证房屋竖向偏差不超过规范允许的数值。观测时将仪器放置在所要观测对象的前面，大致在一条直线上。然后将仪器进行调平，这时调平必须比较精确，调平完毕将望远镜照准观察目标底部的中心（大角的底部边棱），固定制动螺旋，对光，并将十字丝对准测定目标，竖向转动望远镜从下往上观测，从而测定其偏差数值。

(3) 经纬仪的误差和原因

1) 仪器本身的误差

有的误差主要是仪器本身造成的。使用年久精密度降低，或由于本身构造不精密和校正不完善所产生。这需要在使用前进行检验和校正。

2) 气候变化造成的误差

气候的变化如风天、雾气、太阳强烈，仪器支在松软土上造成下沉等都会引起误差。在操作中要注意选择土壤坚实的地方，在阳光强烈时要打伞遮阳，风大及雾天应停止操作。

3) 操作引起的误差

对中不准，定平不准是一个方面，因此安置仪器时必须准确，认真负责。此外，操作人员必须注意避免发生观测时手扶支架，走动时碰动仪器，好奇的人来看望镜，碰撞仪器等等。在读度盘上读数时，一定要多看几遍读准后方可记下来。对于微动螺旋不要任意碰动，防止度盘稍微转动而造成读数错误。此处差之毫厘，在那头就失之尺米。所以要精神集中、稳而不慌、认真操作，杜绝错误、减少误差、提高精度。

第二节　装饰室内工程

一、概述

习惯上，墙体表面的修饰称作墙面装修。外墙面装修叫外装修；内墙面装修叫内装修。建筑物外界面内的所有装修装饰都称为室内装修。室内木装修工程包括家具、木楼梯、装饰木作地板工程、吊顶工程、隔断工程、家具隔断、壁柜、橱柜等。本章主要对室内木装修工程的墙面木装修常用做法和木楼梯作一些介绍。

1. 墙面装修的作用

(1) 保护建筑物。通过保护墙体，防止墙体直接受到风吹、日晒、雨淋、霜雪、冰雹、有害气体和微生物的破坏作用，延长墙体的使用年限。

(2) 完善和提高建筑物的使用功能。提高墙体的保温、隔热、隔声、防渗透能力。

(3) 墙面装修光洁了墙面，增加了光线反射，改善了室内亮度。

(4) 美化环境，美化建筑物、美化建筑物内部空间并表现建筑的艺术个性。

2. 墙面装修材料和做法的类别

外装修与内装修所使用的材料和施工方法五花八门，举不胜举，而且还随着建筑技术的发展不断地创新、充实。就现今情况而言，可把墙面装修归纳为五大类，即抹灰类、贴面类、涂刷类、镶嵌类和裱糊类。墙面木装饰可认为是镶嵌类。

3. 镶嵌类墙面装修

镶嵌类墙面多用于高档和有特殊要求的房间装修，镶嵌的材料有木板、胶合板、纤维板、密度板、宝丽板、富丽板、仿人造革饰面板、防火板、塑料板、木纹纸、木皮、镜子面板、金属板和木线及织物等。

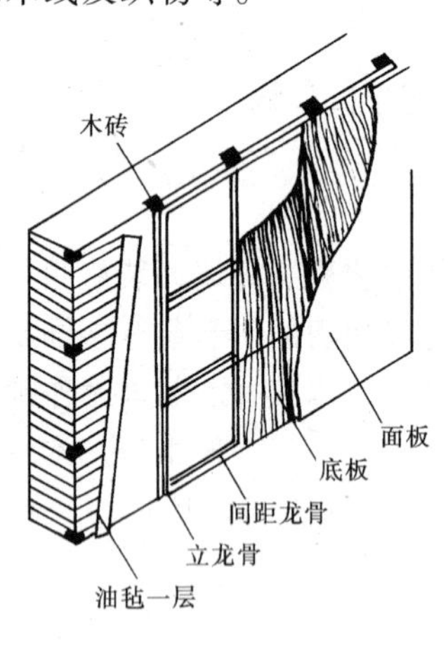

图 5-11

镶嵌类装修的做法是，在砌体内预埋木砖（间距按饰面材料规格，也不得大于双向 500mm），干铺油毡一层，在木砖处钉立龙骨和间距龙骨（截面不小于 50mm × 50mm），龙骨外侧刨光，钉或粘基层板，再粘面板，或直接在龙骨上钉或粘面板，面板上可根据设计安装压缝条或装饰块（图 5-11）。

4. 木装饰施工工序

合理安排施工工序，是确保

施工操作质量，保证施工进度，降低施工成本，防止施工现场安全事故发生的措施，是施工组织和现场管理的一项重要内容。

(1) 准备工作。在墙面木装饰施工时，应注意以下几个方面：

1) 确认土建施工完成并干燥；

2) 与电器工程师取得联系，了解墙内暗敷管线的走向、位置；

3) 了解墙体材料、结构及构造，如是混凝土、黏土砖、空心砖或是其他墙体材料，其内部结构构造如何，配筋情况如何，等等；

4) 熟悉图纸，与工程技术人员保持沟通。由于目前建筑装饰装修没有统一的标准图集，有些施工图纸在详图构造上不作完全详尽表达，需在现场确定。所以，保持沟通是非常必要的，切莫凭自己想象施工，造成返工；

5) 在落实了以上四点后，就可以选用和采购材料。采购木制品材料时，要选用正规生产厂家的产品。同时准备施工操作用的各种机具。

(2) 放线及找平处理

土建墙面的平整度很难达到精装修的要求，故在装饰施工时均作平整度调整。如果调整面积比较大，必须用龙骨打网状底架，如果面积比较小，可用较经济的板材作调整基层，如门窗洞口、局部装饰，均可采用这种方法。这里要特别提醒注意的是：基层木材要涂刷防火涂料，并且在此道工序完成后，要将裁口处补刷，将木材完全封闭。

(3) 支设龙骨、轮廓框架

支设龙骨、轮廓框架，是装饰面层的依托所在。支设龙骨、轮廓框架必须横平竖直，自身受力结构合理，同时骨架必须与墙体连接牢固。有些墙面装饰可将此道工序与找平层合二为一，如门窗洞口等。

(4) 饰面板安装

包括粘贴面板、钉压木线、收口。在做饰面施工时，要注意平整，并且粘贴要牢固，每处完工后要采取有效措施保护成品，尤其是阳角处、通道处等很容易碰撞的部位，要格外注意保护。木质面板如不小心造成划伤，后期将无法弥补。

（5）安装五金件等

包括门、窗、锁具、拉手、合页、轨道、玻璃等。

以下具体介绍墙裙、门套、窗套、窗台板、窗帘盒、暖气罩等装饰装修的施工安装。

二、墙裙（护墙板）

1. 放线找平

所用工具有水平仪、标尺。在房屋内具有代表性部位确定基准点（如窗台及其他能反映相对位置的参照物），四面放线。

还有一种简易方法：用一根足够长的透明水管灌满水，将气泡排尽，以基准点为准，将一端水平与基准点取齐，另一端拉至墙面的一端，待管内水体稳定后划标记线。

标记线划好后，依次用墨盒弹闭合线。

注意：找水平时切莫在单个房间内进行，一定要在整个楼层（施工作业层）进行。

2. 下龙骨料及安装

根据技术人员所确定的材料计划下料施工，下料时要注意以下几点：

（1）保证竖向龙骨为主骨架，不得裁断；

（2）上冒头完整，不得裁断；

（3）榫口要立插，不得横插，榫口插接时要配合使用乳胶；

（4）如有踢脚板，要在踢脚板上口处补做水平龙骨；

（5）注意与门窗洞口的交接；

（6）龙骨架分格要与基层板规格相适应，保证基层板接缝必须在龙骨中部；

（7）整个龙骨架要平整，涂刷防火涂料；

(8) 龙骨架与墙面连接，连接点要在竖向龙骨上。有以下几种连接方式：

1) 膨胀螺栓；

2) 塑料胀塞与自攻螺钉；

3) 打钢钉；

4) 墙面打孔打入木楔，用自攻螺钉或钢钉固定。

3. 安装基层板

龙骨架完成后，根据施工排料图排料。装钉基层板时，背面要涂刷防火涂料，龙骨上要刷一道白乳胶。在此有两种情况：

(1) 装饰图纸不再要求粘贴饰面板，此基层板将直接作为面层材料使用（油工在此板上做后期处理），施工操作要点及要求如下：

1) 表面确保平整；

2) 接缝严密；

3) 钉头、钉帽不得外突；

4) 与龙骨连接采用自攻螺钉或排钉，在龙骨表面要刷胶加强边角处连接。

(2) 图纸要求表面还做面层，则此基层板就作为面层板的粘贴层，施工操作要点及要求如下：

1) 将质量较好的一面朝外；

2) 面层板及基层板均要保持平整，排料以节省材料为准，不考虑板缝的间距；

3) 钉头、钉帽不得外突；

4) 与龙骨连接采用气排钉加乳胶（气排钉规格≥20mm）。

4. 安装面层板

面层包括内容及形式较多，有面层板、装饰线。

面层板包括：木板、防火板、铝塑板、金属板（皮）、PVC板、玻璃板、织物、木皮、木纹纸等。其他装饰件：木雕饰品、织物、金属件、玻璃件、石质件等。

面层施工是装饰工程最关键的工序，所以，施工时必须仔细、认真。以下以某工程木质面板为例：

（1）清洁基层板表面和面板背面。

（2）检查基层板的平整、钉头、钉帽等。

（3）根据排料图或计划排料，尤其是需要拼贴木纹的部位，该装饰工程图设计贴胡桃木面板，该板木纹为顺向花纹，封装总高为2800mm，故需接缝。

（4）在基层板和饰面板背面分别涂刷合成胶。

（5）待涂刷的胶膜干燥至80%时，进行粘贴。

（6）用橡皮锤并衬垫一块面积不少于锤头两倍的光滑木板敲击，使其各部位粘结牢固。

（7）如需保留板缝，则面板侧边需刨直、刨平，按图纸要求留出板缝，板缝两头，要保证宽度一致，误差不超过0.5mm。如不要求留板缝，则板与板之间拼缝必须严密，不得有间隙。阳角处要刨斜切角。

（8）钉压木线时，所用排钉规格≤F10mm，并用乳胶粘结。木线在转角处要截拼接角口，如转90°直角，则要裁45°口。视实际情况定，打排钉时，钉眼要落在木线花纹的隐蔽处。

5. 踢脚线

踢脚线的作用是日常使用中防止污染墙面。民用建筑的踢脚线高度一般在120~200mm，有与墙体平齐和突出墙面两种形式。其中突出墙面的较为常见。常用做法一般也有两种：选用成品踢脚板安装和现场制作踢脚板并安装。选用成品踢脚板有各种材质：木质、石质、陶瓷、塑料、金属等多种。本书以现场制作木踢脚板并安装为例，具体做法如下：

（1）沿木工板2440mm长向方向裁切成宽为120mm的条。每张木工板可裁2440/120=20条。

（2）清理基层并找平。

（3）将锯口边刨平、刨直并上白乳胶。

（4）用F30排钉安装踢脚板条与底板连接，如果是直接与建筑墙体连接，可采用塑料胀塞和自攻螺钉安装踢脚板条与底板连接，也可在墙体上打眼打入木楔并用铁钉固定。每米固定点不少于3个，注意要紧贴地面。

（5）沿木工板1220mm短向方向裁切成宽为120mm的条并刨切平直，如饰面板无花纹或花纹无方向时，可顺2440mm方向裁切。

（6）用上述安装饰面板的方法贴饰面板。

（7）在踢脚板上口定压20mm阴角木线，木线在接缝处要裁成45°斜角（图5-12所示）。

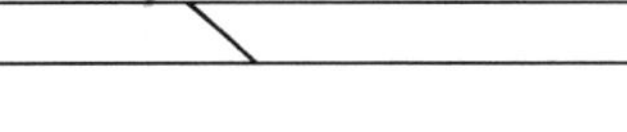

图5-12　木线裁口示意图

本例由于满墙装饰，考虑到墙壁需悬挂物品，故在确定基层板时，全部选用18mm厚木工板。如果不涉及到悬挂饰物问题，基层板可选用密度板、九厘板或威力板。另外，安装踢脚线一定要在地面工程完毕以后进行，这样才能保证完好结合，并不至于在地面上出现缝隙。

三、门窗套

门窗套除其装饰性外，主要功能是保护门窗洞口不被破坏，该功能的前提是方便使用，所以其洞口阳角处要避免伤人。本例中有两个门洞、两个窗洞。门窗套的做法基本相同，不同的是门套要做安装门窗的企口。门扇企口位置有两种：门扇靠开启一侧和门扇居中。参见图5-13。

1. 放线

放线时，除保证横平竖直外，还要照顾到所有门、窗、洞口尺寸、高度的一致性。

2. 基层板安装

基层板的选料要照顾到后期的工作以及使用的合理性。比如门套基层板如选用不适当的材料，会产生门扇无法安装或使用一段时间后门扇合页脱落的问题。所以，最好选用实木板材或质量较好的木工板。基层板优缺点比较见表5-1。

基层板优缺点比较 表 5-1

优缺点＼材料	木工板	实木板材	多层胶合板	高密度板	刨花板
优点	平整、可使用螺钉	可开榫口、可使用螺钉	可使用螺钉	平整、方便强度高	施工方便
缺点	不易开榫口	易变形、成本高	易变形、螺钉滑脱、表面开裂	不易拧螺钉或螺钉滑脱、无弹性变形	不易拧螺钉或螺钉滑脱、无弹性变形

(1) 下料（本例采用木工板）

根据放线情况下料。下料时，要考虑到使整个门套全包住土建洞口，如放线后发现洞口尺寸相差较大，要用木龙骨调整。同时使冒头压边梃。

(2) 拼装

如上所述，依照冒头压边梃，套线板压边梃的原则。木工板可采用钉加乳胶的方法拼装。

(3) 安装与连接

基层板与墙体连接可采用铁钉、水泥钉等办法连接。一般洞口内均埋有木砖，可用铁钉与木砖相连。需龙骨调整的洞口，直接用铁钉与龙骨固定。安装时注意几点：

1）从正面和侧面两个方向吊线检查是否垂直。

2）拉对角线检查是否方正，如用角尺检查，该角尺长边长度≥1000mm，尺柄长度≥500mm。

3）检查基层板与墙体是否平引。

3. 门扇企口

视材料情况确定做法。门套板选用实木板材时，直接在板材上开企口即可，企口深度一般为 10mm。门套板选用木工板时，采用再附加一层板的做法形成企口。这附加的企口板材料可选用九厘板、9mm 高密度板、9mm 威力板及企口木线，具体操作程序和做法是：

(1) 裁切企口板。

（2）清理门套板和企口板表面后，刷乳胶，用F20排钉与门套板固定。

（3）如采用9mm威力板材料，企口木线要刨直，并与威力板齐平严密结合，结合方法仍用乳胶加排钉。注意：第一，装钉企口木线时，要考虑到后期油漆工程的做法，如果是透明漆就要选用与面板同样材质并色彩相同的材料。第二，如有饰面板，则企口线要在粘贴完饰面板后装钉。

4.套线板安装

套线板安装有找平基层板加花饰木线板或花饰木线板直接与墙体固定两种做法。

由于找平基层板加花饰木线板的饰面表层可工业化生产，提高施工工效，降低施工成本，所以这种方法一般较多采用，如门洞周围墙体与其他墙体装饰如护墙板。土建基层非常平直，可采用花饰木线板直接与墙体固定的方法。当然，还要视具体图纸要求确定。

与门套基层板的连接。除天然实木可榫接外，均采用气排钉（铁钉）加乳胶的方法。另外，有找平基层板的套线，在安装表层花饰木线板时，可不用任何钉类，完全用胶粘剂粘合。这时一定要注意以下几点：

（1）胶体黏度要适中，不能太稠，否则不易刷匀。

（2）胶膜要刷匀。

（3）结合面要平整光洁。

（4）胶膜要风干适度，太湿容易产生气泡，无法排出气泡产生空鼓，太干粘结力不强，易脱落。

（5）粘结完毕后，要赶压，并用卡具压紧一段时间，待胶膜凝固后取下。

套线板与踢脚线板相接部位，套线板要落地，并应适当高出踢脚线板（特殊要求除外）。

施工窗套时，要注意与窗台板和墙裙（护墙板）的结合，北方地区还要考虑窗下采暖设施的结合。

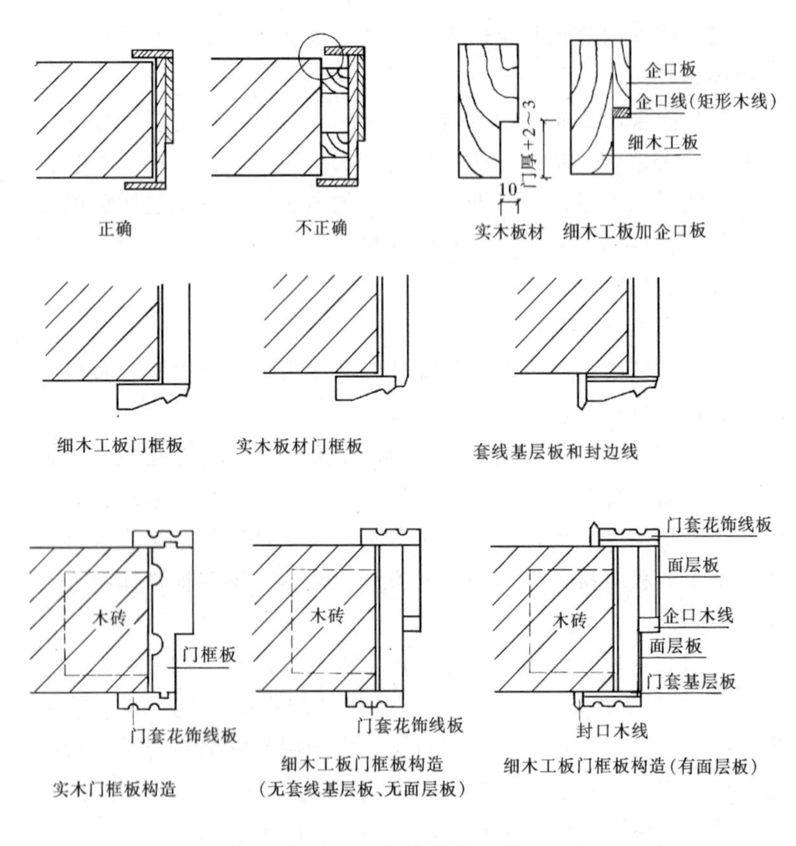

图 5-13 门套构造节点

四、暖气罩

北方地区，每个房间都有采暖设施，这些设施基本都在窗台下（这样能较好地形成次序热空气的循环对流，又不占空间）。由于成本的原因，这些设施往往造型较差且容易伤人。所以，装饰室内时，常常要将其包装起来，这就形成暖气罩。

在设计暖气罩时，首先，要遵循功能第一的原则。有些地区只图整洁美观，忽视了设施的采暖功能，结果造成了使用上的不便。其次要照顾到设备维修更换，做法基本与墙裙相同，只是要在立面、顶面做空气循环罩木雕饰片，罩饰片有百叶、花格或各种图案。顶面罩饰片选材时，要考虑到窗台要摆放饰物的重量。

五、挂镜线

1. 挂镜线构造

挂镜线，即在墙上钉一圈带线条的木条，用以挂置镜框。通常设在装饰要求高的房间墙的上部（图 5-14）。

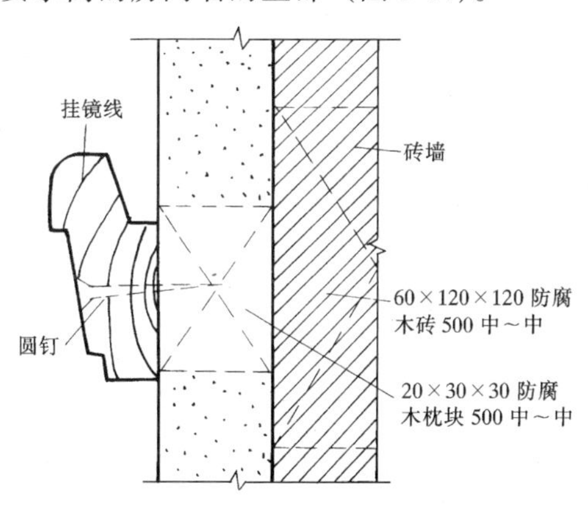

图 5-14 挂镜线

2. 挂镜线材料准备

挂镜线用料参考表 5-2。

挂镜线木材用量 **表 5-2**

材料名称	规格（mm）	单位
木方	28×55×6	0.185m^3
防腐木砖	120×120×60	0.173m^3
木垫块	30×30×20	0.004m^3
钉子	$L=80$	1.607kg

3. 挂镜线操作工序要点和质量要求

（1）在挂镜线长度范围内，在墙内应预先砌入防腐木砖间距为 50cm，在防腐木砖外面钉上防腐木块。待墙面粉刷做好后，即可钉挂镜线。挂镜线的接长处应并列钉上两块防腐木块，两端头对齐后各自钉牢在木块上，不应使其悬空。

（2）一般用明钉钉在木块上，钉帽砸扁冲入木内。挂镜线要求四面呈水平，标高一致。

(3) 标高应该从地面量起，不应从吊顶往下量。吊顶四边不一定与标高一致，从吊顶往下量就会产生挂镜线标高不一致现象。

(4) 挂镜线在墙的阴、阳角处，应将端头锯成45°角平缝相接。

六、木窗帘盒

1. 窗帘盒的构造

木窗帘盒有单轨木窗帘盒和双轨木窗帘盒两种。其构造分别见图5-15和图5-16。

2. 窗帘盒施工要点

(1) 支架与墙体连接。在装木窗帘盒的砖墙上将角钢固定件或35mm×5mm的扁铁支架预埋入墙内，间距500mm。也可在钢筋混凝土过梁内预埋进铁件，安装时再与扁铁支架焊牢，或用射钉、膨胀螺栓固定支架。

(2) 窗帘盒与支架连接。木窗帘盒应用木螺钉与扁铁支架拧紧，牢固连接。

(3) 购买成品窗帘轨、轨扣、滚子和滚阻等，应选用正规厂家产品。

(4) 通长窗帘盒，可增加角钢固定件或扁铁支架到墙边，然后再安装通长窗帘盒。

(5) 制作木窗帘盒的木板应选用干燥的中软木材，

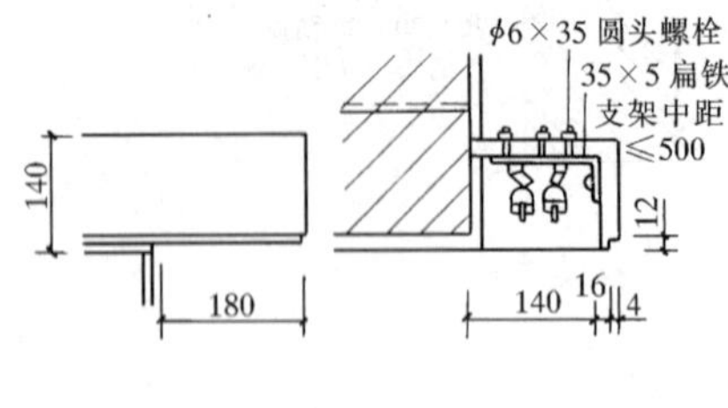

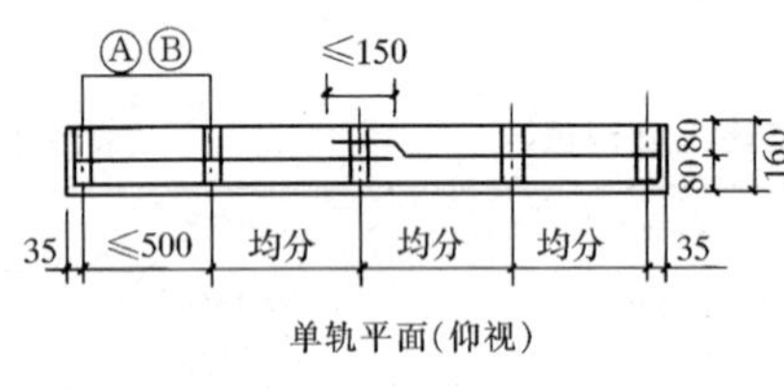

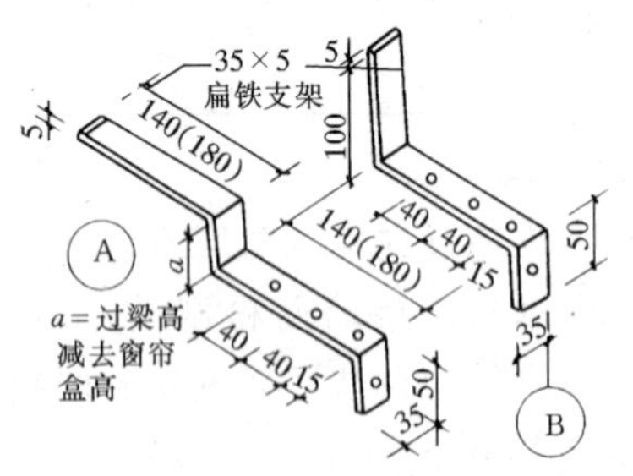

图5-15 单轨木窗帘盒

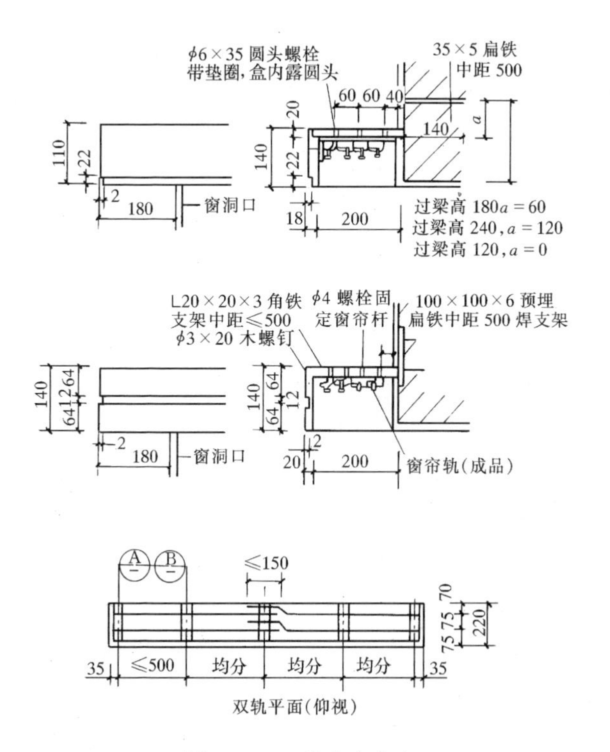

图 5-16 双轨木窗帘盒

注意花纹清晰美丽。含水率要求在 12%以下，以防止翘裂变形。

(6) 在木窗帘盒表面可贴木纹纸（竖纹）或贴塑料木纹纸。

3. 窗帘盒的质量要求

(1) 要求尺寸正确，表面平直光滑，棱角方正，线条顺直，不露钉帽，无戗槎、刨痕、毛刺、锤印等缺陷。

(2) 支架与墙体连接牢固，不能有松动现象。木窗帘盒与固定件之间也必须镶钉牢固。

(3) 支架安装位置正确，平直通顺，出墙尺寸一致。木窗帘盒与墙面紧贴，缝隙严密。

(4) 木窗帘盒安装的允许偏差为：

两端高低差：2mm；

两端距窗洞长度差：3mm。

七、木窗台板

1. 木窗台板构造（图 5-17）

2. 木窗台板制作安装操作要点

（1）木窗台板宜选用干燥木材，注意纹理方向。

（2）制作时应满足平整度。厚度、宽度、长度尺寸应符合设计要求，与墙面接触处应涂刷防腐剂。

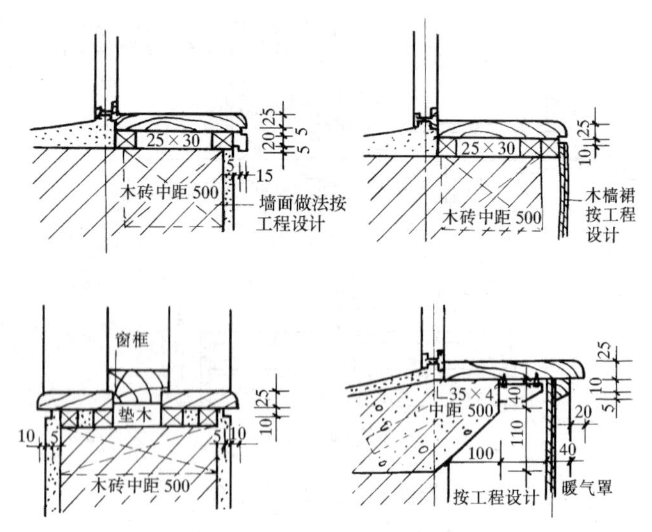

图 5-17　木窗台板构造

（3）木窗台板宽度大于 150mm 时，拼合时应穿暗带；长度超过 1.5m 时，窗台中部应预埋木砖，再用扁头钉钉牢。

（4）安装窗台板时，其两侧伸出窗洞以外的尺寸要一致。

（5）窗台板的安装标高应符合设计图纸的规定，并要求保持水平，两端应牢固嵌入墙内，里边宜插入窗框下冒头的裁口内。

（6）窗台板安装完毕后注意保护表面不被破坏。

3. 木窗台板的质量要求

（1）木窗台板应选用硬木材制作，含水率应符合规范规定。

（2）木窗台板安装必须牢固，无松动现象。

（3）木窗台板应表面光滑，棱角方正，线条顺直，无戗碴、刨痕、毛刺、锤印等缺陷。

（4）木窗台板安装的允许偏差应符合下列规定：

两端高低差：2mm；

两端距门洞长度差：3mm。

八、木楼梯

1．木楼梯的构造形式

木楼梯由斜梁、平台、踏脚板、踢脚板、楼梯柱、柱杆和扶手等组成。具体构造形式有明步木楼梯和暗步木楼梯两种。

（1）明步木楼梯是在斜梁上钉三角木，三角木上铺钉踏脚板和踢脚板，踏步靠墙处应做踏脚板，斜梁的上下两端做吞肩榫。与楼梯平台梁和地搁栅相结合，并用铁件加固，在底层斜梁的下端也可以用凹槽压在垫木上。其构造如图 5-18 所示。

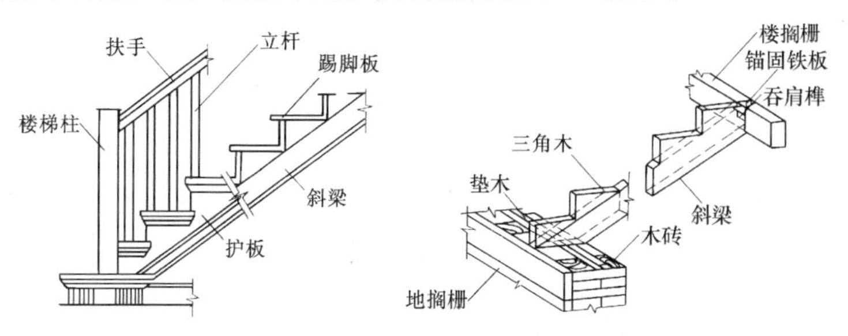

图 5-18　明步木楼梯

（2）暗步木楼梯是在安装踏步板一面的斜梁上开凿凹槽，把踢脚板和踏脚板逐块镶入，然后和另一根斜梁进行合拢靠实，楼梯背面可做灰板条粉刷或钉纤维板等。其构造如图 5-19 所示。

2．木楼梯的制作安装工序

（1）放大样，制样板。楼梯制作前，在铺平的木板或水泥地上，根据施工图要求，把踏步高度、宽度、级数、三角木及平台尺寸放定大样，制作样板。

（2）配料。配料时注意楼梯斜梁应包括两端榫头尺寸在内，踏脚板须用整块木板，厚度为 30～40mm。明步木楼梯的踏步板

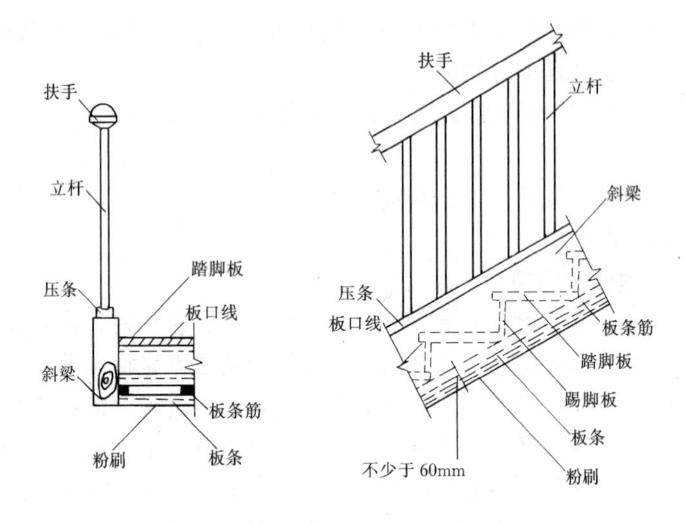

图 5-19 暗步木楼梯

长度要考虑挑出护板的尺寸。踏脚板与踏步板需用开槽方法连接，踢脚板厚度为 20 ~ 25mm。明步木楼梯踢脚板长度要考虑与护板做 45°割角的尺寸。三角木厚度为 50mm 左右。制作三角木时，应使三角木的最长边平行于木纹方向。斜梁配制时，应将木节、斜纹向上放置。斜梁与平台梁的榫肩，应上口不留线，下口留墨线。护板成踏步形，但不宜事先锯割。为避免踢脚板与护板的端头木纹不外露，两者的交接处应锯成 45°的割角相连。楼梯柱与踏步板及扶手的结合处要做榫头，栏杆与扶手的结合处可做半榫。

（3）安装搁栅、斜梁。先定出楼搁栅的中心线和标高线，然后再安装楼、地搁栅，最后安装斜梁，三角木应由下而上依次铺钉。钉好三角木后，需用水平尺把三角木顶面校正，并拉线使三角木顶端在同一直线上。

（4）安装踏脚板和踢脚板。踏步板与踢脚板连结的槽口要密缝。如不采取冲头三角木，则踏步板与踢脚板应互相垂直。相邻踏步板以及相邻踢脚板均应互相平行。

（5）安装栏杆、扶手。分别将栏杆榫接在踏步板或斜梁的压条上，然后将已榫接好的扶手和楼梯柱一起安装上去，使四部分榫接成整体。安装立杆前，应检查其杆长、榫长、榫肩的斜度，注意观感。立杆长度不等或立杆榫尺度过长，都会引起扶手安装后顶面不平直。安装靠墙踢脚板时，应将其锯成踏步形状，先进行试放，检查结合是否紧密，然后再安装。

（6）安装斜梁外部护板时，须将护板锯成踏步形状。为使踢脚板顶头不外露，踢脚板与外护板的接合处应锯成剖面后装钉。

3. 常见的质量通病和防治方法

（1）榫头松动

木楼梯主要采取榫接相连，当榫头尺寸小于榫眼尺寸时会发生松动。因此，凿眼时必须准确合理，榫头、榫眼、凿子三尺寸必须相等。拼装前，杆件进行检验，及时修整，保证拼装。若榫头松动，可将榫头端面凿开，插入与榫头等宽，短于榫长的木楔。木榫厚度视木材干湿软硬及榫与眼的偏差大小而定。

（2）斜梁翘曲

两根斜梁安装后，应保证其顶面互相平行而不翘曲。斜梁发生翘曲，将会使后道工序无法保证质量。因此，在制作时，料、榫都必须保证平直方正。

（3）踏步板水平度不够

当踏步板两端厚度不相等时，三角木尺寸不等时，以及同一踏步的两块三角木安装位置有高低时，都会引起踏步板的水平偏差。当发生踏步板水平度超过允许偏差时，首先应查明原因，再作修理。当踏步板两端厚度不一致时，可将踏步板厚的一端刨去或将薄的一端垫高。

九、木质栏杆扶手

1. 栏杆、扶手的构造形式

（1）栏杆是为了上下楼梯的安全而设置的，栏杆和扶手组合后需有一定的强度。

(2) 楼梯栏杆、扶手有以下三种类型：

空花栏杆扶手，如图 5-20 所示。

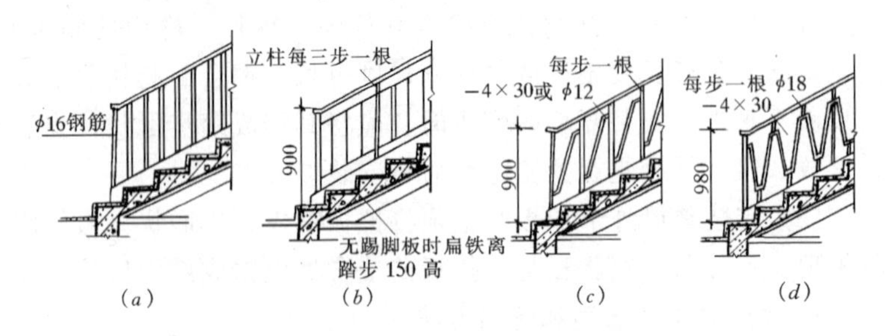

图 5-20 空花栏杆扶手

靠墙扶手，如图 5-21 所示。

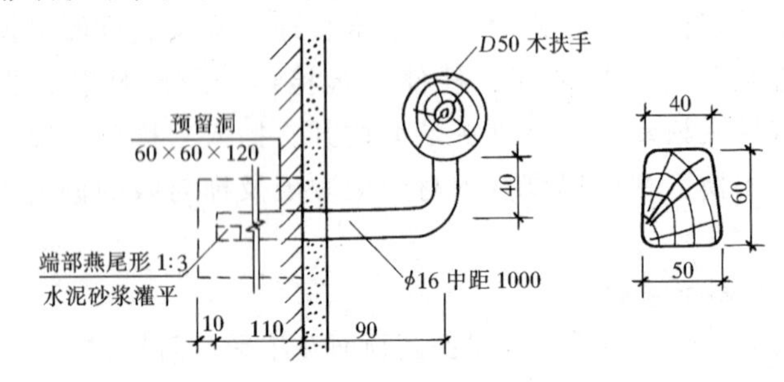

图 5-21 靠墙扶手

有栏板楼梯高扶手，如图 5-22 所示。

(3) 木扶手断面：如图 5-23 所示。

楼梯转折处的扶手接头，如图 5-24 所示。

2. 木扶手制作安装工序

(1) 金属栏杆木扶手的安装

金属栏杆木楼梯扶手的安装方法如下：按楼梯扶手倾斜角截好金属立柱长度和上下斜面，先立两端立柱，将其和预埋铁件焊牢立直。从上面两立柱上端拉通线，焊接中间各立柱，并套上法兰，在立柱上端焊接扁钢后钻上均匀的螺钉孔。木扶手的连接采用暗燕尾榫连接。

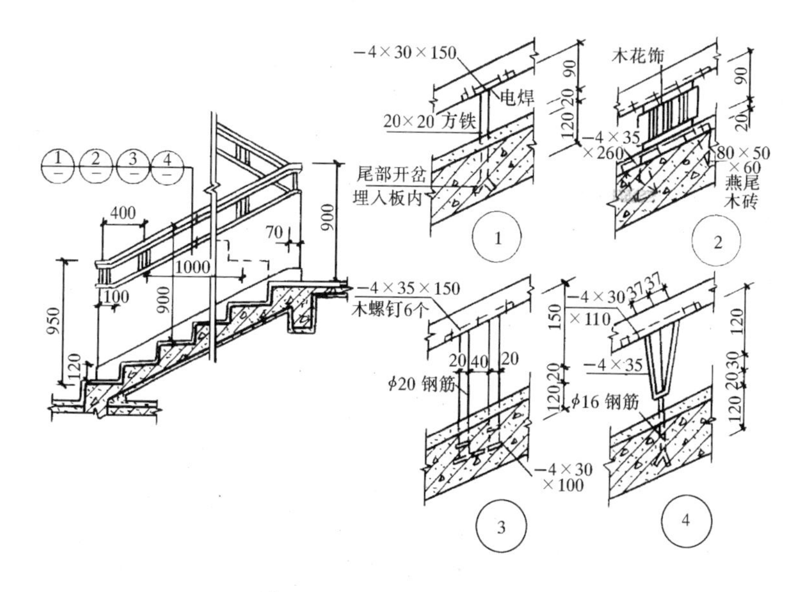

图 5-22　有栏板楼梯高扶手

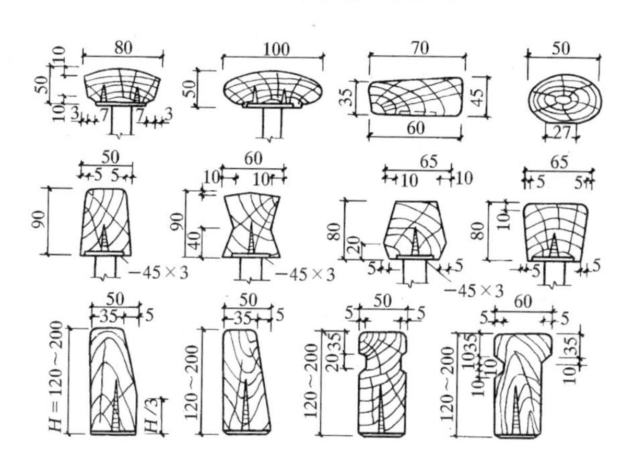

图 5-23　木扶手断面

(2) 混凝土栏板固定式木扶手安装

将木扶手平放在栏杆上，对接好弯头后，对准预埋木砖钻孔，拧入木螺钉固定。将木扶手上的木螺钉孔塞入木块，胶结后

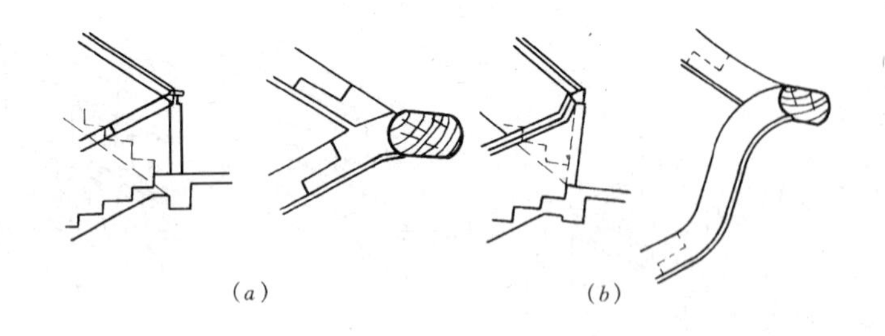

图 5-24 楼梯转折处的扶手接头

(a) 栏杆伸出半步的扶手构造；(b) 栏杆靠近踏步板的扶手构造

修平磨光即可。

(3) 靠墙楼梯扶手的安装

木扶手固定在弯成90°的铁件上，铁件塞入墙洞后用细石混凝土填实固定。铁件入墙部位用法兰封盖，铁件的另一端焊接4mm×40mm通长铁条，铁条上每隔150~300mm钻一螺钉孔。具体操作如下：先将上下两个铁件塞入墙洞，调直后用碎石混凝土填实固定。在上下两铁件上拉通线固定。在此固定好的铁件上焊接4mm×40mm通长铁条，并在铁条上按150~300mm的距离钻好木螺钉孔。将木扶手下的凹槽卡在扁铁上，从下面拧入木螺钉固定。待墙面抹石灰干后将法兰盘用胶粘牢在墙面上。

3. 木扶手制作安装操作要点

(1) 木扶手是建筑物中装饰性较强的构件，在制作安装时应按设计要求进行施工。

(2) 楼梯木扶手用料必须经过干燥处理，选用顺直、少节的硬木料。一般木扶手用料的树种有水曲柳、柚木、樟木等。木扶手在制作前，先将扶手底面刨平刨直，画出中线，刨出底部凹槽，再用线脚刨，依端头的断面线刨削成型，制作弯头前应做实样板。

(3) 木扶手的接头均应在下面做暗燕尾榫，接头应牢固，不得错牙。

(4) 在混凝土栏板上安装木扶手时，垫板应与木砖钉牢，垫板接头应做暗榫，垫板上的花饰要分布均匀，保持垂直，垫板花饰用螺钉拧紧，不得松动。

（5）在铁栏杆上安装木扶手时，木扶手下面的木槽应严密地卡在栏杆的铁板上，并用螺钉拧紧。

（6）安装靠墙扶手时，应按设计要求标高在墙上弹出坡度线，预埋好木砖或稳固法兰盘，然后将木扶手与法兰盘结合牢固。

（7）木纹花饰：在花饰上做雄榫，在垫板扶手下做雌榫，用木螺钉拧紧。

（8）修整：扶手全部安装好后，接头处必须用细短刨、木锤、斜凿、砂纸等做修整。

4. 木扶手制作安装的质量要求

木扶手制作安装的质量要求为尺寸准确，表面光滑，线条顺直，不得漏出钉帽，无刨疤、毛刺、锤印等缺陷，扶手安装牢固，无松动现象。其安装允许偏差和检验方法，应符合表 5-3 的规定。

木扶手安装的允许偏差和检验方法　　　　表 5-3

项　次	项　目	允许偏差（mm）	检验方法
1	楼梯扶手栏杆垂直	2	吊线和尺量检查
2	楼梯扶手栏杆间距	3	尺量检查
3	楼梯扶手纵向弯曲	4	拉通线和尺量检查

5. 木扶手常见质量通病及防治方法

（1）扶手接头不严密

1）扶手接头不严密，接头的接触面中间部分凸出，这样安装，接头缝隙会过大。

2）扶手、弯头材料含水率大，安装后风干会产生收缩，因此，在备料选择时，扶手及弯头应使用干燥木料，选择含水率不大于 12% 的木材。

3）接头处的双头螺栓螺母要拧紧。

(2) 扶手不直，弯头不顺

1) 引起扶手安装后不直的主要原因是：由于存放不当而使扶手产生弯曲变形以及铁栏杆安装质量差。木扶手加工或进场后要垫平堆放，不得曝晒或受潮。安装铁栏杆时，为防止其变形，可在栏杆扁铁上绑 50mm × 100mm 的木方加固，然后进行电焊安装。对于平面弯曲不大的栏杆，可将扶手底面的凹槽宽度作相应的修整，从而保证扶手的顺直。

2) 弯头不顺的主要原因是：弯头制作时画线不准或修整余量留得太少。先做准弯头底面，然后将较长的直扶手顶在弯头端面划线，再留半线锯割刨削，能防止产生弯头不顺的现象。

3) 扶手与栏杆连接不牢，木螺钉的规格不符，数量太少，拧得不紧。施工过程中，木螺钉不得遗漏，木螺钉的引孔不能太深、过大，木扶手底面的凹槽应与铁板相符。

第三节　装饰木工楼地面工程

楼地面是建筑物中与人体直接接触，使用最频繁的部位，在建筑装饰装修中占有重要地位。它不仅应有耐磨、防水、防滑、易于清洁等功能，对于高级的室内楼地面，还应具有隔声、吸音、保温及美化室内环境等功能。

装饰木工楼地面工程包括竹地板、木地板、复合地板、塑料地板、活动地板、地毯及其他地板等的施工与铺设。用木质材料装饰地面，是当前家庭装饰较为流行的地面做法。

一、木质楼地面

木质板楼地面即木地板，是用优质木板做面层，经过刨光、油饰和打蜡而成。具有弹性好、脚感舒适、热导性能小、表面光洁、纹理美观、绝缘性能好等特点。常用于健身房、体育馆的比赛场地、舞台、宾馆、高级住宅等处的地面工程。

对于木质楼地面工程而言，应着重选择面层和面层下的基层做法，木板面层铺设有单层，双层之分：单层是将木板条直接固定于搁栅上，或直接粘在基面上；双层则是先铺一层毛地板，其上再铺一层木地板，具体构造做法详见表5-4。

面层构造做法表 **表 5-4**

序号	名称	简图	说明
1	条形地板	楼板 小搁栅 石灰煤屑 钢筋混凝土楼板 粉刷	木地板顺长条方向铺钉，厚度为20～25mm，用软木时宽100～150mm，用硬木时宽40～60mm，一般采用企口缝。铺钉时材心向上，先用铁扒钉、木楔排紧板缝，再钉圆钉。搭接缝错开
2	人字纹地板		将硬木加工成较窄、短的小条，然后按相邻的两行各从不同的方向倾斜45°铺钉
3	席纹地板		将硬木加工成长、宽为一定倍数的小木条，按纵、横方向分成小块铺钉，小块成方形，在平面上与前、后、左、右相邻方块木纹方向垂直
4	斜方块纹地板		将用小木条拼成的方块按45°倾斜铺订，并与四周板块木条方向垂直
5	拼花地板镶边		拼花地板倘在拼花纹时尺寸稍有出入，可在镶边处适当调整

基层做法根据铺设方式不同有实铺式、空铺式、粘贴式三种。实铺式主要用于混凝土垫层上或楼板内预埋锚固件固定在木搁栅上的楼地面；空铺式主要用于建筑物的首层地面，用于地面

下有设备管道维修，需有敷设空间；粘贴式不用搁栅，直接用胶粘剂将板条粘在基层上，构造做法详见表 5-5。

基层铺设方式具体构造做法　　　　表 5-5

序号	类别	名称	简　图	说　明
1	空铺木地板	有地垄墙空铺木地板	1—墙身；2—砖基础；3—通风洞；4—搁栅；5—沿缘木；6—防潮层；7—地垄墙；8—碎砖三合土	由地垄墙、沿缘木、搁栅、木板面层和剪刀撑等组成，搁栅间距 400mm，地垄墙间距 1800mm
2	空铺木地板	无地垄墙空铺木地板	1—墙身；2—搁栅；3—沿缘木；4—碎砖三合土；5—墙基；6—大放脚；7—木地板；8—踢脚板	搁栅支承在墙身错台上的沿缘木上，搁栅中间加剪刀撑或水平撑撑牢，地面上满铺碎砖三合土，防止基础潮气上升
3	空铺木地板	有砖墩空铺木地板	1—墙身；2—搁栅；3—沿缘木；4—碎砖三合土；5—墙脚；6—大放脚；7—砖墩	与地垄墙空铺木地板的差别是用砖墩代替地垄墙，搁置搁栅，即搁栅的一端在墙身上，另一端在砖沿缘木上

续表

序号	类别	名称	简　图	说　明
4	实铺木地板			在夯实的素土上铺碎石一层，上层浇筑 70～100mm 厚混凝土，铺油毡一道，安设搁栅，中距 400mm，并用石灰煤屑等填平

实铺式木质板楼地面构造做法用于地面或楼面做法，而空铺式木质板楼地面构造做法，由于用木料较多，只有在必须的情况下方可选用。粘贴式木质板楼地面构造做法与前两者相比，节省木料，成本低，施工方便，维修容易，外观效果相同，虽弹性稍差，但选用这种做法的工程日趋增多。当然，采用何种方式铺设，选择何种面层，还应根据施工对象、设计要求、经济条件等因素决定。目前，常用的铺设方法有六种：

（1）直接粘结法；

（2）悬浮铺设法；

（3）不用胶接悬浮铺设法；

（4）毛地板垫底法；

（5）龙骨铺设法；

（6）龙骨毛地板铺设法。

实铺式木质地板面和粘贴式木质地面，采用的施工方法是直接粘结法。对于复合木地板和强化木地板采用的是悬浮铺设法。凡是能采用以上两种铺设方法的地面均能采用毛地板垫底法铺设。空铺式木质地板采用的是龙骨铺设法，体育馆的比赛场地木地板的铺设采用龙骨毛地板铺设法。

1　空铺式木地板楼地面

（1）构造作法

空铺式木质板地面主要由地垄墙、压沿木、搁栅、面层等层次构成。具体构造与做法见图 5-25。

（2）料具准备

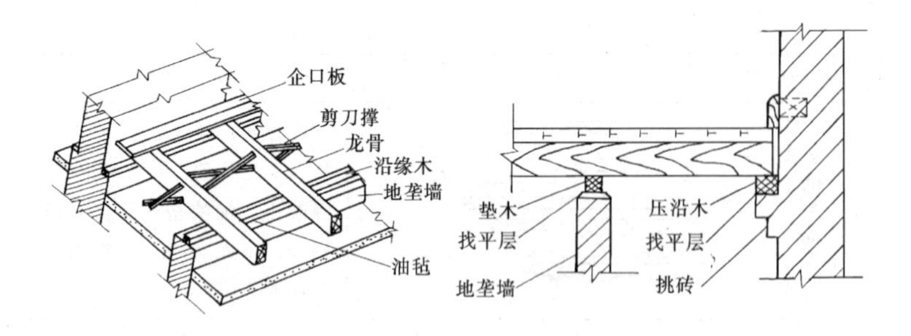

图 5-25　空铺式木质板楼地面构造

1）主要材料

木地板：常用的有长条木地板，拼花木地板两种。长条木地板宜用红松、云杉，或用耐磨、不易腐朽、不易变形开裂的木材制成。顶面应刨平，侧面带企口，厚度一致，并符合设计要求，每块板宽不大于 120mm。拼花木地板采用的树种应按设计要求选用。无设计要求时，应用核挑木、柞木等质地优良，不易腐朽、开裂的木材制成，一般为企口，其长、宽、厚均应符合设计要求。

毛地板：用不易腐朽、不易变形开裂的木材制成，如松木板、杉木板等，其宽度不大于 120mm，厚度按设计要求确定。

木搁栅：俗称木龙骨，一般用红松、白桦按设计要求干燥、加工。空铺和木搁栅一般用 50mm × 70mm 的方木、50mm × 50mm 的方木。

压沿木：一般用红松、白松，或按设计要求选择树种，尺寸为 100mm × 50mm 方木。

踢脚板：宽度、厚度按设计要求，板后应开槽。

圆钉、扒钉、镀锌钢丝、木楔、防潮纸、氟化钠或其他防腐材料，金属篦子。

木地板背面、踢脚板背面应满涂防腐材料。毛地板、木搁栅、压沿木等木质材料，均应满涂防腐材料。

2）常用机具

小电锯、小电刨、平刨、压刨、台钻、手枪钻、刨地板机、磨地板机、手锯、手刨、单线刨、斧子、锤子、冲子、挠子、凿子、改锥、撬棍、方尺、割角尺、墨斗等。

3）作业条件

①外墙按设计要求留置通风口，内侧留置挑砖。

②室内湿作业基本完成。

③外门窗和玻璃安装完毕。

④墙面上弹出50cm标准水平线，弹好木地板地坪的水平线。

⑤木地板下各种管线已安装完。

⑥房心回填土分层夯实符合要求。

⑦灰土垫层要求均匀密实。

（3）施工工艺及操作要点

1）工艺流程

铺垫木→安装木搁栅→安装剪刀撑→钉毛地板→铺防潮纸→铺钉木地板→刨头→打磨→油漆、上蜡→检验合格。

2）操作要求

①铺设垫木（压沿木）

垫木是承受搁栅传下来的荷载又将传到墙体上，其规格按设计要求。如采用原木时必须将上下削成平面。多数采用方木100mm×50mm，并满涂防腐剂。

垫木铺设：垫木通长搁置在地垄墙和挑砖的中心，用预埋的双8号钢丝绑扎拧紧。固定点间距宜300～400mm。

垫木接长：垫土需要接长时采取平接，接头的两端在150mm之内，分别予以绑牢，以免接头松动。

垫木铺设后应调平、稳固，标高符合要求。

②铺钉木搁栅（木龙骨）

木搁栅用方木50mm×70mm，满涂防腐剂，与地垄墙垂直方向铺设，间距为400mm。在垫木上面弹出搁栅的中心线，在木搁栅的端头上也划出搁栅的中心线，从墙的一边开始向对边摆放，将搁栅摆正居中，距墙面应留出不小于30mm的缝隙。接头必须在垫木的中心，两侧面用木板固定。板长不少于600mm。板厚不少于 25mm，用 3 颗钉子钉牢。

如室内有壁炉或烟囱穿过时，搁栅不得与其直接接触，应相隔一定距离，并填充隔热、防火材料。

严格控制木搁栅（龙骨）标高和表面平整度，宜用水准仪检查，也可根据 50cm 标准线进行检查。注意木搁栅表面标高与门扇下沿及其他地面标高的关系，用 2m 靠尺检查，偏差不大于 3mm。如偏差过大，宜用木垫块垫平或采取刨平的方法。

木搁栅找平之后，用 4 英寸的圆钉从搁栅的两侧中部斜向与垫木（压沿木）钉牢，达到平稳牢固。脚踩无松动，使间距、标高和平整度都符合要求。

③加钉剪刀撑（横撑、卡档龙骨）

在木搁栅之间加钉剪刀撑能保证木搁栅的侧向稳定，增加整体性，增强整个地面的刚度，而且对它的翘曲变形起到一定的约束作用。

剪刀撑用 50mm×50mm 方木，可用毛料，中距 800mm，对齐在一直线上，并低于搁栅上表面 10～20mm，端面锯平，与搁栅侧面贴紧密合，每端两侧各用圆钉长 63～75mm，从中部与搁栅斜向钉牢，为了防止搁栅侧向移动，钉时宜在对面将搁栅临时顶紧。

剪刀撑钉完，将地垄墙之间的碎砖、砂浆、刨花、碎木料等杂物彻底清理干净。

④钉毛地板

采用经防腐处理后的毛地板，一般尺寸为宽 120～150mm，厚 25mm 左右，钉时毛地板在搁栅顶面与搁栅成 30°～45°角铺钉，若面层板为人字形或斜铺方块时，毛地板应与搁栅相垂直铺钉。铺钉时，接头应设在搁栅上，错缝相接。每块板的接头外留 2～3mm 的缝隙，毛地板间应留缝隙，一般为 2～3mm。铺至墙面时，不允许顶墙铺钉，应留出 10～20mm 的间隙。铺钉过程中，应随时检查牢固程度。以脚踏无松动、无响声为好，钉完后，用直尺检查，同一表面的水平度与平整度应达到规定标准。对不平处或垫或刨，直至达到规定标准。

铺设防潮油纸或油毡。干铺地搭接的宽度不得少于 100mm。

⑤铺钉木地板

从墙的一边铺钉起，靠墙的一块板应离墙 10～20mm，以后逐块紧排，用5cm 铁钉从长条板凸榫上肩斜向钉入毛地板，钉帽应打扁，冲入木内（图 5-26）。

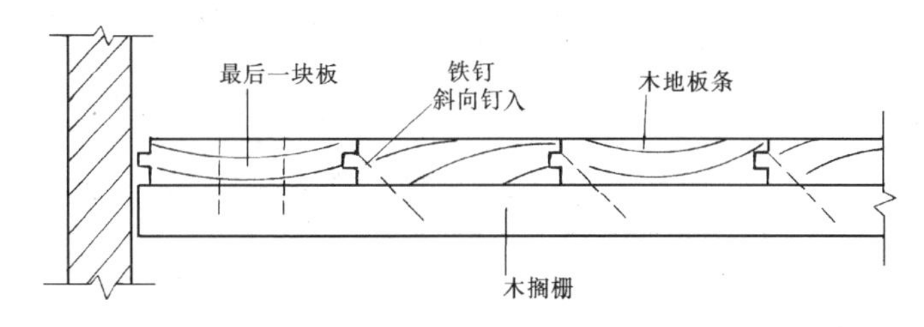

图 5-26　木地板面层铺钉

为使缝隙严密顺直，一般在铺钉的板条近处钉铁扒钉，在扒钉与板之间夹一对硬木楔。通过打紧硬木楔使木板条排紧，钉到最后一块板时，可用明钉钉牢。钉帽应打扁，冲入板内不露面。

长条木地板的接头，一般要在木搁栅中心线上，若无毛地板层，则接头必须在木搁栅上。接头应相互错缝，不允许出现两块板接头在一同位置上。

长条木地板若为单层铺钉，则木板条直接铺钉在木搁栅上，木搁栅间距一般为 400mm，铺钉方法与双层铺相同。排紧用的扒钉，则钉在木搁栅上，用硬木楔打紧木板条。墙与板的间隙和板与板间的缝隙与双层铺钉要求相同。

长条木地板铺完后，应测水平度。按顺木纹方向刨平、刨光。刨时，应随时用直尺测平整度，然后用打磨机打磨。打磨时，应顺木纹方向打磨，直至木地板磨光。清除粉屑后，可进行油漆、打蜡工序。长条木地板若是已漆好的板条，则省去刨平以后的各工序。

⑥毛地板上铺钉拼花地板

在毛地板上铺钉拼花木地板多采用企口接缝，其面层构造见图 5-27。

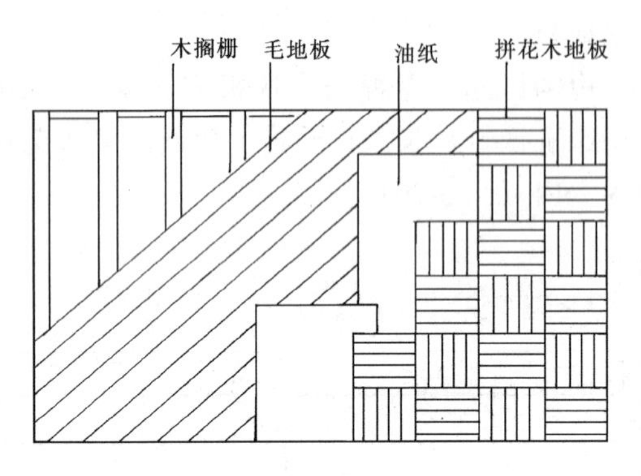

图 5-27 毛地板的拼花木地板

拼花木地板有多种拼花图案，常采用正方、斜方、人字等形式。铺设时，需设置镶边。

铺设正方形拼花地板，应在毛地板中心点弹十字线。根据拼花木板条的尺寸，将其拼为方块，按房间将尺寸和拼花方块的尺寸计算方块数。计算出的方块若为单数，地板中心线与拼花方块中心重合；若为双数，则十字线中心与中间四块拼花方块的拼缝重合。计算后进行预排，预排中确定拼花地板镶边宽度（镶边宽度一般在 300mm 左右）。

根据预排结果弹出分档施工控制线和镶边线，并在拼花方块地板边沿长向接通线，钉木标准条。按标准条钉一行方块地板作为标准，当正式钉完第一行方块地板后，标准条起掉。

第一行方块地板钉好后，套方，检查尺寸、施工控制线，无误后由房间中心开始向四周铺钉。毛地板上需要设一层防潮纸，铺钉时，应边铺设防潮纸边铺钉拼花地板。每铺钉一方块应套方检查一次，每铺钉完一行应弹直线检查，并与控制线核对，发现错误及时修正。

铺钉拼花地板时，用 5cm 铁钉两只从拼花木板条侧边斜向钉入毛地板中（可预先在地板条侧钻出斜孔），钉帽打扁，冲入木内不露出，当木板条长度大于300mm时，需钉三只铁钉。

拼花地板的镶边，可用长条地板沿墙铺钉，也可先用长条木地板镶边，再用短条木地板铺钉，注意纵横镶边宽度差不应超过100mm。

当对称的两边镶边宽窄不一致时，可将镶边加宽或做横镶边。纵横向镶边宽窄相差小于一个拼花方块，大于半个拼花方块时，可不一致处理，见图5-28。

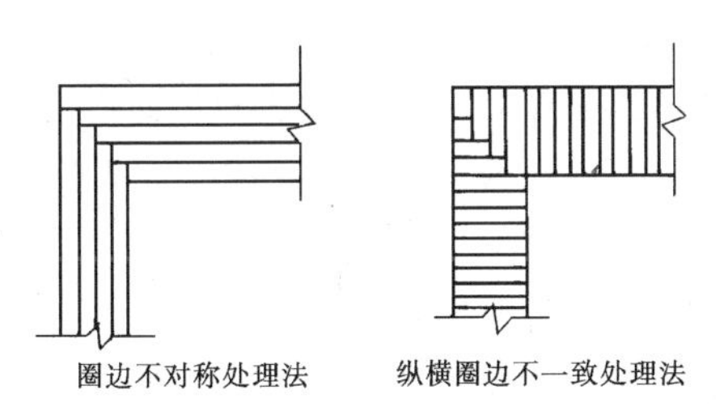

图 5-28 拼花木地板镶边处理法

铺设斜方和人字形拼花地板，应在毛地板中心点上弹十字线，按中心线以45°斜线铺两档拼花板条作标准，以此标准档距向两边逐档弹施工控制线，见图5-29。

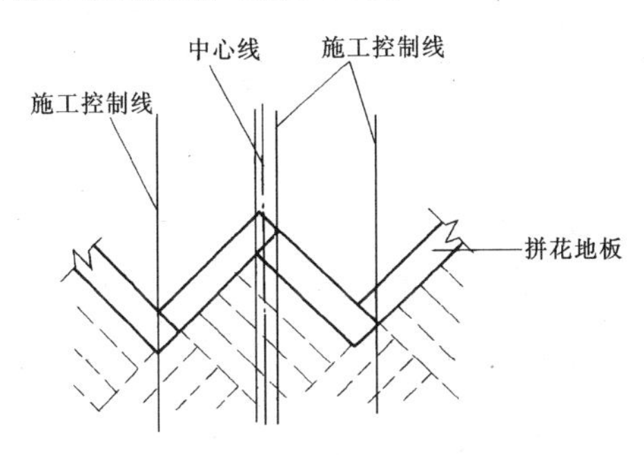

图 5-29 拼花木地板施工控制线

弹施工控制线的同时，确定镶边位置，并弹线，斜方和人字形拼花地板镶边纵横应一致。

弹线后，从中心线开始，边铺设防潮纸边铺钉斜方和人字形拼花地板。铺设方法同正方形拼花地板。

当铺钉至镶边处时，斜方、人字形拼花地板应全部预铺，以确定与镶边接触处的具体尺寸，根据预铺确定的具体尺寸，将地板条裁割成所需要的长度和角度，然后铺钉。地板收头时，由最短一条开始铺钉，逐条变长，交错咬合，至最后一个板条做成四面无榫，用胶平接后，用明钉固定。

拼花木地板铺钉结束后，宜用转速为5000r/min以上的刨地板机与木纹成45°角斜刨。刨时不宜走快，停机时，应先将电刨提起，再关开关，避免刨速太慢破坏地板面层。刨平后，检查平整度，用打磨机与木纹成45°角斜磨打光，清除完粉屑，进行油漆、打蜡工序。

(4) 质量通病产生原因及预防

空铺式木板面层常见的质量通病是:脚踏有响声、表面不平、板缝不严、踢脚板出墙厚度不一等,其产生原因及预防见表5-6。

空铺式木板面层常见质量通病产生原因及预防　　表5-6

质量通病	产生原因	预防
脚踏有响声	搁栅未垫平、垫实	铺设搁栅时，注意检测，不平处应用调平垫木垫实
	搁栅绑扎不牢固	绑扎搁栅时，搁栅应放平，钢丝应在搁栅上皮刻出凹槽
	搁栅间距较大	搁栅间距一般为400mm，居室铺钉间距一般在250～300mm，铺钉时掌握好间距要求
	木地板弹性较大	选长条木地板应注意弹性一致，若板弹性较大，可缩小搁栅间距
	铺毛地板时未注意随检牢固度	铺钉毛地板时，应随铺随检牢固度，以脚踏无松动，无响声为准
木板面层不平	木搁栅铺设后未找平	搁栅铺设中应随铺随找平，铺完后再次找平
	毛地板铺钉后未找平	毛地板铺钉后应仔细找平
	地板条厚度不一致	铺设地板条前，应对地板条进行检查，不合规格的应剔除
地板缝不严、不齐	铺钉时接口处未插严	铺钉企口木地板条应插严，用扒钉与硬木楔打紧，不允许直接击打板条
	铺钉时，铁钉不是45°或60°角钉入，没有挤压作用	铁钉的角度应为45°或60°钉入，钉帽应冲入板内，并从凸榫上肩处斜向钉入

铺设空铺式木板面层，应十分注意防腐工序，所有垫木、搁栅、剪刀撑、毛地板等都应认真满涂防腐剂。

铺设空铺木质板面层，对通风孔洞应十分注意，每道工序完结，都应对通风孔加以检查，避免施工中遗忘、堵塞，保证空气的对流，延长木板使用年限。

2. 实铺式木质板楼地面

（1）构造作法（图 5-30、表 5-7）

实铺式木质板楼地面做法 **表 5-7**

构造层	地面（mm）	楼面（mm）	说明（mm）
油饰	油漆	油漆	1. 厚度要求： 地面厚度：305～327 楼面厚度：110～112 2. 设计时应考虑板下通风，并在施工图中绘制通风篦子位置及大样 3. 预留铁鼻子应刷防锈涂料 4. 做油毡防潮层时底层均刷冷底子油一道 5. 隔声层如采用其他材料，可在施工图中注明
面层	50×20 长条硬木企口地板	50×20 长条硬木企口楼板（背面刷氟化钠防腐剂）	
	100×25 长条松木企口地板（背面刷氟化钠防腐剂）	100×25 长条松木企口楼板（背面刷氟化钠防腐剂）	
	50×20 硬木长条或席纹拼花，人字拼花地板 22 厚松木条地板（背面刷氟化钠防腐剂）45°斜铺，上铺油毡纸一层	50×20 长条硬木企口或席纹拼花，人字拼花楼板 22 厚松木毛地板（背面刷氟化钠防腐剂）45°斜铺，上铺油毡纸一层	
木龙骨	50×70 木龙骨 400 中距（架空 20 用木垫与木龙骨钉牢，垫块 400 中距）用 10 号镀锌钢丝两根与铁鼻子绑牢，50×50 横撑 800 中距（龙骨、垫块、横撑满涂防腐剂）	50×70 木龙骨中距 400（架空 20 高，用木垫块垫平中距 400），10 号镀锌钢丝两根与铁鼻子绑牢，50×50 横撑中距 800（均满涂防腐剂），中填 40 厚干炉渣隔声层	
预埋件	50 厚 C15 混凝土基层随打随抹平并在混凝土内预留 Ω 形 $\phi 6$ 铁鼻子，行距 400，环距 800	板缝内先放通长 $\phi 6$ 钢筋，绑扎 $\phi 6$ _⊓_ 形铁鼻子（400 中距）灌注 C20 细石混凝土楼板	
防潮层	防潮层		
找平层	40 厚 1:2:4 细石混凝土随打随抹平		
垫层	100 厚 3:7 灰土（上皮标高与管沟板上皮标高平）		
基土、楼板	素土夯实	钢筋混凝土楼板	

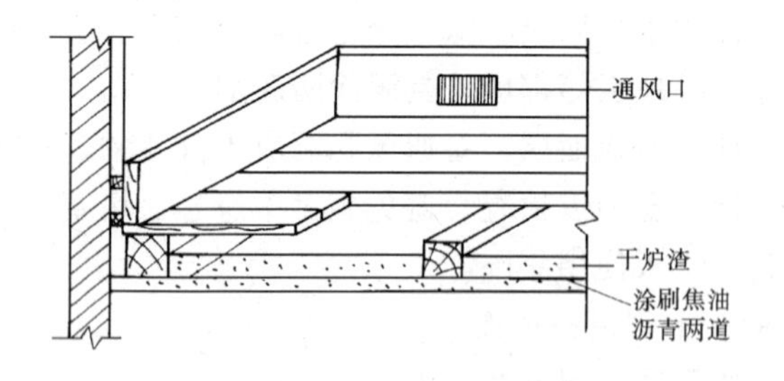

图 5-30 实铺式木地板构造

(2) 料具准备

1) 主要材料

木搁栅（龙骨、横撑）：一般采用红白松经过干燥处理，规格按设计要求加工，顶面刨平，并满刷防腐剂。

毛地板：采用不易腐朽、不易变形开裂的松木或杉木板，其宽度不大于120mm，厚度按设计要求，不同地区对木材的含水率要求见表5-8。

木地板含水率限值 **表 5-8**

地区类别	包括地区	面层板含水率（%）	毛地板含水率（%）
Ⅰ	包头、兰州以西的西北地区和西藏自治区	10	12
Ⅱ	徐州、郑州、西安及其以北的华北地区和东北地区	12	15
Ⅲ	徐州、郑州、西安以南的中南、华东和西南地区	15	18

硬木地板：硬木拼花地板及硬木条形地板多选用水曲柳、柞木、枫木、柚木和榆木等。加工时顶面刨平，底面开槽防止板的开裂和变形，侧面开企口或截口便于板与板的连接。同一批树种、花纹及颜色力求一致，规格按设计要求，木材须经烘干，含水率按表5-8要求。木地板进场后存放在干燥能通风的室内，如码放室外时，底部应架空，并加以覆盖，避免日晒雨淋，防止扭曲变形。且库房内设置消防器材。

其他材料：防潮纸、氟化钠、镀锌钢丝、圆钉子、镀锌木螺钉、预埋锚固体、隔声材料、金属篦子等。

2) 常用机具

小电锯、小电刨、平刨、压刨、台钻、手枪钻、刨地板机、磨地板机、手锯、手刨、单线刨、斧子、锤子、铳子、挠子、凿子、改锥、撬棍、方尺、割角尺、墨斗等。

3）作业条件

①木地板不宜在潮湿的室内作业。室内湿作业已做完，抹灰达到八成干。与木地板相邻的地面若是湿作业时，应先安排湿作业施工。

②外门窗及玻璃安装好。

③墙面弹出50cm水平标准线（俗称50线）。测量出木地板标高，保证室内地坪、走道、门口处标高一致。房间面积大，应设置水平基准点，标志出木搁栅（龙骨）顶面的标高。

④埋好锚固件，根据设计要求常选用预埋“⏌⎍⎿”形铁件法、预埋钢丝法和预埋“L”形螺栓法，如图5-31所示。选用其中的一种。

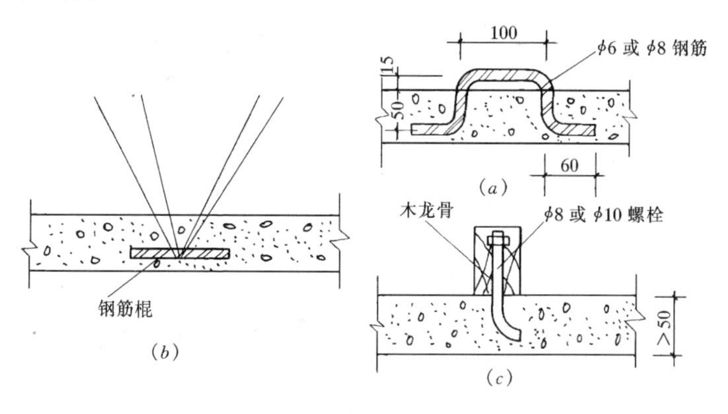

图 5-31　预埋锚固件

（a）预埋“⏌⎍⎿”形铁件法；（b）预埋钢丝法；（c）预埋“L”形螺栓法

预埋“⏌⎍⎿”形铁件法：现浇混凝土楼板或首层地面混凝土施工时，按纵横方向预埋 ϕ6 或 ϕ8 “⏌⎍⎿”形钢筋弯成直角，见图5-31（a），俗称“铁鼻子”，其间距为横向不大于400mm，纵向不大于800mm，在混凝土初凝前埋入，埋入深度不小于50mm，外露不小于15mm。如为预制楼板，则按上述方法顺板缝预埋。若混凝土楼板较宽，可在板面避开小肋凿洞按间距要求加设一至数行，洞内埋入“⎍”形铁件并用细石混凝土使其稳定。

预埋钢丝法：在楼层和首层的混凝土垫层或细石混凝土找平层中，可预埋“⎍”形铁件，又可预埋钢丝，采用10号或12号镀锌钢丝绑扎在钢筋棍上卧牢，其间距与“⎍”形铁件同。如预制楼板上无混凝土垫层或细石混凝土找平层时，可埋入楼板缝中。板宽超过900mm，在板中增加锚固点，在楼板面上避开小肋位置凿一小孔，用钢丝绑扎$\phi 6$的钢筋棍，伸入孔内卡住。

预埋“L”形螺栓法，预埋件用$\phi 8$或$\phi 10$的L形螺栓，埋入混凝土深度不小于50mm，埋入间距和方法与“⎍”形铁件同。

埋设木砖：砖墙面，在四周墙根部，预埋刷防腐剂的竖向木砖，间距400mm，便于安装踢脚板。

⑤挑选地板条：条形地板和拼花地板在铺设之前必须经过认真挑选。将地板条上有节疤、劈裂、腐朽、扭曲等缺陷的剔除。对于宽窄不一，企口不符合要求的应经加工修理后再用。

拼花地板，经挑选后事先预拼、找方、钻孔，即在上肩钻斜孔两个，板长大于300mm的钻孔一个，孔径为钉径0.7~0.8倍。

长条地板经过挑选，事先做好企口榫或铁皮接头假榫，成捆绑好待用。

木地板铺设前应抽样检测含水率，了解木材干燥程度，根据含水率大小调整板缝宽度，以利于保证工程质量。

⑥地板下暗装的照明、音响等管线，安装完毕应经过调试，在封面层板之前，必须验收合格。

(3) 施工工艺及操作要点

1) 工艺流程：基层清理→涂刷防潮层→弹线、找平→检查预埋件或其他固定连接件→安装木搁栅→铺填充料→钉毛地板→铺钉木地板→刨光、找磨→油漆、上蜡→检验合格。

2) 操作要求

①安装木搁栅

木搁栅主要起固定与承托面层的作用，因此要求固定牢固，标高和平整度符合标准，在使用前经防腐处理，其规格和间距按设计要求。

一般间距：木搁栅有单层和双层之分，单层木搁栅间距为400mm，双层搁栅下层为800mm，上层为400mm。

铺设方向：木搁栅的铺设方向应考虑面层板的铺设方法。如单层条形地板，在房间内搁栅应垂直阳光方向铺设，在走廊、过道等部位搁栅应垂直行走方向，这样便于条形面层板的铺设。

控制标高：根据墙面、柱面50cm水平标准线，找出搁栅顶面标高，特别注意门口处的标高、室内与走道的标高以及不同面层地面的标高。可在立面上弹出水平线，也可设置水平标桩以及拉线进行控制等。大面积房间如体育馆采用“方格网”法，在方格的交叉点处设置水平标高的标志，用以控制搁栅顶面标高与标志水平。

铺钉顺序：先从墙的一边开始，逐步向对边铺设，应严格掌握标高、间距及平整度，搁栅与墙之间留出30mm左右的缝隙，架在“⎍”形埋件上，用双股$\phi 8 \sim \phi 12$号钢丝与之绑牢，捆绑处将搁栅上皮刻成$10mm \times 10mm$的凹槽，钢丝扣拧在搁栅的侧面，使其表面保持平整。

搁栅接长：搁栅需要接长时，采用平头对接，两侧用木夹板钉牢。夹板长度不小于60mm，厚度不小于25mm，每面钉钉3个，钉长3英寸，亦可用6mm厚的扁铁双面钉合。接头应互相错档，以免削弱搁栅的受力性能。

搁栅调平、搁栅绑好后，表面按要求的标高找平，不平处用撬棍将搁栅往上撬起予以调平，并在搁栅与基层混凝土间的架空部分靠近钢丝捆绑处，在两边加木垫块，调至搁栅上平为止。木垫块必须用经过防腐处理的整料，顶部要平整，宽度不小于40mm，长度不小于搁栅宽度的1.5倍，在两边均匀探出搁栅外不少于30mm，木垫块两端与搁栅用3英寸钉子斜钉，防止移动和变形，不允许用木楔、薄木片多层垫平。

预埋螺栓法：根据螺栓位置，先在搁栅上钻孔，将搁栅套在螺栓上，在螺栓两侧用木垫块将搁栅按标高垫平，然后在搁栅顶面加铁垫将螺母拧紧，用大杠检查表面平整。若为双层搁栅，上下层搁栅应相互垂直铺设。在下层铺钉合格后，按照标高的标志将上层搁栅用3英寸木螺钉逐根与下层搁栅拧牢。搁栅接长和木垫块的调平与预埋“⺋⺊”铁件法相同。

预埋钢丝法：用预埋的钢丝将搁栅绑扎牢固，绑扎时用力要适度，防止钢丝折断，绑扎方法参见“⺋⺊”铁件钢丝的绑扎。

搁栅铺钉符合要求后加钉横撑或剪刀撑。

②钉横撑（剪刀撑）

在搁栅之间加钉的横撑又称卡档龙骨，可用毛料，主要是加强搁栅的整体性，避免搁栅用久松动。

横撑与搁栅相垂直设置，一般用50mm×50mm方木，中距为800mm，对齐在一直线上，其顶面应低于搁栅顶面10～20mm，两端锯平各用一颗3英寸钉子与搁栅侧面斜向钉牢，斜向钉子不易拔出。钉时在对方将搁栅临时顶紧，防止移动。

如为双层木搁栅，其横撑也按上述方法钉在下层搁栅间。

搁栅、横撑铺钉完，要认真进行脚踩检查，如未发现响声、空洞不实处，并经隐蔽验收合格后，方可进行下道工序。

刻通风槽：为保证地板下通风，设计有要求时，沿搁栅长向不大于1m处刻一通风槽，槽宽20mm，槽深不大于10mm，在搁栅表面用锯、凿子逐根刻出。槽位在同一直线上，严禁剔槽过深，损伤搁栅。

③铺隔声层

首先清除搁栅之间的刨花、垃圾等杂物。在搁栅与搁栅之间的空腔内，填充一些干炉渣、矿棉毡、珍珠岩、加气混凝土块等，具体材料按设计要求。这样可以减少人在地板上行走时所产生的空鼓声，因此称隔声层。

隔声材料应经干燥处理，铺设厚度要比搁栅顶面低20mm以上，铺放均匀，疏密一致。

填充隔声材料时，对搁栅的绑扎钢丝要注意保护，对撒落在搁栅顶面的隔声材料要注意清扫干净。

隔声材料铺好后，注意检查地板下的敷设线路，经过调试验收合格，开始铺钉面层地板。面层板分单层和双层两种，下面分别叙述其施工方法。

④铺钉单层地板

单层地板即单层长条地板，选用便于加工、不易变形、不易开裂的木材如松木、杉木等。其宽度不宜大于120mm。

铺钉方向：单层长条地板与搁栅相垂直用圆钉固定在搁栅上。铺钉方向如图5-32所示，室内房间应顺着光线铺设；对于走廊、过道等部位则沿着行走方向铺设，这样视觉舒适，便于施工，且经久耐用。

图5-32 长条地板铺设方向

心材朝上：在铺钉条形地板时，注意使木地板的心材朝上，这样对于保证地板的平整度和耐久性等有显著效果，见图5-33所示。如心材朝下则地板容易翘曲。

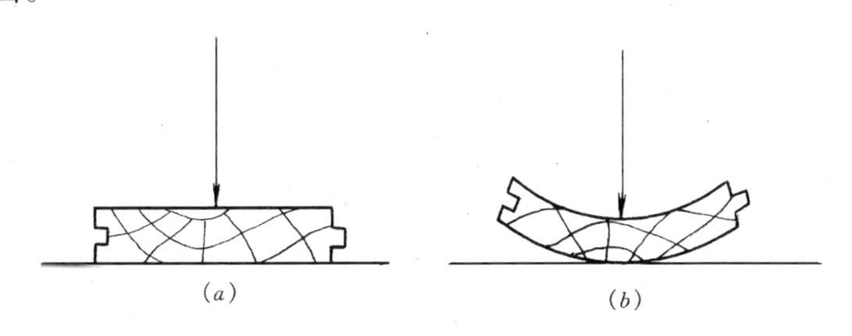

图5-33 木板心材应向上

(a)心材朝上；(b)心材朝下

用钉固定：采用明钉和暗钉两种钉法。明钉，先将钉帽砸扁，将圆钉斜向钉入板内，同一行的钉帽应在同一条直线上，并将钉帽冲入板内 3 ~ 5mm；暗钉也要先将钉帽砸扁，从企口板的凸榫上肩斜向钉入与搁栅结合，明钉和暗钉斜向入木，钉子不易从木板中拔出，使地板坚固耐用。如果钉子直向入木则钉子容易拔出，导致木地板松动。企口木板应用暗钉固定，不得用明钉。

铺钉顺序：长条地板从靠门口较近的一边开始铺钉，靠墙的一块板膨胀鼓起，地板条在每根搁栅上钉一颗钉子，钉长为板厚 2 ~ 2.5 倍，钉帽砸扁，进入板内。

挑选地板条：随铺随挑选地板条，对于宽窄不一，企口不符合要求的经修理再用。地板条有顺弯应刨直，有死弯的应从死弯处截断适当修理后再用。涂刷清漆的地板，还应挑选木板的颜色和木纹。

地板条依次铺钉，为使拼缝严密，可用扒钉加木楔挤紧（图 5-34）。每钉 600 ~ 800mm 宽度要弹线找直，然后再往前铺钉。

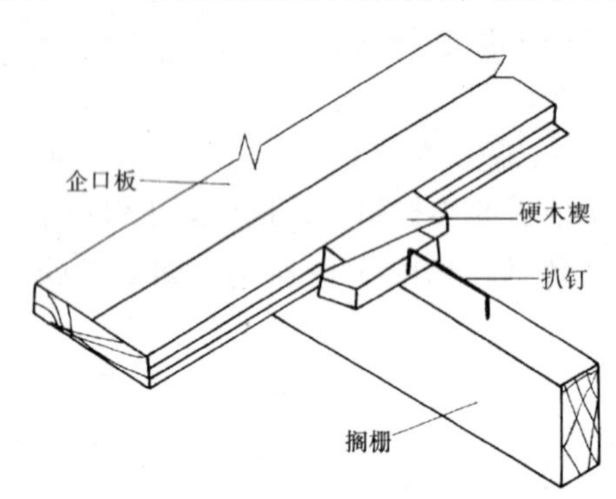

图 5-34　企口板拧紧方法

地板接头：长条地板的接头必须在搁栅中心线上，并应互相错档。不得有两块板的接头在同一位置拼列。

为铺至剩余 1m 左右空档时，根据板宽核对用板数量，为使板宽均匀，可将板条适当刨窄。剩最后一块用无榫地板条，加胶平接以明钉固定。

木地板铺完应及时覆盖、刨平磨光上油或烫蜡，以免“拔缝”变形。

⑤铺钉双层地板

双层地板即一层毛地板加一层条形地板或拼花地板。构造层次如图 5-35 示意。

铺钉毛地板：毛地板采用松木、杉木等易于加工的木料，可用纯棱料，宽度不宜大于 120mm，在搁栅上满铺一层，板面要平，板缝拉开不须严密。

铺钉方向：当面层采用条形或硬木拼花席纹地板时，毛地板与搁栅槽 30°或 45°斜向铺设（图 5-35），接头锯成相应斜口，如面层为人字形或斜铺方块时，毛地板应与搁栅相垂直铺设，这样避免上下两层同缝，增加地板的整体性。

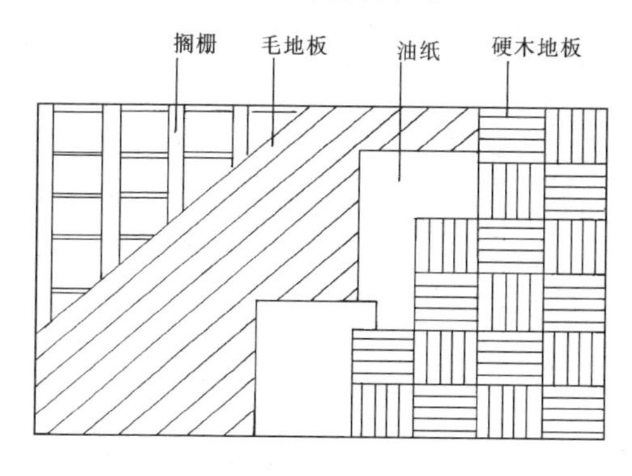

图 5-35　构造层次示意

为了防止毛地板翘鼓，使木板的心材（髓心）向上（图 5-33）进行铺设。

留置缝隙：毛地板之间不得紧靠，应留置缝隙，缝宽 2～3mm。毛地板接头必须在搁栅上不得悬挑，接头缝留 2～3mm，毛地板四周离墙 10～20mm，不得直接顶墙。留缝宽度可根据毛地板的含水率大小作适当调整，为其伸缩变形留有余地。

用钉固定：毛地板与搁栅用圆钉固定，钉长为板厚的 2～2.5 倍，每块毛地板在搁栅处钉 1 个钉子，接头错开，在接头处每端必须用 2 个钉子钉牢。铺钉时要边钉边检查，用脚踩无松动无响声时再继续进行。

毛地板铺钉完，用直尺找平，凸出部位刨平。大面积毛地板钉好后，弹出3m×3m方格网，用水准仪找平，在方格网的交叉点处标出正负误差值，同时用直尺和塞尺检查，将凸出部位刨平。最后将毛地板上的刨花、碎木料等杂物清理干净，经检查验收合格，方可铺钉上层木板。

铺设防潮层：在完工的毛地板上干铺一层沥青油纸（或油毡），通称防潮层，其作用是防止潮气浸蚀和避免使用中发生声响，是否设置防潮层依照设计要求。

防潮层（卷材）搭接宽度不得少于100mm。

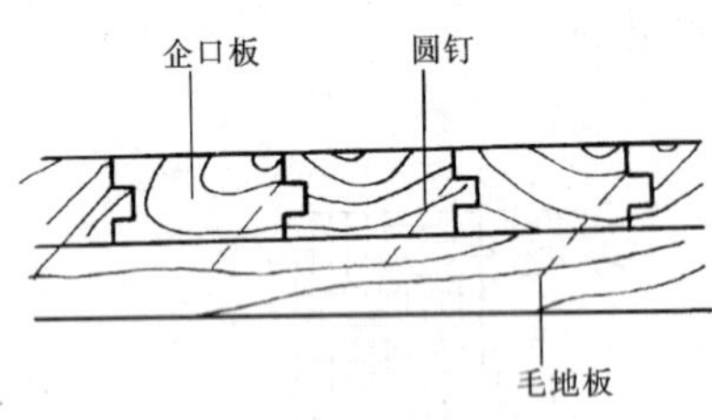

图 5-36 企口地板铺钉

⑥铺钉双层长条地板

双层长条地板是将条形地板直接固定在毛地板上，通长采用企口板，用圆钉固定，钉长为板厚2~2.5倍，在企口板的一侧斜向钉入，与毛地板结合牢固。如图5-36所示。其施工方法同上述单层长条地板。

⑦铺设拼花地板

拼花木板面层通常采用水曲柳、核桃木、柞木、柳木等质地优良、不易腐朽开裂的木材做成，接缝可采用企口、截口、平口形式（图5-37）。

由于企口接缝紧密，不易翘曲，防尘和防漏效果好，适合采

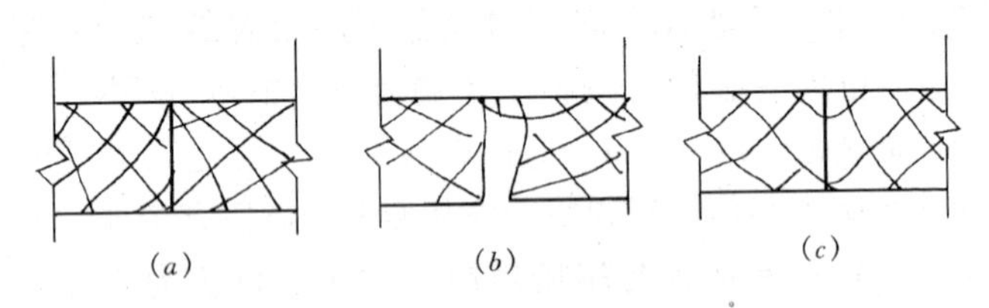

图 5-37 拼花木板接缝

(a) 企口接缝；(b) 截口接缝；(c) 平口接缝

用暗钉的钉法。因此在实际工程中，使用企口缝最为普遍。为了使企口缝拼连紧密，企口板凸榫的下口尺寸应比凹榫小 1～2mm（图 5-38）。

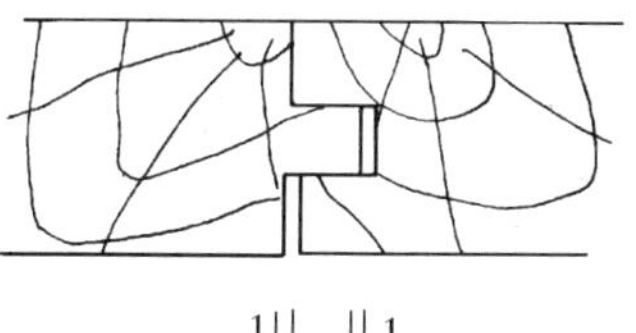

图 5-38　企口缝做法

拼花木地板用较短的木板条。通过不同方向组合创造出多种拼花图案，常用的图案有正方格形、斜方格形、人字形。方格形又称席纹形。四周均设置镶边（图 5-39）。

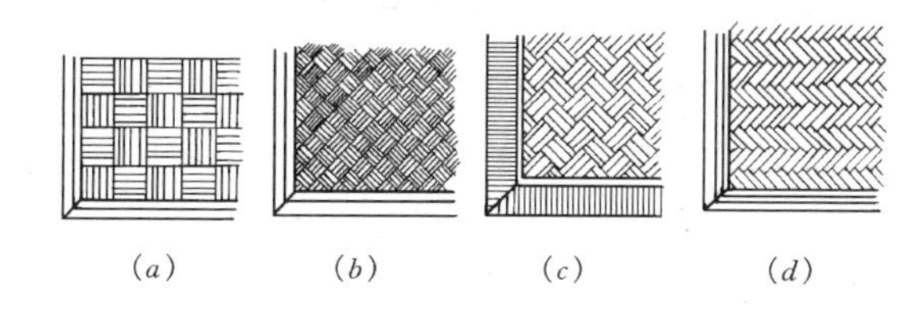

（a）　（b）　（c）　（d）

图 5-39　拼花木板面层图案
（a）正方格形；（b）斜方格形；
（c）斜人字形；（d）人字形

a. 正方格形（席纹）地板铺设：正方格形地板构造包括搁栅、毛地板、防潮层、拼花地板（图 5-35），下述铺设方法。

弹线：将毛地板表面清扫干净，在毛地板上弹出十字线并找方。按设计要求确定镶边（圈边）宽度，宽度一般 200～300mm，纵横镶边宽度差不得超过 100mm，否则会影响美观。

计算方块数量，先钉一行作标准：根据放线的实际尺寸和方块地板的具体尺寸，计算出所用方块地板的数量，必要时调整镶边宽度。块数如为单数，地板中心线与方块中心重合；如为双数，十字线的中心则与中间四块的拼缝相吻合。

铺钉时先从地板中间开始，在方块地板边上沿长向拉通线钉出标准木条，视需要铺防潮纸，按标准条先钉出一行通长的方块地板作为标准。铺钉时，若地板条长度不大于 300mm，每一地板条用 2 颗 2 英寸钉子钉在毛地板上。地板条长度超过 300mm 时，用钉数量适当增加。铺钉时应注意拼成的每一方块的总宽度必须和地板条的长度相等，并且每块方块都要用方尺套方。

第一行方块地板钉好后，将标准木条起掉，然后由房间中心向四周依次铺钉，边铺防潮层边钉地板条。每钉一方块应用方尺套方一次，发现偏差立即修整，防止误差累计。钉完一行还必须弹细墨直线修整一次，然后按顺序向四周铺钉，最后镶边见图 5-39（*a*）。

b. 斜铺主格（席纹）地板：斜铺方格地板按 45°方向斜铺而成（图 5-39*b*）。斜铺方格时，先在地板中间弹出十字线，有镶边的同时弹出镶边线。然后在十字线的中点弹出 45°斜线作为铺钉的依据。计算好方块数量，使相应的边角块大小一致。

注意地板的收头做法：当斜铺方格地板钉至镶边时，每条地板条应根据实际尺寸锯成准确长度，并做成一端有榫一端无榫。用细锯断料，由最短一条开始铺钉，逐条变长，交错咬合，至最后一条地板条做成四面无榫，加胶平接用明钉固定。

其余铺钉方法与正铺方格地板相同。

c. 人字形地板铺设：人字形地板铺设方法及镶边见图 5-39（*c*）、（*d*）。首先弹出地板的十字线并找方，再弹出镶边位置线，镶边宽度四周必须一致，以便铺钉。在中心线两边铺上防潮层，再将地板条按 45°角斜铺两档作为标准，然后按同样档距向两边逐档弹线，边铺油毡（纸）边钉人字地板。

人字地板档距可按试铺决定，也可按三角形原理算出。斜度为 45°角时，档距 = 地板条长度 × 0.707，要求每条地板条的长度和宽度都必须一致，按弹线进行铺设。

紧靠镶边处的地板条，先全部预铺，然后按镶边位置弹线，将地板条截割成所需长度，再铺钉严密。

d. 铺钉镶边：地板镶边又称圈边，其形式有两种（图5-39）。一种是全部用长条地板沿墙方向铺钉；另一种是靠拼花地板边缘先铺 1～2 条长条地板，然后用短地板横向即垂直墙面铺钉。镶边宽度周边最好一致，如不同宽度，相差不得大于100mm，否则影响美观。

⑧地板刨光

木地板铺钉完要进行刨平和刨光，刨去的厚度不宜大于1.5mm，并无刨痕。先粗刨，再净面，随后磨光。

粗刨：宜采用地板机转速在5000r/min以上，长条地板顺木纹刨，拼花地板与木纹成45°角斜刨。刨口要细、吃刀要浅，刨刀行速要均匀不宜太快，多走几遍，分层刨平。地板机不用时先提起再关闭，防止慢速啃咬地板面。机器刨不到的地方要用手工刨。边刨边用直尺检测，控制表面平整。

净面：刨平之后，用细刨净面，注意消除板面的刨痕、戗槎和毛刺。

磨光：净面之后采用磨地板机磨光。所用的砂布应先粗后细、砂布要绷平绷紧。长条地板要顺着木纹磨，拼花地板要与木纹成45°斜向磨光。要按着顺序进行，不要乱磨，也不要随意停留，必须停留时应先停转。有磨不到的部位要用人工磨光。

局部有戗槎难以磨光时，可用扁铲剔掉，再用相同树种木纹近似地加胶镶补，然后刨平刨光。

3. 粘贴式木质板楼地面

（1）构造做法见表5-9、表5-10、表5-11。

粘贴式平口拼花木板地面构造作法　　表5-9

构造	厚度（mm）	做　　法（mm）	说明
面层	225～229 275～279	油漆	面层铺法由设计人定并在施工图中示明
		粘贴10～14厚硬木平口席纹拼花地板（木地板背面刷薄薄一层XY401胶粘剂，然后与水泥地面粘贴）	
找平层		20厚1:2.5水泥砂浆找平层50厚C10混凝土	
防潮层		防潮层	

续表

构造	厚度（mm）	做　　法（mm）	说明
找平层		40厚1:2:4细石混凝土随打随抹平	面层铺法由设计人定并在施工图中示明
垫层		(1) 100厚3:7灰土（上皮标高与管沟板上皮标高平）	
		(2) 150厚卵石灌M2.5混合砂浆（上皮标高与管沟板上皮标高平）	
基土		素土夯实	

注：1. 木地板胶粘剂可选用经过技术鉴定的其他胶粘剂。
2. 防潮层可选"一毡二油"，或水乳型橡胶沥青一布二涂。选用"一毡二油"防潮层时，应在底层刷冷底子油一道。

粘贴式企口拼花木板地面构造与做法　　　表5-10

构造	厚度（mm）	做　　法（mm）	说明
面层	231~235 281~285	油漆	木地板胶粘剂可选用经过技术鉴定的其他胶粘剂
		粘贴16~20厚硬木企口席纹拼花地板（木地板背面刷薄薄一层XY401胶粘剂，然后与水泥地面粘贴）	
找平层		20厚1:2.5水泥砂浆找平层50厚C10混凝土	
防潮层		防潮层	木地板胶粘剂可选用经过技术鉴定的其他胶粘剂
找平层		40厚1:2:4细石混凝土随打随抹平	
垫层		(1) 100厚3:7灰土（上皮标高与管沟板上皮标高平）	
		(2) 150厚卵石灌M2.5混合砂浆（上皮标高与管沟板上皮标高平）	
基土		素土夯实	

粘贴式拼花木板楼面构造与做法　　　表5-11

构造	厚度	做　　法（mm）	说明
油漆		油漆	木地板胶粘剂可选取用经过技术鉴定的其他胶粘剂
面层		(1) 粘贴10~14厚硬木平口席纹拼花地板楼面（木地板背面刷薄薄一层XY401胶粘剂，然后与水泥楼面粘贴）	

续表

构造	厚度	做　　法（mm）	说明
面层		（2）粘贴16～20厚硬木企口席纹拼花地板楼面（木地板背面刷薄薄一层XY401胶粘剂，然后与水泥楼面粘贴）	木地板胶粘剂可选取用经过技术鉴定的其他胶粘剂
找平层		20厚1:2.5水泥砂浆找平层	
垫层		（1）56～60厚，或76～80厚1:6水泥焦渣垫层	
		（2）50～54厚，或70～74厚1:6水泥焦渣垫层	
楼　　板		钢筋混凝土楼板	

（2）料具准备

1）主要材料：地板条多用柞木、核桃木等材质坚硬、耐磨、耐腐、不易变形的木材加工，板条一般加工成企口、截口或平口见图5-40。

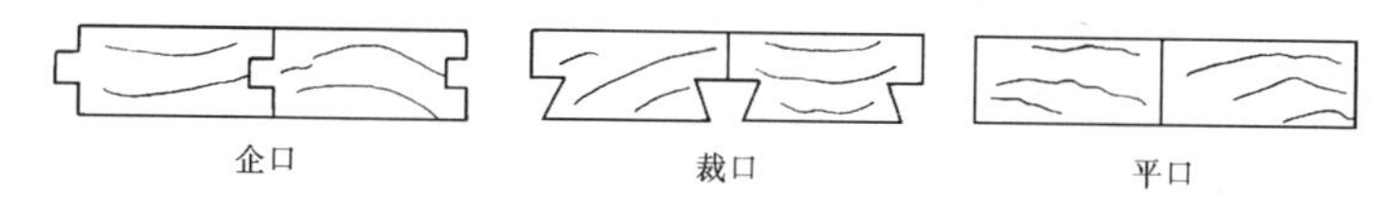

图5-40　木地板条接缝

板条一般长125～240mm，宽35～50mm，厚10～20mm，板条的含水率根据当地环境不同而定。

粘结剂：常用XY401、沥青胶结料，也可选用经过技术鉴定，有产品合格证的产品。但施工前，应通过试验确定其粘结性能。对超过生产期三个月的产品，施工前应取样检验，合格后方可使用。过保质期的产品，不得使用。

2）常用工具：准备木工作业所用的机具，见实铺式木质板楼地面的施工准备中的相关内容。准备粘贴工具，如橡皮刮板、橡皮锤、盛胶粘剂用的大、小桶等。

3）作业条件：

①外门窗及玻璃安装完。

②室内湿作业已经完，墙面抹灰达到八成干。

③水暖、电气管线安装完。

④按 50cm 标准线弹出踢脚板上口水平线，以此控制地板标高。

⑤砖墙面预埋好防腐木砖，便于安装踢脚板。

⑥对进场的地板条进行挑选，有节疤、翘裂、腐朽，规格不一，色差较大的挑出，经加工后备用，并预拼合缝找方。

⑦做样板间，检验铺贴质量。若发现木板含水率过大，或者胶粘剂粘结性能差，必须予以更换。

⑧操作温度宜在 5℃以上，具体温度要求视粘结材料来定。

(3) 施工工艺及操作要点

1) 施工工艺

基层清理→设标高、弹线→粘贴木板条→刨平、刨光→磨光→油漆、打蜡→检查合格。

2) 操作要求

粘贴式木板面层施工，应在吊顶、内墙面施工结束，门窗、玻璃全部安装完，水、电、暖等管道安装结束后进行。

①基层清理：将表面灰尘、油污、落灰等杂物清理干净。用 2m 靠尺和楔形塞尺检查基层表面，偏差值不得大于 3mm。对超差的部位，高的要铲平，低的应用 108 胶水泥砂浆补平。清理、检查基面后，用软布擦拭表面，并晾干。基面施工前的含水率不得大于 8%。

②按房间净尺寸弹十字中心线，并根据设计拼花形式，弹 45°斜交线。

根据拼花木板条规格将其拼为方块，按房间净尺寸和拼花方块尺寸计算方块数，并以此确定圈边宽度。在方格形拼花图案计算时，若拼花方块数为单数，则地板中心线与拼花方块中心重合；若板块数为双数，则地板中心线与中间四块拼花方块的拼缝重合。根据计算结果，弹出分档施工控制线和圈边线，圈边线一般为 300mm。

铺粘木板块，一般从房间中心控制线向四周铺粘，最后铺粘圈边。根据采用的胶粘剂不同，采用不同的涂刷方式。使用 401

胶粘剂时，应在基面和地板条背面同时涂刷胶料，待手摸不粘，但又能有点粘性时，即可按控制线铺粘。粘后可用橡胶锤轻轻击打。使用沥青胶结料时，应先在基面上刷一层冷底子油，然后用沥青胶结料在基面和地板条背面同时涂刷胶料，厚度宜在2~3mm，随涂刷随铺粘。

③粘贴地板条，板缝应严密，缝隙不宜大于0.3mm，接缝高低差不大于1mm，随铺随检。对溢出的胶粘剂，应随手清理干净。对截口缝的地板条，铺粘时，要在侧边槽口中加嵌榫。一般尺寸木地板加两只嵌榫，当地板条长度大于300mm时，则应加三只嵌榫。铺粘至圈边，应根据圈边弹线，预铺最后一方，根据具体尺寸和角度，截割木板条，然后再铺粘。圈边的铺粘方法与板条相同。圈边与墙之间应留10~20mm的间隙。

④铺粘完工，待胶粘剂达到规定强度后，进行刨平、刨光、磨光，最后进行油漆、打蜡工序。刨光时，应用转速为5000r/min以上的刨地板机与木纹成45°角斜刨。刨时不宜走得太快，停机时，应先将刨机提起，再关开关。刨平后，应仔细检查平整度。检查合格，方可用地板打磨机磨光。所用砂布应先粗后细，磨光机与木纹成45°角斜磨打光。

⑤面层磨光后，清除表面的粉屑，进行油漆、上蜡工序。油漆、上蜡方法与实铺式木板面层相同。

(4) 质量控制

粘贴式木板面层施工常见的质量通病是空鼓、脱落、拼花不规矩、表面不平等。其产生原因及预防见表5-12。

粘贴式木板面层常见的质量通病产生原因及预防　　表5-12

质量通病	产生原因	预　　防
面层空鼓	1. 基层潮湿，含水率高	1. 清理基面时，软布清擦可轻沾水，但施工前必须晾干，对基层面的含水率应控制在8%以下
	2. 基层面未清理干净，表面有杂质、油污、灰尘	2. 清理基面应仔细对油污处理干净，表面杂质、灰尘应仔细清理，并用软布清擦表面

续表

质量通病	产生原因	预　　防
面层空鼓	3. 基层强度不足、松散	3. 对局部松散处应挖去，清理干净后，用108胶水泥砂浆填补。施工前应对基层强度进行检查，强度不够时，不得施工
板条脱落	1. 胶粘剂质量差，或胶粘剂过期变质	1. 施工前，应检查胶粘剂的粘结性能，对过期的胶粘剂不得使用
	2. 粘结施工技术不熟练，时间掌握不好	2. 操作人员应熟练掌握粘结技术，对使用的胶粘剂性能应了解全面，切实掌握好涂刷与粘贴的时间
	3. 木板条含水率过大，铺贴后干缩变形脱落	3. 选用优质木材，其含水率应按地区要求严格控制，超过限值的木板条不得使用
拼花不规矩、板缝不严	1. 未严格按施工控制线进行施工	1. 施工中遵守操作规程，严格按施工控制线施工
	2. 施工中未及时规方	2. 施工操作过程应有监督，以保证操作规程严格执行
	3. 板条粘贴中缝隙不一致，拼铺时板条之间未排紧	3. 粘贴板条时，应排紧板条
拼花木板面层不平	1. 基层面不平、未检查、未修平	1. 基层面检查应仔细，用量具测平，不平处应及时修整
	2. 拼花板材厚度不均	2. 选用优质拼花板，粘贴前应对板材进行挑选
	3. 涂刷层厚度不一	3. 油漆施工前，复检表面平整度，腻子补后应磨平，熟练掌握涂刷技术

4. 活动地板

活动地板具有耐磨、耐污染、耐老化、可防潮、阻燃和导静电等特点。它是以特制的平压刨花板为基材，表面饰以装饰板，配以金属横梁、橡胶垫和可调节高度的金属支架组装的架空地板，在水泥类基层上铺设，适用于要求防尘和导静电的专业用房地面。如计算机房、广播电视用房等洁净房间。

（1）活动地板构成如图 5-41

（2）料具准备

1）主要材料：活动地板的面板品种较多，有抗静电面板和不抗静电面板两种。面板的材质也有多种，常见的有铝合金框基板表面贴塑料面、全塑料地板、高压刨花板基表面贴塑料面等。

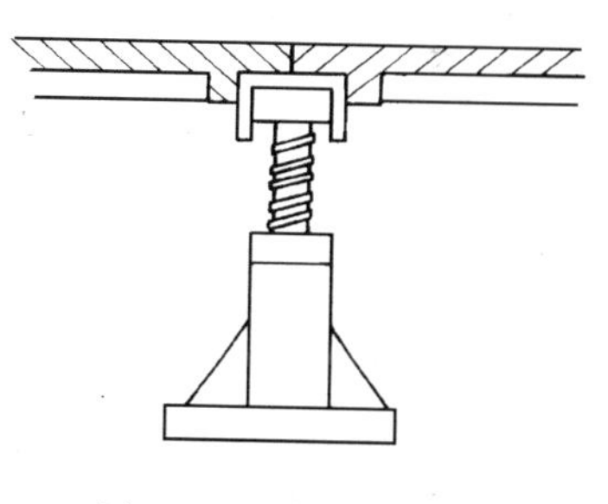

图 5-41 活动地板构成

2）作业条件：

①按房间平面尺寸、设备位置、板块模数预先加工标准地板和异形地板块，预先加工金属骨架。

②架空层的立面、平面应平整、光洁、不起尘，安装前清扫干净。

③室内其他工程项目已做完，无交叉作业。

④超过地板承载力的设备进入房间预定位置，架空层内的管线和导线已敷设完毕。

⑤在墙面上弹出地板标高的控制线。在架空层平面按板块尺寸弹线形成方格网，标注支座、板块的安装位置。

安装骨架：根据架空层底面的弹线，在方格网交点处安装金属（铝合金）支座及横梁，并转动支座螺杆，用水平尺调整每个支座顶面的高度，待所有支座、横梁构成骨架后，再用水准仪抄平，使骨架的标高符合要求，金属支座的固定应灌注环氧树脂或采用膨胀螺栓连接牢固。

在横梁上铺放缓冲胶条，采用乳胶与横梁粘合。

安装板块：铺设活动地板块，先检查敷设的管线、导线，符合要求后进行。根据板块形状，按预先设计的位置，在骨架上有次序地安装。板块与墙接缝处，可采用木条或泡沫塑料镶嵌。

地板块安装完清理干净，并保护好成品。

（3）施工工艺及操作要点

1）拉水平线：按活动地板高度线减去活动地板厚度后的高度为标准点拉水平线，再用水柱找点法，将此标准点画在各个墙面上。在这些标准点上打钉拉线，拉线的位置按地面弹出的墨线方格安装。

2）在地面弹线方格网的十字交点固定支座。固定方法是通常在地面打孔埋入膨胀螺栓，然后用膨胀螺栓把支座固定在地面上。

3）调整支座顶面高度至室内要求的水平，调整时松开支座顶面活动部分的锁紧螺钉或螺母，把支座顶面调高或调低，使顶面与拉出的水平线一平，然后再锁紧顶面活动部分。

4）将地板支承行条放在两支座之间（图 5-42），再用平头螺钉与支座顶面固定，也有的行条与支座顶面连接是由定位销卡定（图 5-43）。

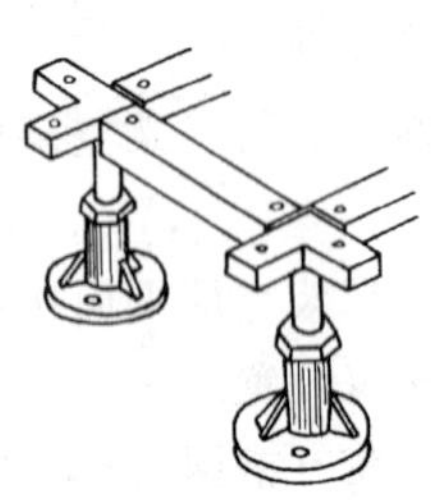

图 5-42　行条与支座的连接

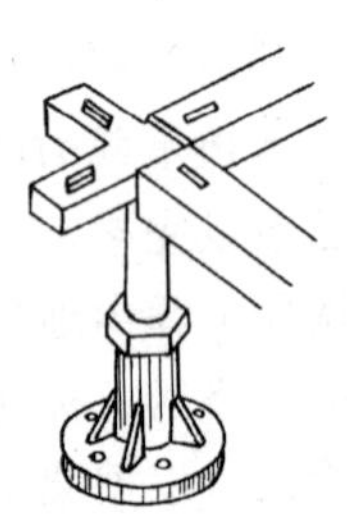

图 5-43　行条与支座顶面的固定

5）在组装好的行条框架上，放活动地板面板，并调整板块的缝隙，因为活动地板块或多或少存在着尺寸误差，应该将尺寸准确的地板块放在室内中间的主要部位，而将尺寸误差较大的地板放在次要的墙边部分或设置在桌子柜子下边。

6）地板块铺贴后，应避免重物放在板上拖拉，重物与地板的接触面不能太小，如物体与地板接触面小而重量大则应在接触面处加木板垫衬。如重物引起的集中载荷使地板块产生变形时，应在受力处增加支座架来支承。

地板块如有局部被玷污，可用汽油、酒精或洗涤剂擦洗干净，并涂擦地板蜡。

(4) 质量要求

1) 活动地板块排列整齐、洁净、无损伤。

2) 活动地板块铺设稳固，行走无松动，无响声。

3) 允许偏差，表面平整，用2m直尺检查空隙不大于2mm，相邻板块间缝隙不大于0.3mm，相邻板面高低差不大于0.4mm，板块与墙面间缝隙不大于3mm。

5. 强化木地板楼地面

强化木地板（学名浸渍纸饰面层压木质地板）是目前较为流行的一种复合木地板，其特点是：木纹清晰、回归自然，安装方便、清洁维护方便，防腐、防虫、环保、耐磨、防潮、阻燃等。多用于商场、居室。

复合木地板分为两大类，即强化木地板和实木复合木地板。其各自包括的主要品种有：强化木地板包括中、高密度板为基材的强化木地板和刨花板为基材的强化木地板；实木复合地板包括三层实木复合地板、多层实木复合地板和细木工复合地板。

(1) 构造做法（图5-44、图5-45）。

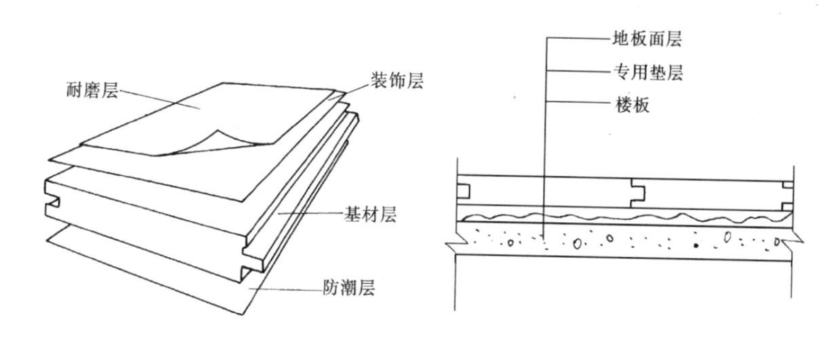

图5-44 强化木地板面层构造　　图5-45 强化木地板地面一般构造

(2) 材料准备

强化木地板、专用胶粘剂、专用木楔、专用木块、薄型泡沫塑料毡或毛毡、无纺布、专用金属压条。强化木地板直接由厂家设计生产，产品适用不同场合。按欧州标准ENI13329规定：强化木地板分为家庭和公用两大类，6个等级，其等级标准和适用场合见表5-13。

强化木地板等级和适用场合　　表5-13

类　别	等　级	适　用　场　合
家庭类	家庭类轻级	卧室等不经常活动的场合
	家庭类中级	非频繁活动区
	家庭类重级	客厅、门口或儿童活动区
公用类	公用类轻级	非开放式办公室
	公用类中级	教室、开放式办公室、图书馆等
	公用类重级	商场、运动场所等

强化木地板国家质量标准（GB/T 18102—2000）规定的主要质量指标见表5-14。

强化木地板质量指标　　表5-14

检验项目	单　位	标　准
吸水厚度膨胀率	%	<10
表面耐磨	转	≥6000
甲醛释放量	mg/100g	≤40
密度	g/cm^3	≥0.8
含水率		3.0%~10.0%
静曲强度	MPa	≥30
表面耐香烟灼烧	—	无黑斑、裂纹、鼓泡
表面耐污染腐蚀	—	无污染、腐蚀
表面耐划痕	N	≥2.0无整圈划痕

（3）施工工艺及操作要点

1）施工工艺

基层清理→铺衬垫层→板面试铺→正式铺设→踢脚板安装→检验合格。

2）操作要点

一般由专业施工队伍进行施工。

①基层清理：将基层面上的杂质清理干净，测量基面平整度，对不平处用108胶水泥砂浆找平。清理干净后，基面应晾干，对底层场所可加做防潮层，居室中可用塑料膜加做一层防潮。

②铺设垫层：一般用泡沫塑料毡作垫层，铺设方向与地板条铺设方向垂直。

③试铺板面：把第一块板的凹槽面靠墙摆放，板与墙之间用专用木楔塞住（每块板用两个木楔），板墙之间留有10mm的间隙。第一块板的方位应按设计方向确定，无设计要求时，木板的纹路进门为顺直方向为好。方位检查无误后，再将第二块板的凹槽接第一块板的凸槽，依次接至墙边。靠墙不足一块整板时，应将整板一端靠墙，用木楔留出10mm间隙，与已排好的前一块板的凸榫相对平行放置，用角尺在整板上画线，顺线用锯将其锯断，然后放入最后一块的空间中。预铺两排后，调整各板块位置，检查合格之后，进行正式铺设。

④正式铺设：用厂家提供的专用胶粘剂，涂于板块纵横两边凸榫上端面。涂胶时，应将凸榫上端面边满涂，不允许出现断涂。随后，将地板的凹槽与前一块板的凸榫相接。用专用木块和铁锤将铺好的板面打紧，挤出的胶液应随手用刮刀和软布擦净。铺粘板块的接缝应错缝。安装至每行的最后一块板时，应用专用拉钩，敲击拉钩上的凸块将板挤紧（图5-46）。

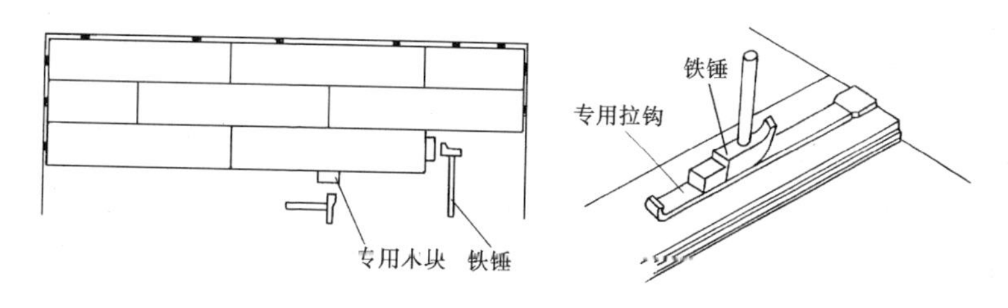

图5-46 专用工具挤紧木地板

铺粘中遇到管道时，则需在管道处将地板条开出管道槽。开口槽的尺寸应大于管道10mm。锯下的板条余料，按管道形状再锯割，然后填补在管道槽缺口处。铺粘至地板的收口处，应用黄铜压条或专用压条封边，地板条在金属压条内也应有 10mm 间隙。相通房间若地板铺设方向相互垂直，则应在门口处加压条，压条间也应留 10mm 间隙。

强化木地板用踢脚板多为定型产品，有木质活络板、悬挂板，还有用 PVC 制的仿木纹板等，可根据设计需要选用，并按其安装说明书进行安装。

整个房间铺粘完工 24h，胶粘剂干固后，拔除四周的木楔塞，使整个房间木板地面与墙面留有 10mm 间隙。间隙中不得填塞任何物体，间隙用踢脚板遮盖。注意：踢脚板下口不得与地板面粘连，地板收口处，与金属压条的搭接见图 5-47。胶粘剂干固后，即可使用。

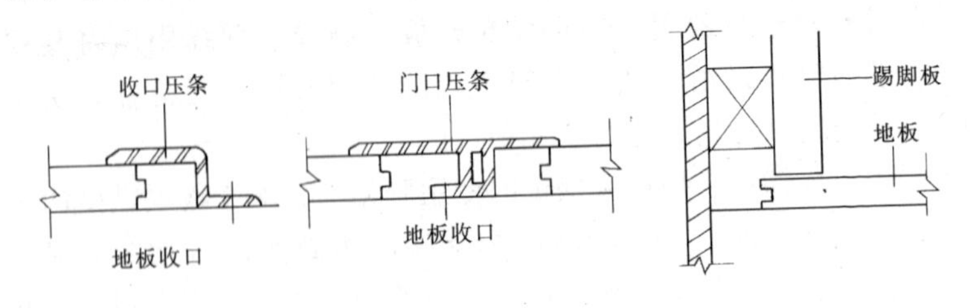

图 5-47　踢脚板安装与地板收口

6. 复合木地板楼地面

复合木地板又称层压木地板，是近年来常见的新型铺地装饰材料。该复合木地板的铺贴安装方法与普通木地板的安装有所不同，在此将其主要安装方法介绍如下：

(1) 施工准备

该地板施工需用的安装工具很简单，只需木工锯、钢凿、角尺、木尺、手锤、钳子和木工铅笔。施工所用的辅助材料为自制木楔和专用胶。

在铺贴安装前应仔细检查室内每扇门与地面间的空隙是否足以铺设地板，空隙一般应为 12 ~ 15mm。如空隙不够，需将门扇的下边刨去一定厚度，以确保地板安装后门扇启闭自如。另外需检查地面和墙角是否渗水的情况，如有就必须彻底进行防水处理。

(2) 铺贴安装工艺

为了提高复合木地板的弹性和防水性，复合木地板产品本身带有薄型泡沫塑料底垫。铺贴的第一道工序是在房间内满铺底垫，两底垫的对缝可用封箱胶带封闭（图 5-48）。

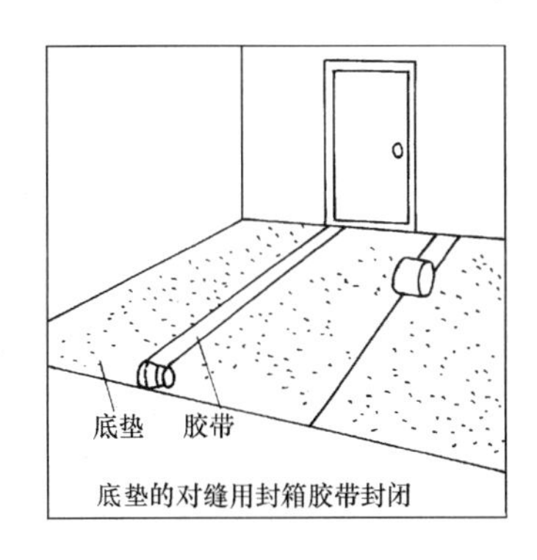

图 5-48 铺底垫

地板的铺贴方向应与底垫展开方向成直角。铺贴第一行时，需把复合木地板的带槽的一边朝墙摆放，木地板与墙间用木楔块留出 10mm 的伸缩缝。第一块板的位置必须准确，必要时可在垫层上画线（图 5-49）。安装第二块木块板时，应将第二块板的端头槽与第一块板的端尾榫接插，依次类推，直至墙边。安装紧靠墙的一块板时，取一块整板，一端靠墙，并用木楔留出 10mm 空隙，与已摆放好的前一块板并行放置，然后用角尺在该板上画线，再顺线用锯截断（图 5-50），最后平转 180°，用端头槽与上一块板的尾榫接插。截下部分的长度如大于 40cm，则可用于第二行的行尾块。而第二行的首块，紧靠第一行的尾块。即每行按之形首尾相靠（图 5-51）。

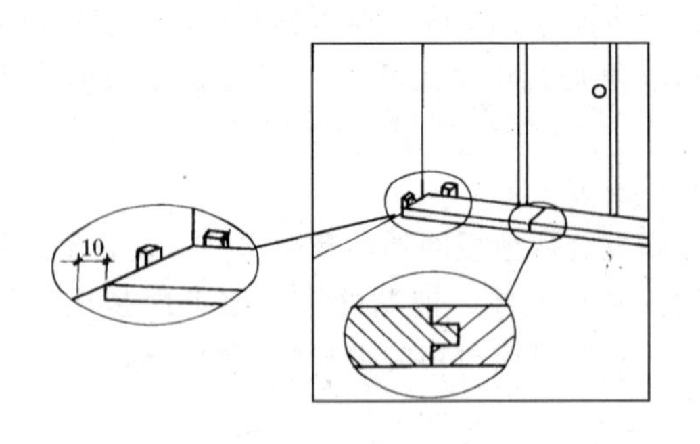

图 5-49 第一行铺贴方法

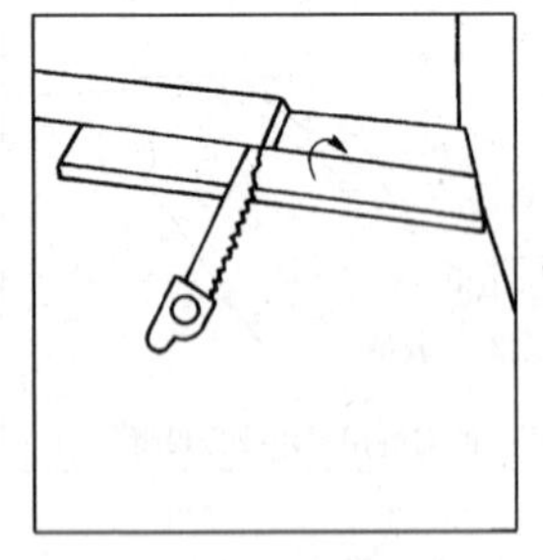

图 5-50 每行尾端施工方法

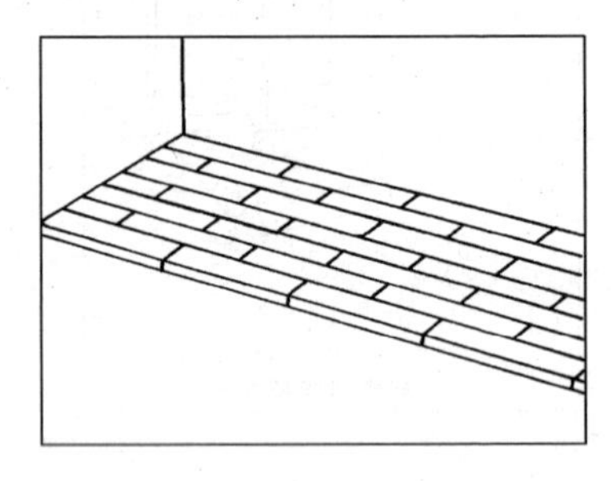

图 5-51 每行的首尾安排方法

前两行的位置调整好后即可开始涂胶拼装。将复合木地板专用胶水均匀地涂于板的纵向和横向的榫头侧边，如同打玻璃胶，然后用锤子和木块将已铺地板条挤紧（如图5-51），并将挤出的胶液立即用湿布擦干净。

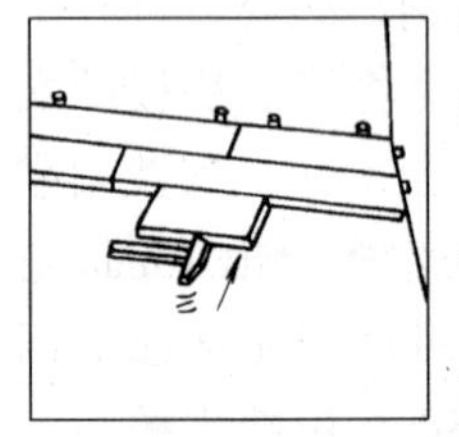

图 5-52 打紧木地板

一个房间内最后一行地板的安装方法如下：取一块整板放在已拼装好的前一排地板上，上下对齐，再另取一块整板置于其上，长边靠墙，然后沿上板边缘，在下板面上画线，再顺线锯断，即获所需宽度的地板，涂胶后插接好，再用木楔将最后一块地板挤紧。

复合木地板安装完毕，静放 2h 后方可撤除木楔块，并安装踢脚板。踢脚板的厚度应以能压住复合木地板的 10mm 伸缩缝为准。通常的厚度为15mm。

二、塑料地板工艺

目前，塑料地板种类较多，在室内装饰工程中常用的有块状塑料地板、活动塑料地板和装饰纸涂塑地面等。

1. 料具准备

（1）主要材料

1）地板材料

①聚氯乙烯塑料地板：块状塑料是以聚氯乙烯树脂为基料，加入适量的增塑剂、稳定剂、填充料，经压制而成，具有耐磨、耐燃、美观、施工简单等特点。

对已进场的塑料地块，要进行施工前的检查，检查地板长与宽的尺寸，其误差值应在±0.4mm以内。用直角尺检查地板的直角度，其误差应小于0.4mm（直角尺边与地板边的间隙）。用千分卡尺测量地板的厚度误差，其误差应在±0.3mm以内。然后再抽检地板块的色差，即将几个包装中抽出的地板块放在一起，无明显颜色差别的为合格。

②塑料活动地板材料：塑料活动地板材料是由可调支架、行条骨架和面板组成。首先要检查活动地板的配件是否齐全，再检查面板基层与面层是否有脱离现象，然后检查面板的尺寸规格情况。

③涂塑地面材料：涂塑地面材料有木纹纸或图案纸，贴纸用的108胶水、乙丁涂料或氯甲涂料。

2）常用塑料地板胶粘剂

①溶剂型氯丁橡胶胶液；

②309万能胶；

③JY—7型双组分橡胶粘剂；

④聚醋酸乙烯胶粘剂；

⑤405聚氨酯胶粘剂；

⑥立时得胶；

⑦环氧树脂胶。

所有胶粘剂在使用前必须经过检查，看其是否有干结变稠现象。如有变稠现象最好不用，如要用应先用稀释剂调配，充分搅拌后再用。对双组分粘结剂要先将各组分分别搅拌均匀，再按规定配比准确称量，然后将两组分混合，再次拌匀后方可使用。胶粘剂不使用时切勿打开桶盖，以防溶剂挥发影响质量。

（2）常用机具

锯齿形涂胶刀：是涂胶粘剂的专用工具，锯齿的尺寸由涂胶量决定（图 5-53）。

画线器：用于曲线形塑料板裁切用，是一根金属杆，中间开槽以固定划针，划针离前端的距离可以调节（图 5-54）。

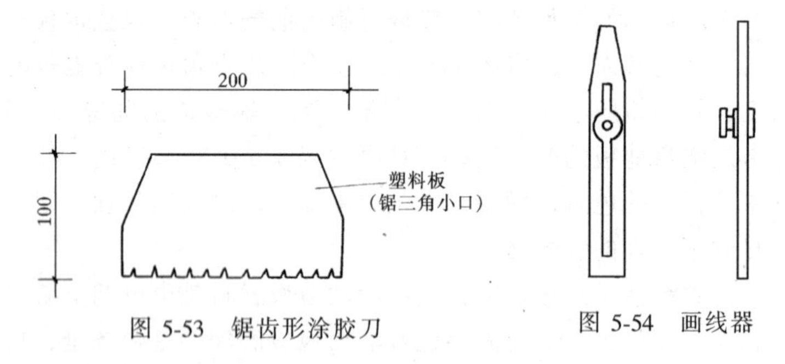

图 5-53　锯齿形涂胶刀

图 5-54　画线器

橡胶辊筒：用于滚压地面面层用。

墙纸刀：用于切割裁边塑料地板之用。

2. 施工工艺及操作要点

（1）施工工艺

基层处理→弹线、分格、定位→铺贴板面→检验合格。

（2）操作要点

1）基层处理

塑料地板铺贴前应对地面进行处理，要求基层面平整、结实，有足够强度且表面干燥。如基层不平整、砂浆强度不足、表面有油迹、灰尘、砂子等粒状物，或者表面含水率过高，均会影响到塑料地板的粘结强度和铺贴质量，产生各种质量弊病。最常见的质量问题是地板起壳、翘边、鼓泡、剥落及不平整。如地面有灰粒和砂子，会将铺好的地板顶出一个个小突点，局部受力后会变白。

检查含水率的方法可在地面上压吸水纸进行观察，也可将一定面积的塑料薄膜平放于基层地面，四周用胶带密封，不使该处地面湿气逃逸。24h后，去掉薄膜，观察薄膜上是否有结露或水泥地面变色现象，据此判断地面干燥度。

①混凝土、水泥砂浆基层处理：

在混凝土、水泥砂浆基层上铺贴塑料板，其基层表面应用2m直尺检查平整度，其空隙不得超过2mm，如误差较大就必须用水泥砂浆找平。

②水磨石或陶瓷锦砖基层处理：

先用碱水清洗去污垢，再用砂轮推磨，然后用清水冲擦干净。

③木板基层处理：

木板基层的木搁栅应坚实，地面突出的钉头应敲平，板缝可用粘结剂加腻子填补平整。

④钢板基层处理：

应刮去浮面铁锈，用钢丝刷刷去残留的铁锈，然后用汽油擦干净。如有凹陷或缝隙，可用耐水胶粘剂掺入填料批嵌平整。

2）弹线、分格、定位：

塑料板面层铺贴，应根据设计要求，在基层表面上进行弹线、分格、定位。

塑料板铺贴一般有两种方式，一种是接缝与墙面成45°角，称为对角定位法；另一种是接缝与墙面平行，称为直角定位法（图5-55）。

弹线应以房间中心点为中心，弹出相互垂直的两条定位线，定位线有丁字、十字和对角等形式。如整个房间排偶数块，则中心线是塑料板的接缝；如排奇数块，接缝离中心线半块塑料板的距离（图5-56）。分格、定位时，应距墙边留出200～300mm的镶边。另外应注意塑料板的尺寸、颜色、图案。若套间的内外房间

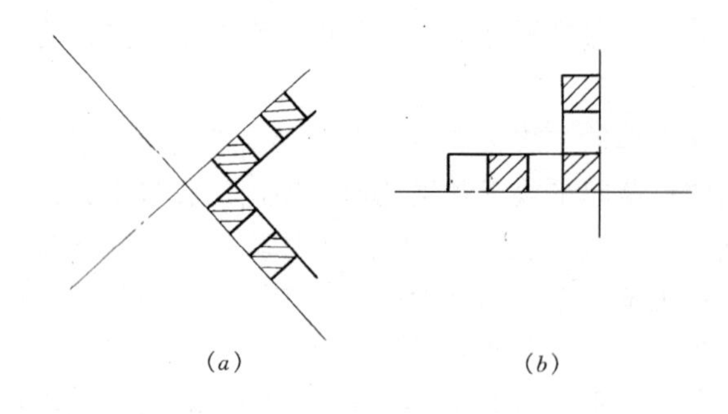

图 5-55　弹线定位

(a) 对角定位法；(b) 直角定位法

地板颜色不同，则分色线应设在门框踩口线外，分格线应设在门中，使门口地板对称，最好不要使门口地面出现小于 1/2 板宽的窄条。

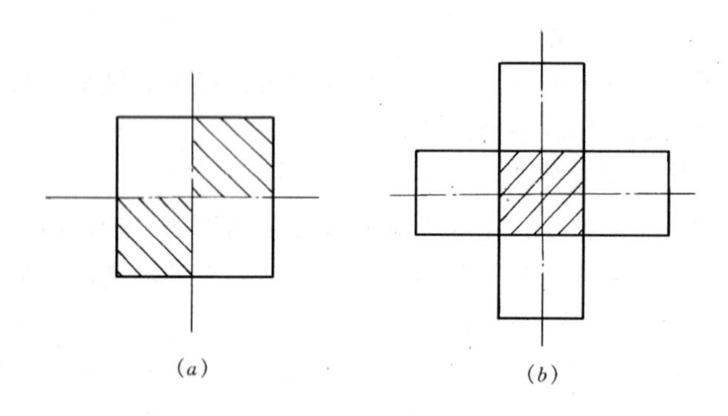

图 5-56　塑料板接缝与中心定位线关系

(a) 排偶数时；(b) 排奇数时

3）铺贴地板：

①试胶：

目前塑料地板品种较多，地板胶的品种也较多。粘贴塑料地板时，最好采用熟悉的塑料地板牌号及熟悉的胶粘剂牌号。如果对所铺贴的地板或胶粘剂不熟悉，就应该先试胶，即用 1 ~ 2 块塑料地板，将其背面和地面涂胶后，进行粘贴，并观察塑料地板是否有软化和翘边现象。如果等2～4h后没有发生上述现象，便可进行铺贴；如有上述现象就必须更换地板或胶粘剂再试。

②铺贴：

铺贴时最好从中间定位线向四周展开，这样能保持图案对称和尺寸整齐。先在地面上涂胶，再在地板块背后涂胶，然后将地板一端对齐线轻轻放下粘合，并用橡胶辊筒将地板压平压实，使其准确就位，同时赶走气泡。为使粘贴可靠，一般每块地板的四周必须涂满粘贴胶，总的涂胶面积要大于80%。涂胶应采用锯齿形涂刮板涂刷。

③裁边拼角：

当铺贴到靠边墙角和踢脚线附近时，对需要拼块和拼角处，应正确量取尺寸，用钢尺压住裁口处，再用墙纸刀切割，将现场裁切好的地板，一并粘贴完毕，然后用橡胶辊筒赶走气泡并压实。

④清理：

铺贴完成后，应及时清理塑料地板表面，用棉纱蘸溶剂汽油，擦去从拼缝里挤出的多余胶水。最后打上地板蜡。

⑤塑料踢脚板铺贴

塑料踢脚板铺贴时，先在上口弹水平线，然后在踢脚板粘贴面和墙面上同时刮胶。胶晾干后，从门口开始铺贴。最好三人一组，一人铺贴，一人配合滚压平，另一人保护刚贴好的阴阳角处。铺贴结束后，必须立即用毛巾或棉纱沾汽油擦去表面残留或多余的胶液，用橡胶压边辊筒再次压平压实。

3.质量要求

(1) 施工时的室内相对湿度不应大于80%。

(2) 塑料板、块应平整、光滑、无裂纹、色泽均匀、厚薄一致、边缘平直，板内不允许有杂物和气泡，并须符合相应产品的各项技术指标。塑料板运输时应避免日晒雨淋和撞击，应贮存在干燥洁净的仓库内，并防止变形，距热源3m以外，温度一般不超过 32℃。胶粘剂的选用应根据基层材料和面层使用要求，通过试验后确定。胶粘剂应存放在阴凉通风、干燥的室内。出厂三个月后应取样试验，合格后方可使用。

（3）在水泥砂浆及混凝土基层上铺贴塑料面层，其表面必须平整、坚硬、干燥、无油脂及其他杂质（包括砂粒），含水率不应大于 8%。如有麻面，宜采用乳液腻子等修补平整，再用稀释的白乳胶涂刷一遍，以增加基层的整体性和粘能结力。

基层表面用 2m 直尺检查，允许的空隙不得超过 2mm。

（4）塑料板面层铺贴时应根据设计要求，在基层上表面进行弹线、分格、定位，并距墙面留出 200 ~ 300mm 的空隙以作镶边。

（5）塑料板在试铺前，应进行处理。软质聚氯乙烯板应作预热处理，宜放入 75℃左右的热水浸泡 10 ~ 20min，至板面全部松软伸平后取出晾干待用，但不得用炉火或电热炉预热，半硬质聚氯乙烯板一般用丙酮:汽油（1:8）混合溶液进行脱脂除蜡。

（6）塑料板面层铺贴前应先试铺编号，铺贴时应将基层表面清扫洁净，涂刷一层薄而匀的底胶，待基层干燥后即按弹线位置沿轴线由中央向四面铺贴。

（7）基层表面涂刷的胶粘剂应均匀，并超出分格线约 10mm，涂刷厚度应控制在 1mm 以内，塑料板背面亦应均匀涂刮胶粘剂，待胶层干燥至不黏手（10 ~ 120s）即可铺贴，应一次就位准确，粘贴密实。

（8）踢脚板的铺贴要求和面层相同。

（9）塑料地板面层的质量应符合下列规定：

表面平整洁净、光滑、无皱纹并不得翘边和鼓泡；色泽一致、接缝均匀严密，四边顺直；与管道接合处应严密、牢固、平整；缝应平整光滑、清洁、无焦化变色，无斑点、焊瘤和起鳞等现象，凹凸不得大于 ±0.6mm。

踢脚板上口应平直，拉5m线检查（不足5m拉通线检查），允许偏差为±3mm。侧面平整，接缝严密，阴阳角应做成直角或圆角。

三、地毯的铺设

地毯的种类很多，人类使用地毯的历史已很久远。从古时的御寒湿、利坐卧，到今天利用它优良的隔热保温性能、吸声性能并以其独有的艺术魅力来营造高贵、华丽、美观、舒适的室内环境。地毯的特点是步行时脚感舒适柔软、有弹性，使人感到步履轻快。由于它有吸声性，步行时无噪声，造成较安静的环境；又由于它有绝热作用，减少了与环境的热交换，有利于造成更适合生活的环境温度。地毯按材质分有：纯毛地毯、混纺地毯、化纤地毯、塑料地毯等；按织法分有：栽绒地毯、针扎地毯、机织地毯、编结地毯、粘结地毯、静电植绒地毯等；按地毯规格尺寸分有：方块地毯和成卷地毯；按铺设方法分有：固定式和不固定式两种。

1. 固定式地毯

铺设固定式地毯，一种用胶粘剂粘结，另一种用木卡条固定。一般单层无弹性衬垫的毛毯采用粘结法；而有衬垫的地毯用木卡条固定。

(1) 固定式地毯的构造做法（表5-15、表5-16）

单层地毯铺设做法（mm）　　　　表5-15

构造层	地　　面	楼　　面
地毯	5~8厚单层地毯	5~8厚单层地毯
砂浆压光	50厚1:2:3细石混凝土撒1:1水泥砂子压实赶光	20厚1:2.5水泥砂浆压实赶光
防潮层	一毡二油，刷冷底子一道	
	水乳型橡胶沥青一布二涂	
垫层	40厚1:2:4细石混凝土随打随抹平150厚3:7灰土	45~85厚1:6水泥炉渣垫层
	40厚1:2:4细石混凝土随打随抹平150厚卵石灌M2.5混合砂浆	
基土、楼板	素土夯实	钢筋混凝土楼板

弹性衬垫地毯铺设做法（mm） **表 5-16**

构造层	地　面	楼　面
毛毡	8～10厚浮铺地毯	8～10厚浮铺地毯
衬垫	5厚橡胶海绵地毯衬垫	5厚橡胶海绵地毯衬垫
表面压光	50厚1:2:3细石混凝土撒1:1水泥砂子压实赶光	20厚1:2.5水泥砂浆压实赶光
防潮层	1. 一毡二油，底层刷冷底子油一道	
	2. 水乳型橡胶沥青一布二涂	
垫层	40厚1:2:4细石混凝土随打随抹平150厚3:7灰土	55～95厚1:6水泥炉渣垫层
	40厚1:2:4石混凝土随打随抹平150厚卵石灌M2.5混合砂浆	
基土、楼板	素土夯实	钢筋混凝土楼板

（2）料具准备

1）主要材料

地毯：品种、规格、色泽、图案设计选用，其质量应符合现行标准及产品说明，根据实铺地毯的尺寸，恰当地购置地毯数量，以防不足和浪费。地毯在运输和保管过程中，应卷裹紧密整齐，外包塑料布，严禁折叠堆放，并且防止水浸和雨淋，避免阳光曝晒。

弹性衬垫：又称海绵衬垫，具有隔热防潮，增强弹性等作用。常用幅宽1.3m，幅长20m，厚度3～5mm。

烫带：又称接缝胶带，用作地毯拼缝粘合用。

纸胶带：用作衬垫接缝粘合用。

木卡条：又称倒刺板，用作固定地毯用。常用规格宽25mm，厚3～5mm，长1500～1800mm，木条上钉2～3排朝天小钉，小钉与水平面约成60°或75°倾角（图5-57）。

收口条：用在不同材质地面相接部位，起地毯收口和固定毯边作用（图5-58）。

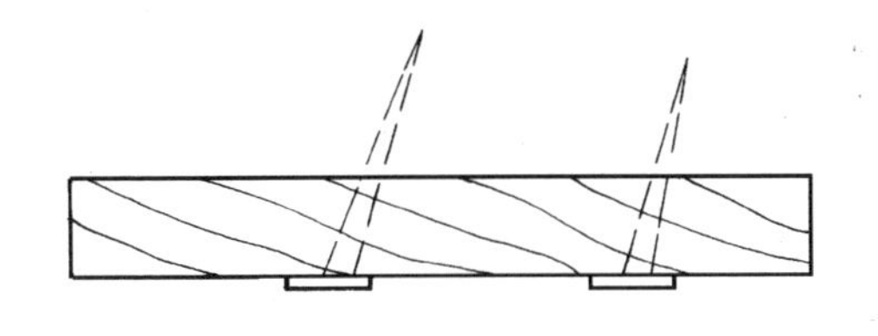

图 5-57　木卡条

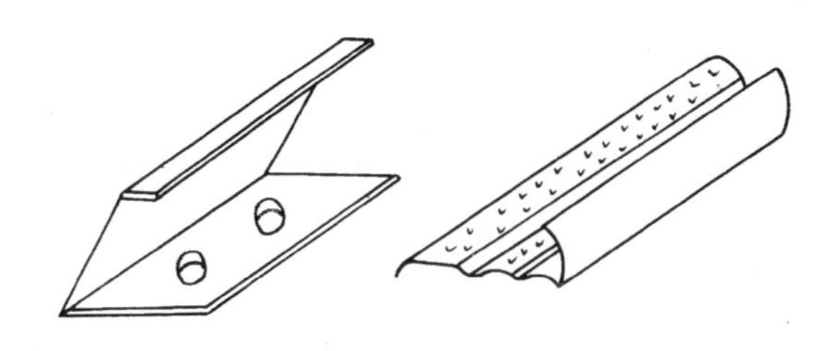

图 5-58　收口条

胶粘剂：应无毒、无味、无霉、快干，粘结能力以粘贴的地毯揭下时，基层不留痕迹而地毯又不被扯破为准。

其他材料：钢钉、楼梯防滑条、铜或不锈钢的镶边条等。

2）常用机具

裁毯刀（图 5-59）、张紧器（地毯撑子）（图 5-60）、压毯铲（扁铲）、电熨斗（1000 ~ 1500W）、割刀、剪刀、小锤、墩拐、粉线包、尖嘴钳子、直尺、角尺、漆刷和吸尘器等。

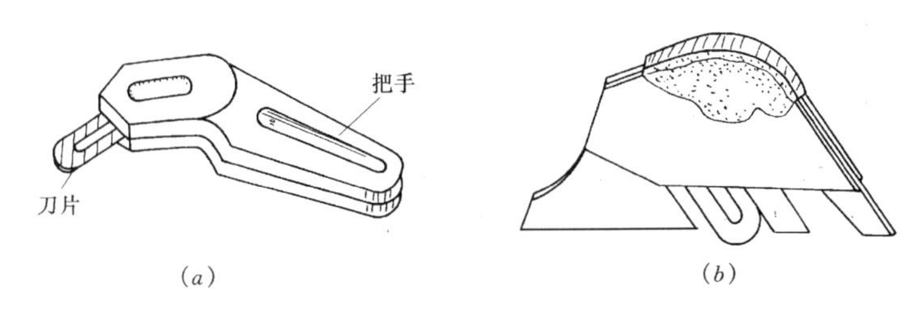

图 5-59　裁毯刀

3）作业条件

①室内的主要工程项目施工完，防止损坏污染地毯。如顶

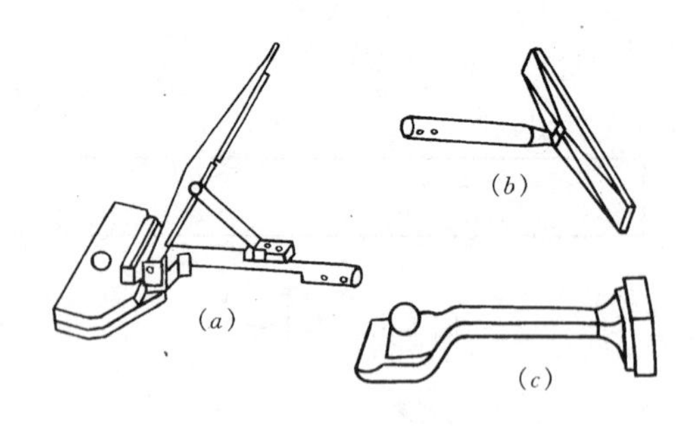

图 5-60　地毯撑子

（a）大撑子撑头；（b）大撑子；（c）小撑

栅、墙面装饰完，木踢脚和固定家具安装完，水电管线安装完并经调试符合要求。

②基层具备铺地毯的条件。应有一定强度、表面平整，无凸包、麻坑、裂缝、起砂、脱皮等缺陷，如混凝土和水泥砂浆地面必须干燥，含水率不大于9%。若是地面潮湿、遭水泡，会造成地毯变色，麻底腐烂。

③钉木卡条时防止碰撞墙面和固定家具，必要时采取隔离保护措施。

④操作人员应穿洁净的软底鞋，严禁将烟头、火柴棍等扔在地毯上。

⑤地毯铺设后，在入口处安设地席、地垫或备拖鞋，在人流较多的地段应满铺塑料布、编织布等，防止地毯的纤维和绒毛遭到损坏和污染。

(3) 施工工艺及操作要点

1）施工工艺

处理基层→钉木条片→铺衬垫→裁剪地毯→铺设地毯→接缝粘合→修整清理→检验合格。

2）操作要点

①处理基层：基层表面应平整，高低不平处用水泥砂浆刮平；表面应干燥，细石混凝土和水泥砂浆面层含水率不大于

9%；表面应清洁，有落地灰等杂物铲除打扫干净，有油污用丙酮或松节油擦净。

②钉木卡条：木卡条沿地面周边和柱脚的四周嵌钉，板上小钉倾角向墙面。板与墙面留有适当空隙，便于地毯掩边。在混凝土、水泥地面上固定，采用钢钉，钉距宜 300mm 左右。如地毯面积较大，宜用双排木卡条，便于地毯张紧和固定。

③铺衬垫：铺弹性衬垫将胶粒或波形面朝下，四周与木卡条相接宜离开 10mm 左右。拼缝处用纸胶带全部或局部粘合，防止衬垫滑移。经常移动的地毯应在基层上先铺一层纸毡以免造成衬垫与基层粘连。

④裁剪地毯：地毯裁剪时，应按地面形状和净尺寸，用裁边机断下的地毯料每段要比房间长度多出 20～30mm，宽度以裁去地毯的边缘后的尺寸计算。在拼缝处先弹出地毯裁割线，切口应顺直整齐以便于拼接。裁剪栽绒或植绒类地毯，相邻两裁口边呈“八”字形，铺成后表面绒毛易紧密碰拢。在同一房间或区段内每幅地毯的绒毛走向选配一致，将绒毛走向朝着背光面铺设，以免产生色泽差异。裁剪带有花纹、条格的地毯时，必须将缝口处的花纹、条格对准吻合。

⑤铺地毯：将选配好的地毯铺平，一端固定在木卡条上，用压毯铲将毯边塞入木卡条与踢脚之间的缝隙内。常用两种方法，一种方法将地毯边缘掖到木踢脚的下端（图 5-61*a*）；另一种方法将地毯毛边掩到木卡条与踢脚的缝隙内（图 5-61*b*），避免毛边外露，影响美观。

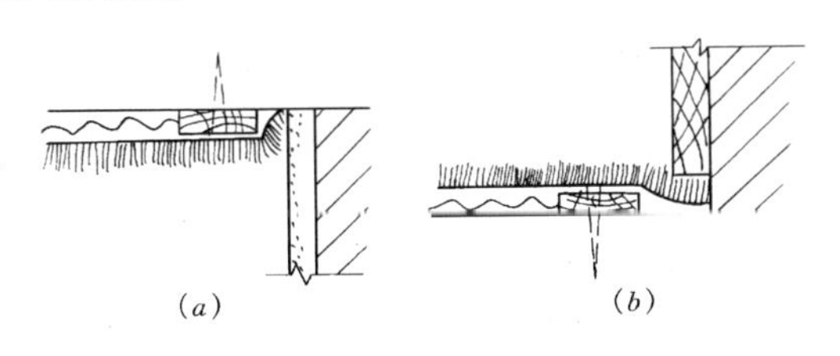

图 5-61　地毯与踢脚

使用张紧器（地毯撑子）将地毯从固定一端向另一端推移张紧，一次未把地毯拉平可拉第二次。用力适度，如用力过大易扯破地毯，用力过小会推展不平。每张紧一段（约 1m 左右）时，使用钢钉临时固定，推到终端时，将地毯边固定在木卡条上。地毯的接缝，一般采用对缝拼接。当铺完一幅地毯后，在拼缝一侧弹通线，作为第二幅地毯铺设张紧的标准线。第二幅经张紧后在拼缝处花纹、条格达到对齐、吻合、自然后，用钢钉临时固定。薄型地毯可搭线裁割，在前一幅地毯铺设张紧后，后一幅搭盖 3 ~4cm，在接缝处弹线。半直尺靠线用刀同时裁割两层地毯，扯去多余的边条后合拢严密，不显拼缝。其接缝需粘合，将已经铺设地毯的侧边掀起，在接缝中间放烫带（接缝胶带），其两端用木卡条固定，用电熨斗将烫带的胶质溶化，趁热用压毯铲将接缝辗平压实，使相邻的两幅连成整体。注意掌握好电熨斗烫胶的温度，如温度过低会产生粘结不牢，温度过高易损伤烫带。

此外，接缝也可采用缝合的方法，即把地毯两幅的边缘缝合连成整体。

⑥毯边收口：地毯铺设后在墙和柱的根部，不同材质地面相接处、门口等地毯边缘处应做收口固定处理。

墙和柱的根部：将地毯毛边塞进木卡条与踢脚的缝隙内，如图 5-61 所示。

不同材料地面相接：如地毯与大理石地面相接处标高近似的，应镶铜条或者用不锈钢条，起到衔接与收口的作用(图 5-62)。

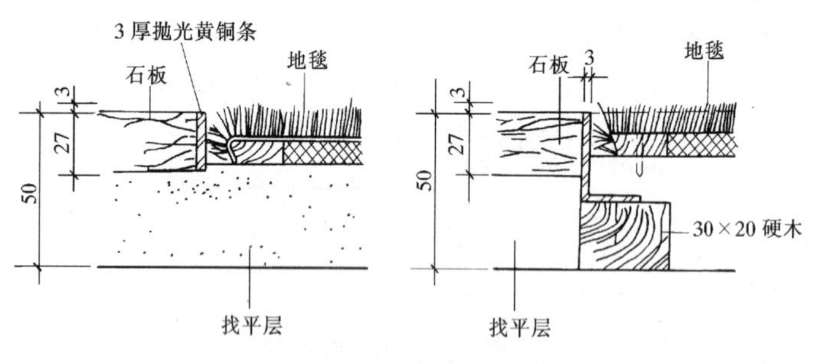

图 5-62　地毯与石板之间镶边

门口和出入口处：铺地毯的标高与走道、卫生间地面的标高不一致时，在门口处应加收口条。用收口条压住地毯边缘，显得整齐美观。地毯毛边不做收口处理容易被行人踢起，造成卷曲和损坏，有损室内装饰环境。

⑦修整、清理：地毯铺设后要全面自检一遍，如发现飞边现象，用压毯铲将地毯的飞边塞进木卡条与踢脚的空隙内，使毯边不得外露。接缝处绒毛有凸出的，使用剪刀和电铲修剪平齐，拔掉临时固定的钢钉。用软毛帚清扫毯面上的杂物，用吸尘器清理毯面的灰尘。

加强成品保护，在出入口处安装地席或地垫，准备拖鞋，以减少污物、泥砂等带进，在人流多的通道、大厅应铺盖塑料布等加以保护，以确保工程质量。

3）质量要求

①材料质量要求：铺地毯所用材料的品种、规格、色泽、花纹、图案及铺设方法必须符合设计要求，其材质必须符合有关标准和产品说明。

注意事项：选好地毯、衬垫和胶粘剂的品种、质量，这是保证工程质量的关键。

②表面质量要求：地毯铺设应表面平整、舒展、洁净、色泽一致，无松弛、鼓泡、褶皱、污染等缺陷。

注意事项：地毯未张紧，与木卡条的钉子未挂牢会引起松弛、起鼓；地毯堆放受压或折叠易褶皱；地毯铺设后未认真清理或成品保护不当导致不清洁；喷洒有腐蚀性的药剂易污染；基层潮湿地毯易发霉；材质不好或阳光直射地毯易褪色。

③接缝质量要求：地毯接缝应粘结牢固，拼缝严密，花格、图案完整吻合，无离缝、翘边、错花、错格等现象。

注意事项：接缝处的衬垫、地毯采取缝合或粘结，操作不认真或对花对格不仔细，容易产生翘边、错花错格的缺陷。

④收边质量要求：地毯周边用木卡条嵌挂牢固、整齐，收口条、镶边条应顺直、稳固，地毯边缘无飞边、卷曲等缺陷。

注意事项：地毯与墙、柱相接处，毯边必须塞进木卡条与踢脚的空隙内，防止毛边外露；地毯与标高不一致的地面相接处，要在门口处加收口条。地毯与标高近似的地坪相接处，设置铜或不锈钢的镶边条。收口条和镶边条均应顺直、稳固、不得有松动和歪斜现象。

2. 方块地毯铺设

（1）施工工艺

清理基层→弹控制线→浮铺地毯→粘结地毯。

（2）操作要点

1）清理基层：铺设方块地毯的基层清理要求同固定式地毯铺设。

2）弹控制线：根据房间地面的实际尺寸和方块地毯的实际尺寸（一般为 500mm × 500mm），在基层表面弹出方格控制线，线迹应准确清楚。

3）浮铺地毯：按控制线由中间开始向两侧铺设。先选用四周边缘棱角完整的地毯板，将边角有损坏的地毯块用在地面边角和不明显处。铺放时注意一块靠一块挤紧，经使用一段时间后，块与块密合，不显拼缝。

注意绒毛方向：通常做法是将一块的绒毛顺光，接着另一块的绒毛逆光，使绒毛方向交错布置，表现呈出一块暗一块明，明暗交叉铺设，富有艺术效果。

4）粘结地毯：在人们活动频繁的地面上如铺设方块地毯时，在基层上宜刷胶粘剂，以增加地毯的稳固性，防止被行人踢起。

地毯铺设完应加强成品保护，保护措施与固定式地毯相同。

3. 楼梯地毯铺设

（1）施工工艺

清理基层→加设固定件→铺贴衬垫→铺设地毯→钉防滑条等。

（2）操作要点

1）清理基层：在楼梯铺地毯前，将基层清扫干净，阳角有损坏处用水泥砂浆修补完整。

2）加设固定件：在踏步的阴角处钉木卡条（倒刺板）或固定地毯棍，用以固定地毯。

木卡条钉在踏板与踢板（竖板）之间的阴角两边，根据地毯厚度在两木条之间留 15mm 左右的空隙，木条上的钉子要向阴角倾斜（图 5-63*a*）。地毯棍可采用 ϕ18 无缝钢管镀铬或铜管抛光，固定在阴角处的竖板上（图 5-63*b*）。

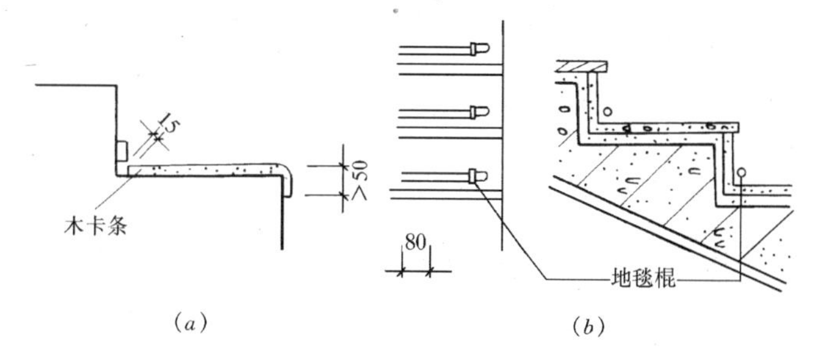

图 5-63　楼梯踏步木卡条与地毯棍示意

（*a*）踏步钉木卡条；（*b*）踏步固定地毯棍

3）铺贴衬垫：弹性衬垫铺在踏脚板上，其宽度超过踏脚板 50mm 以上，做包角用。

4）铺设地毯：地毯长度按照踏步的高度与宽度之和乘以楼梯级数计算，如考虑地毯使用后需转换易磨损部位时，再加长 300～400mm 作为预留量。

地毯从每个梯段的最高一级铺起，将始端翻起，在顶级的踢板上钉住，然后用扁铲将地毯压进阴角，并使地板木条上的抓钉抓牢地毯，然后再铺设第二个梯级，固定角铁。如此一直连续，由上而下逐级进行。起始的接头留在顶级平台适当位置并钉牢。在每个梯级阴角处将地毯绷紧与木卡条嵌挂。

待铺至最后阶梯时，将地毯的预留量向上折叠钉在底级的竖板上，以便转移地毯的磨损部位。

5）钉防滑条：在踏脚板的边缘安装防滑条，防滑条宜用不锈钢膨胀螺钉固定，钉距 150～300mm，以稳固不松动为宜。

地毯如采用胶粘剂沿梯级粘贴时，在踏步上加压条，压条为铜色角（成品），用 $\phi3.5$mm 塑料胀管固定，中距不大于 300mm（图 5-64）。

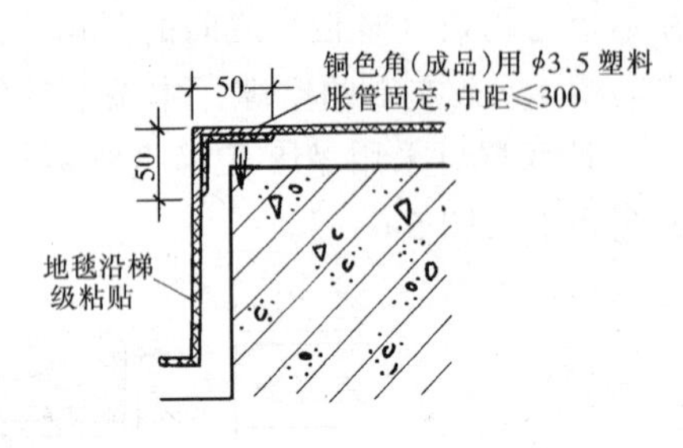

图 5-64　踏步粘贴地毯加压条

楼梯地毯应在工程临交用之前铺设，铺设完注意成品保护，防止污染和损坏。

第四节　装饰木工吊顶工程

吊顶也称为顶棚，是建筑物室内主要的装饰部位之一。顶棚具有保温、隔热、吸声、反声等功能。

一、顶棚装饰的分类及基本构造

1. 顶棚装饰分类

（1）按其外观分类：平滑式顶棚、井格式顶棚、分层式顶棚。

（2）按顶棚装饰表面所采用材料分类：木顶棚、石膏板顶棚等。

（3）按照顶棚内灯具的布置分类：带形光栅顶棚、发光顶棚等。

（4）按顶棚荷载能力的大小分类：上人顶棚、不上人顶棚等。

（5）按顶棚装饰表面与屋面、楼面结构等基层的关系分类：直接式顶棚、悬吊式顶棚等。

2. 顶棚装饰的基本构造：

吊顶的构造主要由面层、顶棚骨架、吊筋三部分组成。

面层的作用是装饰室内空间，同时还具有一些特定的功能，如吸声、反声等。骨架主要包括主龙骨、次龙骨和搁栅。其作用主要承受吊顶的荷载，并将这一荷载通过吊筋传递给屋顶的承重结构。吊筋的作用主要是承受顶棚和搁栅的荷载，将这一荷载传递给屋面板、楼板等部位。

二、板条、板材类顶棚

1. 施工工艺

准备工作→抄平弹线→预埋吊点杆→安装周边平顶梁→安装平顶筋→钉板条。

2. 操作要点

(1) 准备工作

1) 根据房间顶部构造、房间尺寸，按照设计要求，合理安排施工，组装平面图。

2) 备料：以施工组装平面图为依据，统计出平顶梁、平顶筋、吊杆、吊挂件、接插件的数量。

3) 机具：除木工常用的工具外，还需有钢丝钳、手枪电钻、钻头、扳手等。

(2) 抄平弹线

应依室内50cm线弹出房间周边吊顶标高水平线，其误差控制在±5mm以内，房间四周标高控制线要平直，在线上按照施工组装平面图画出平顶梁，平顶筋的间距应在屋架的下弦（或大梁下面）按设计图纸中龙骨的中距画出中心线及边线。

(3) 固定平顶梁

1) 平顶梁布置在屋架下弦下面时，与屋架下弦纵长方向相垂直。每一根相交处用4根吊筋吊固（图5-65），平顶梁的间距及断面尺寸依设计而定，规格一般为50mm×100mm，中心间距为1.5～2m，吊筋的断面尺寸为50mm×50mm。平顶梁与墙相交处，是将平顶梁搁入墙内，其搁入长度应不小于110mm，搁入部分要满涂焦油沥青。

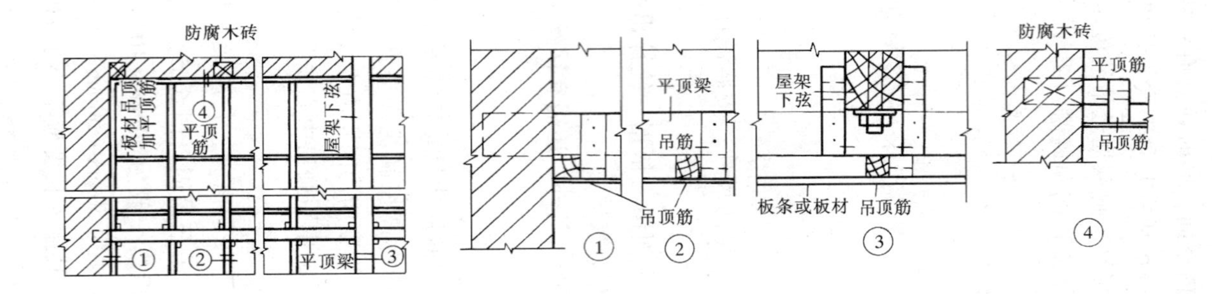

图 5-65　屋架上板条吊顶

按平顶梁中距在屋架下弦划出中线及边线，再按边线在下弦两侧钉上两只吊筋，然后把平顶梁置于下弦下面，使吊筋夹于平顶梁两侧，将平顶梁钉牢于吊筋上。

2）平顶梁布置在槽形板下面时，应与板缝相垂直，应用直径为 4mm 的镀锌钢丝（或扁铁条）吊于板缝上的短截钢筋上。平顶梁中距一般为 1000mm，断面为 50mm × 100mm，在平顶梁之间，布置平顶筋，平顶筋与平顶梁相垂直，下口平齐（槽形板下吊顶见图 5-66）。

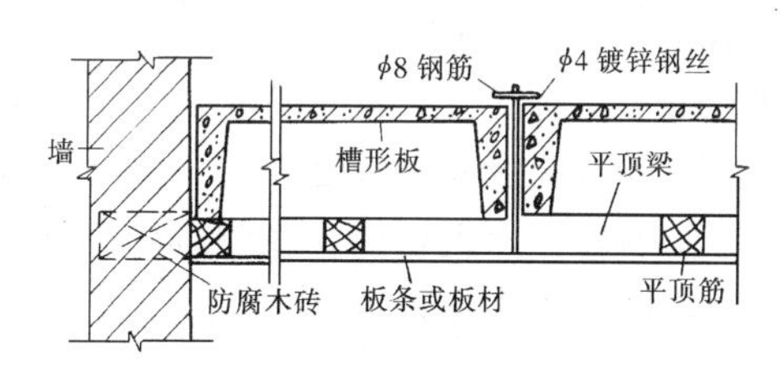

图 5-66　槽形板下吊顶构造

按平顶梁间距在板缝上摆好短截钢筋，在每根钢筋处用镀锌钢丝绕过钢筋从板缝中穿下，再把平顶梁置于槽形板下，摆正间距及位置，依次与镀锌钢丝绑牢，然后在平顶梁下或之间钉平顶筋，在平顶筋下钉板条。

（4）安装平顶筋

沿墙的四周根据平顶标高水平线钉上通长的平顶筋，钉牢于墙内的防腐木砖上，保持水平。在平顶梁及沿墙的平顶筋上，画出各根平顶筋的边线，依边线在平顶梁上钉两根吊筋，再把平顶筋置于平顶梁下面，钉牢于吊筋上，着钉一只。

平顶筋布置在平顶梁下面，与平顶梁相垂直。每一相交处用两根吊筋吊固，房间周边平顶筋按弹线位置与墙体钉牢于墙内预埋的防腐木砖上。在平顶筋下面钉板条，板条与平顶筋相垂直。

（5）板条安装

板条垂直地钉于平顶筋下面，板条规格为 8mm × 50mm ×

400mm，板条两端钉两只，中间着钉一只。板条之间留 7～10mm 空隙，板头之间留 3～5mm 空隙。板条接头应错开，各段接头最长不宜超过 500mm。

3. 板材吊顶

板材吊顶的构造基本上与板条吊顶相同。板材类顶棚运用的面层材料，不是板条而是板材，如胶合板、纤维板、钙塑板、石膏板、塑料板、矿棉吸声板、纤维水泥加压板以及轻金属板材等。

其构造的不同在于平顶筋应布置成方格形，其中距应符合板材尺寸，板材钉于平顶筋下面，装钉刨花板、木丝板时，要在钉帽下加镀锌垫圈，钉距一般不大于 300mm。板缝处加钉盖缝条，用明钉钉牢，钉帽砸扁，冲入板内。在装钉纤维板、胶合板时，可沿其边缘相对着钉，各板拼缝间隙以板厚 2 倍为宜，一般为 6～10mm。

三、轻钢龙骨吊顶

轻钢龙骨有主、次龙骨之分。轻钢龙骨通常根据其断面形状分为 U 形、T 形等。U 形轻钢龙骨通常由主（大）龙骨、中（次）龙骨、横撑龙骨、吊挂件、接插件和挂插件等组成（图 5-67）。

按承载能力可分上人吊顶和非上人吊顶（图 5-68）。

1. 操作工艺及要点

（1）基层处理

在安装吊顶前应检查楼板有无蜂窝麻面、裂缝及强度不够之处。

（2）弹线定位

主要是弹好吊顶标高线、龙骨布置线和吊杆悬挂点。标高线弹到墙面或柱面上，龙骨及吊杆位置弹到楼板上，同时弹出大、中型灯位线。

（3）吊杆固定

浇筑楼板时应预留埋件或吊钩，也可用射钉固定。吊杆同龙

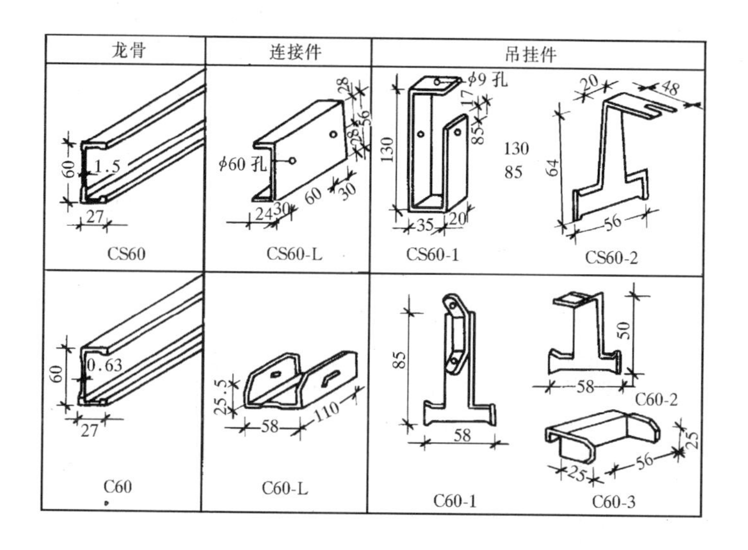

图 5-67　CS60、C60 系列龙骨及其配件

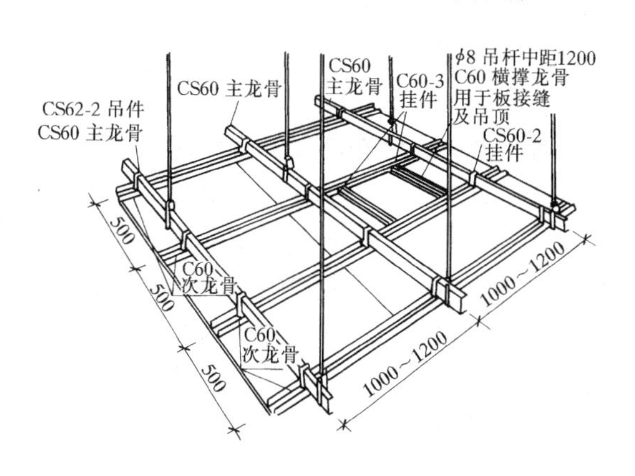

图 5-68　U 型上人轻钢龙骨安装示意图

骨连接，可用焊接或用吊挂件连接。吊杆与结构的固定方式要按上人吊顶和非上人吊顶的方式来决定。见图 5-69、图 5-70 所示。

吊杆的间距常为 900～1500mm，其大小取决于荷载，一般采用 1000～1200mm。非上人吊顶可采用伸缩式吊杆，调整较方便。

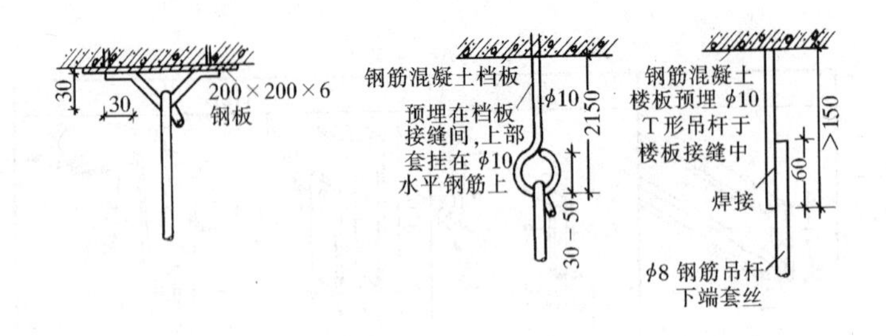

图 5-69　上人吊顶吊杆的连接

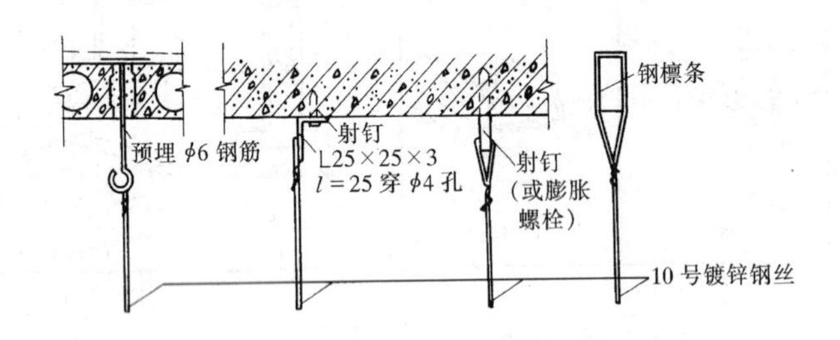

图 5-70　非上人吊顶、吊杆的连接

（4）安装、调平龙骨架，主龙骨安装

用吊挂件将主龙骨连接在吊杆上，拧紧螺钉卡，然后以房间为单位，将龙骨调整平直。调整方向可用 60mm × 60mm 方木按龙骨间距钉圆钉，再将长方木横放在主龙骨上，并用铁钉卡住各主龙骨，使其按规定间隔定位，做好临时固定。方木两端要顶到墙上或梁边，再按十字和对角拉线，拧动吊杆螺栓，升降调平（如图 5-71）。

（5）中（次）龙骨安装

中（次）龙骨垂直于主龙骨，在交叉点用吊挂件将其固定在主龙骨上。吊挂件上端搭在主龙骨上，用钳子将挂件卧入主龙骨内。中（次）龙骨的间距应根据饰面板尺寸来考虑，通常两条次龙骨中心线的间距为 600mm（图 5-72）。

次龙骨的安装顺序，应按预先弹好的位置，从一端依次安装到另一端。如有高低层次，则先装高跨后装低跨部分。

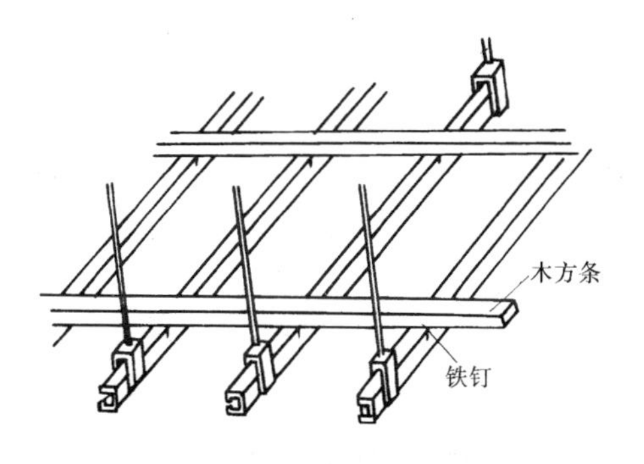

图 5-71　主龙骨定位方式

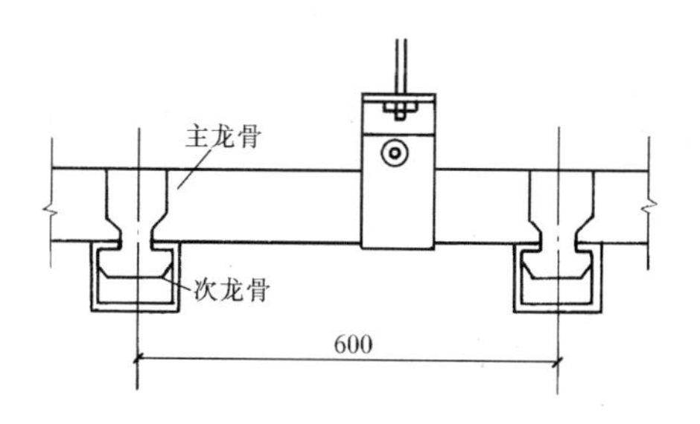

图 5-72　次龙骨定位、安装

（6）横撑龙骨安装

横撑龙骨应用中龙骨截取。安装时将截取的中龙骨端头插入挂插件，扣在纵向龙骨上，并用钳子拧挂，弯入纵向龙骨内。组装好后，纵向龙骨和横撑龙骨底面（即饰面板背面）要求平顺。横撑龙骨间距应按实际使用的饰面板的规格尺寸而定。轻钢龙骨石膏板吊顶的饰面板一般可分为两种类型：一种是基层板，需在板的表面做其他处理。另一种板的表面已经做过装饰处理（即装饰石膏板类），将此种板固定在龙骨上即可。其固定方法：用自攻螺钉将饰面板固定在龙骨上，自攻螺钉必须是平头螺钉（图 5-73）。其间距一般为 150 ~ 200mm，螺钉帽必须沉入板面内 2 ~ 3mm。

（7）特殊部位的处理（收口处理）

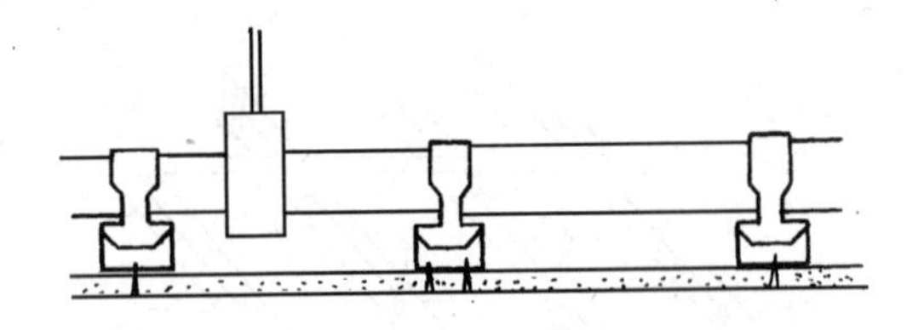

图 5-73　用自攻螺钉固定饰面板

1）吊顶与墙柱面结合处理：一般采用角铝做收口处理，其方式分为平接式、留槽式。如图 5-74 所示。

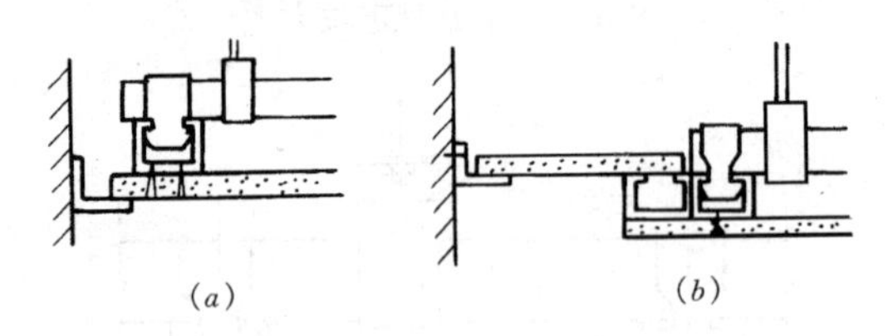

图 5-74　吊顶与墙柱面结合
（a）平接式；（b）留槽式

2）吊顶与窗帘盒的结合处理（反光灯槽的结合处理）：一般采用角铝、木线条做收口处理（图 5-75）。

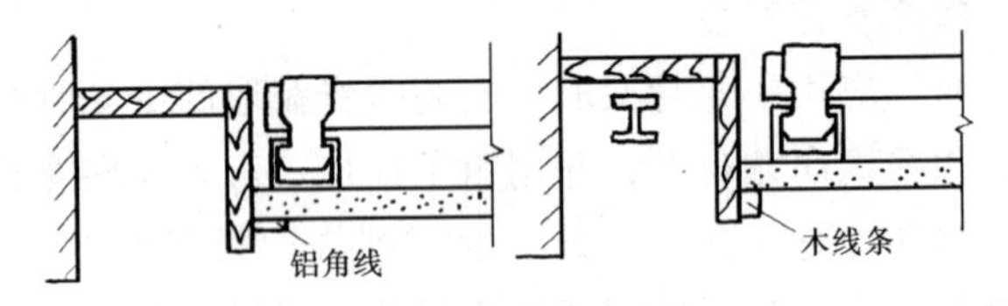

图 5-75　吊顶与窗帘盒的结合处理

3）吊顶与灯盘的结合处理：安排灯位时，尽量避免使主龙骨截断，如果不能避免，应将断开的龙骨部分用加强的龙骨再连接起来。灯槽的收口也可用角铝线与龙骨连接（图 5-76）。

2. 轻钢龙骨吊顶质量通病及防治措施

（1）吊顶局部下沉

1）产生的原因：吊顶与建筑基体固定不牢、吊杆连接不牢

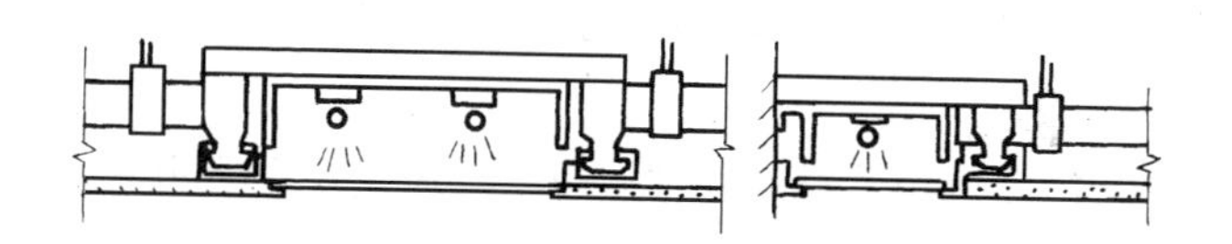

图 5-76　吊顶与灯盘的结合

而产生松脱，吊杆强度不够而产生拉伸变形。

2）防治措施：吊点分布均匀。在一些龙骨架的接口部位和重载部位增加吊点。吊点与基层固定要牢，膨胀螺栓应有足够的埋入深度，不能有虚焊脱落之处。吊杆选用应有足够强度，上人吊顶吊杆应用 $\phi6 \sim \phi8$ 圆钢，不上人吊顶吊杆用不小于 $\phi4$ 的铁筋。

（2）外露龙骨线路不直、不平

1）产生的原因：安装时不注意放线或不按线路安装，安装时没及时调平而产生局部塌陷。

2）防治措施：安装时提前放线，组装时按控制线组装；设置龙骨调平装置，边安装边调平；安装时应对龙骨进行刚度选择，防止变形下陷。

（3）接缝明显

1）产生的现象：在接缝处接口露白槎，或接缝不平，在接缝处产生错台。

2）防治措施：下料应根据放样尺寸，不能随意估计下料；尺寸要准确；切口部位应控制好角度，再用刀锉修平，将毛边及不平处修整好。

轻钢龙骨石膏板吊顶工程允许偏差（表 5-17）。

轻钢龙骨石膏板吊顶工程允许偏差　　表 5-17

序号	项　　目	允许偏差（mm）	检　验　方　法
1	吊顶起拱高度	横向跨度的 1/400 ± 10	拉线、尺量检查
2	四周水平度	± 5	尺量或水准仪检查
3	表面平整	2	用 2m 靠尺和楔形塞尺检查
4	接缝平直	< 1.5	用 5m 拉线检查，不足 5m 拉通线检查
5	接缝高低	1	用直尺和塞尺检查

四、吊顶工程施工及验收标准

1. 一般规定

(1) 吊顶所用的材料品种、规格、质量及骨架构造、固定方法应符合设计要求。

(2) 吊顶龙骨在运输安装时，不得扔摔、碰撞。龙骨应平放，防止变形。

罩面板在运输和安装时，应轻拿轻放，不得损坏板材的表面和边角。运输时应采取相应措施，防止受潮变形。

(3) 吊顶龙骨宜存放在地面平整的室内，并应采取措施，防止龙骨变形、生锈。

罩面板应按品种、规格分类存放于地面平整、干燥、通风处，并根据不同罩面板的性质，分别采取措施，防止受潮变形。

(4) 罩面板安装前的准备工作应符合下列规定：

1) 在现浇板或预制板缝中，按设计要求设置预埋件或吊杆。

2) 吊顶内的通风、水电管道及上人吊顶内的人行或安装通道，应安装完毕。消防管道安装并试压完毕。

3) 吊顶内的灯槽、斜撑、剪刀撑等，应根据工程情况适当布置。轻型灯具应吊在主龙骨或附加龙骨上，重型灯具或电扇不得与吊顶龙骨连接，应另设吊钩。

4) 罩面板应按规格、颜色等进行分类选配。

(5) 罩面板安装前，应根据构造需要分块弹线。带装饰图案罩面板的布置应符合设计要求。若设计无要求，宜由顶棚中间向两边对称排列安装。墙面与顶棚的接缝应交圈一致。

(6) 罩面板与墙面、窗帘盒、灯具等交接处应严密，不得有漏缝现象。

(7) 罩面板不得有悬臂现象，应增设附加龙骨固定。

2. 材料质量要求

(1) 各类罩面板不应有气泡、起皮、裂纹、缺角、污垢和图案不完整等缺陷，表面应平整，边缘应整齐，色泽应一致。穿孔板的孔距应排列整齐，暗装的吸声材料应有防散落措施。胶合、木质纤维不应脱胶、变色和腐朽。各类罩面板的质量均应符合现行国家标准、行业标准的规定。

（2）安装罩面板的紧固件，宜采用镀锌制品，预埋的木砖应做防腐处理。

（3）胶粘剂的类型应按所用罩面板的品种配套选用，现场配制的胶粘剂，其配合比应由试验确定。

3. 龙骨安装

（1）根据吊顶的设计标高在四周墙上弹线。弹线应清楚，位置准确，其水平允许偏差 ±5mm。

（2）吊杆距主龙骨端部距离不得超过300mm，否则应增设吊杆，以免主龙骨下坠。当吊杆与设备相遇时，应调整吊点构造或增设吊杆，以保证吊顶质量。

（3）次龙骨（中或小龙骨）应紧贴主龙骨安装。当用自攻螺钉安装板材时，板材的接缝处，必须安装在宽度不小于40mm的次龙骨上。

（4）根据板材布置的需要，应事先准备尺寸合格的横撑龙骨，用连接件将其两端连接在通长次龙骨上。明龙骨系列的横撑龙骨与通长次龙骨的间隙不得小于1mm。

（5）边龙骨应按设计要求弹线，固定在四周墙上。

（6）全面校正主、次龙骨的位置及水平度。连接件应错位安装。明龙骨应目测无明显弯曲。通长次龙骨连接处的对接错位偏差不得超过2mm。校正后应将龙骨所有吊挂件、连接件拧夹紧。

（7）吊顶木龙骨的安装，应按现行《木结构工程施工及验收规范》的有关规定执行。

4. 其他罩面板安装

（1）矿棉装饰吸声板安装，应符合下列规定：

1）房间内湿度大时不宜安装。

2）安装时，吸声板上不得放置其他材料，防止板材受压变形。

3）安装时，应使吸声板背面的箭头方向和白线方向一致，以保证花样、图案的整体性。

4）采用复合粘贴法安装，胶粘剂未安全固化前，板材不得有强烈震动，并应保持房间内的通风。

5）采用搁置法安装，应留有板材安装缝，每边缝隙不宜大于1mm。

（2）胶合板、纤维板安装，应符合下列规定：

1）胶合板可用钉子固定，钉距为80～120mm，钉长为25～35mm，钉帽应打扁，并进入板面0.5～1.0mm，钉眼用油性腻子抹平。

2）纤维板可用钉子固定，钉距为80～120mm，钉长为20～30mm，钉帽进入板面0.5mm，钉眼用油性腻子抹平。硬质纤维板应用水浸透，自然阴干后安装。

3）胶合板、纤维板用木条固定时，钉距不应大于200mm，钉帽应打扁，并进入木压条0.5～1.0mm，钉眼用油性腻子抹平。

（3）钙塑装饰板的安装，应符合下列规定：

1）钙塑装饰板用胶粘剂粘贴时，涂胶应均匀；粘贴后，应采取临时固定措施，并及时擦去挤出的胶液。

2）用钉固定时，钉距不宜大于150mm，钉帽应与板面平齐，排列整齐，并用与板面颜色相同的涂料涂饰。

（4）塑料板安装，应符合下列规定：

1）粘贴板材的水泥砂浆基层，必须坚硬、平整、洁净，含水率不得大于8%。基层表面如有麻面，宜采用乳胶腻子修平整，再用乳胶水溶液涂刷一遍，以增加粘结力。

2）塑料板粘贴前，基层表面应按分块尺寸弹线预排。粘贴时，每次涂刷胶粘剂的面积不宜过大，厚度应均匀，粘贴后，应采取临时固定措施，并及时擦去挤出的胶液。

3）安装塑料贴面复合板时，应先钻孔，后用木螺钉和垫圈或金属压条固定。用木螺钉时，钉距一般为400～500mm，钉帽应排列整齐；用金属压条时，先用钉将塑料贴面复合板临时固定，然后加盖金属压条，压条应平直、接口严密。

（5）纤维水泥加压板安装，应符合下列规定：

1）龙骨间距、螺钉与板边距离及螺钉间距等应满足设计要求和有关产品的要求。

2）纤维水泥加压板与龙骨固定时，所用手电钻钻头直径应比选用螺钉直径小 0.5 ~ 1.0mm。固定后，钉帽需做防锈处理，并用油性腻子嵌平。

3）用密封膏、石膏腻子或掺 108 胶的水泥砂浆嵌涂板缝并刮平，硬化后用砂纸磨光，板缝宽度应小于 5mm。

（6）金属装饰板的安装（包括各种金属条板、金属方板和金属格栅）应符合下列规定：

1）条板式吊顶龙骨一般可接吊挂，也可增加主龙骨，主龙骨间距不大于 1.2mm，条板式吊顶龙骨形式应与条板配套。方板吊顶次龙骨分明装 T 形和暗装卡口两种，根据金属方板式样选定次龙骨，次龙骨与主龙骨间用固定件连接。金属格栅的龙骨可明装也可暗装，龙骨间距由格栅做法确定。

2）金属板吊顶与四周墙面所留空隙，用露明的金属压缝条或补边吊顶找齐，金属压缝条材质应与金属面板相同。

5. 工程验收

（1）检查数量。按有代表性的自然间抽查 10%，过道按 10 延长米，礼堂、厂房等大间按两轴线 1 间，但不少于 3 间。

（2）检查吊顶工程所用材料的品种、规格、颜色以及基层构造、固定方法等是否符合设计要求。

（3）罩面板与龙骨应连接紧密，表面应平整，不得有污染、折裂、缺棱掉角、锤伤等缺陷，接缝应均匀一致，粘贴的罩面板不得有脱层，胶合板不得有刨透之处。

（4）搁置的罩面板不得有漏、透、翘角现象。

（5）吊顶罩面板工程质量的允许偏差，应符合表 5-18。

吊顶罩面板工程质量允许偏差 **表 5-18**

项次	项　目	允许偏差（mm）							检验方法
		胶合板	纤维板	钙塑板	塑料板	刨花板	木丝板	木板	
1	表面平整	2	3	3	2	4	4	3	用2m靠尺和楔形塞尺检查
2	接缝平直	3	3	4	3	3	3	3	接5m线检查，不足5m拉通线检查
3	压条平直	3	3	3	3	3	3	—	
4	接缝高低	0.5	0.5	1	1	—	—	1	用直尺和楔形塞尺检查
5	压条间距	2	2	2	2	3	3	—	用尺检查

第五节　装饰木工隔断墙工程

建筑物内部房间或空间常常要分割，这就产生了隔墙或隔断。隔墙或隔断本身不要求承重，也要求其自身重量轻，占地面积小，即厚度薄，拆装方便和具有一定刚度及隔声能力。

木质隔墙和隔断代替了砌体墙隔断，改变了传统的湿作业，装饰效果好，施工方便，所以较为普遍。隔墙通常一隔到顶，是用来分隔房间的。隔断则主要是分隔空间，不一定到顶。

木质隔断墙包括两类：活隔断（可装拆、推拉和移动折叠式）和死隔断（长久性隔断），具体做法和种类很多，本质隔断墙一般采用木龙骨、木拼板、木板条、胶合板、纤维板等材料。许多都是与其他材料混合使用。我们仅介绍两种。

一、木隔断构造及施工操作要点

1. 木隔断构造

木隔断主要用于厕所、淋浴间的隔断，一般木隔断高度为1400mm，如为低式隔板时，一般高度为800～1000mm，其构造如图5-77。

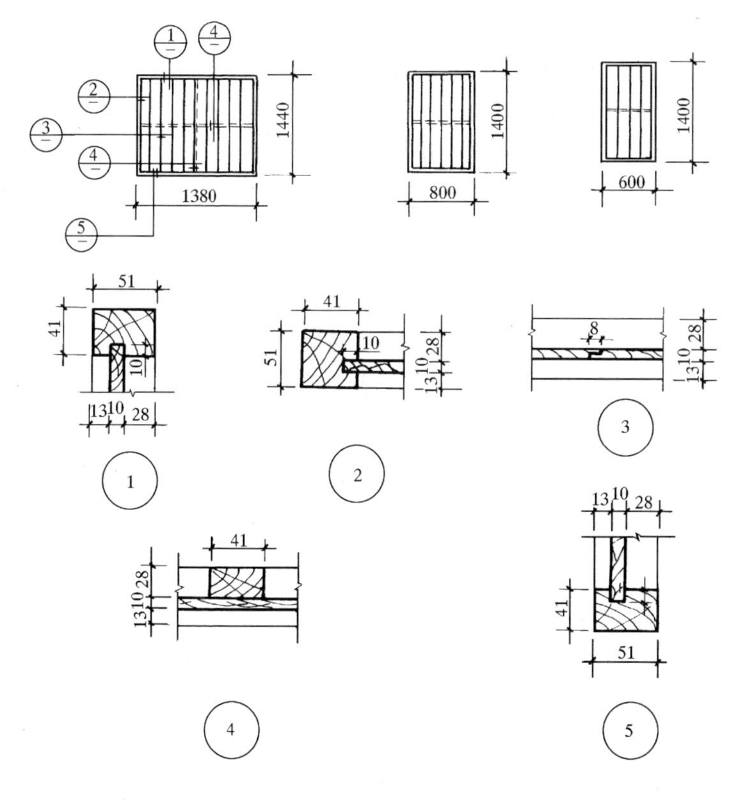

图 5-77　木隔断

2. 木隔断施工操作要点

（1）注意打孔的位置应与骨架横向框料错开位。在需要固定木隔断墙的地面和建筑墙面，画出固定点的位置，防止偏移。

（2）用作木隔断的木料，应采用红松或杉木，含水量不得超过允许值的规定。

（3）木隔断安装完毕后，必须保持隔板平直、稳定，连接完整、牢固。

（4）所有露明木材均需刷底油一道，罩面漆两道。

（5）木隔断门扇小五金必须按图装配齐全，一般设有 $L=75$mm的普通铰链 2 个，$L=100$mm 拉手 1 个，$L=75$mm 普通插销 1 个。

二、木龙骨隔断墙的施工操作要点

1. 木龙骨隔断墙构造

木龙骨隔断墙通常采用木龙骨作为结构骨架，面层有胶合板、纤维板、木丝板，也有钉木板条抹纸筋灰罩面。隔断结构由上槛、下槛、立筋、横撑、板条或板材组成。其构造见图 5-78 所示。

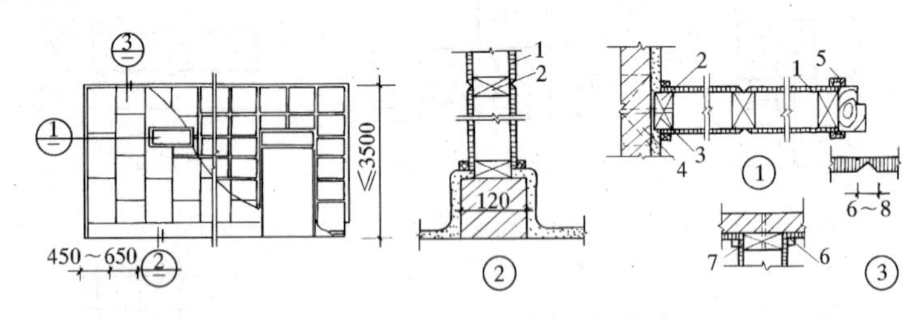

图 5-78 板材隔墙

2. 木龙骨隔断墙施工工艺及操作要点

(1) 画线定位置。在需要固定木隔断墙的地面和建筑墙面，弹出隔断墙的宽度线和中心线。同时，画出连接固定点的位置，通常按 300～400mm 的间距在地面和墙面画出。

(2) 打孔。用 $\phi10$ 或 $\phi12$ 的钻头在中心线上打孔，孔深 45mm 左右，向孔内放入 $\phi6$ 或 $\phi8$ 的膨胀螺栓。注意打孔的位置应与骨架竖向木方错开位。如果用木楔铁钉固定，就需打出 $\phi20$ 左右的孔，孔深 50mm 左右，再向孔内打入木楔。

(3) 固定立筋木龙骨。先立墙筋，立筋木龙骨间距应与板材规格配合，一般为 400～600mm。按对应地面、墙面、顶面固定点的位置，在木骨架上画线，标出固定点位置。

(4) 对于半高矮隔断墙来说，主要靠地面固定和端头的建筑墙面固定。如果矮墙隔断面的端头处无法与墙面固定，常用铁件来加固端头处，加固部分主要是地面与竖向木方之间。

(5) 对于各种木隔断的门框竖向木方，均应采用铁件加固法，否则，木隔墙将会因门的开闭振动而出现较大颤动，进而使门框松动，木隔墙松动。

（6）钉面板。板缝 3~7mm，且用木压条盖住。并注意以下几点：

1）胶合板钉压前要注意相邻面的颜色、纹理，应尽可能相近，以保证安装后美观一致。

2）用钉子固定时，胶合板钉距为 80~150mm，钉子为 25~35mm，钉帽应打扁并钉入板面 0.5~1.0mm，钉眼用油性腻子抹平。这样，才可防止板面空鼓翘曲，钉帽不致生锈。

3）用木压条固定胶合板时，钉距不应大于 200mm，钉帽亦应打扁钉入木压条面 0.5~1.0mm，但选用的木压条应干燥无裂纹，打扁的钉帽应顺木纹打入，以防开裂。

4）墙面用胶合板，在阳角处应做护角，以防使用中损坏墙角。

3. 隔断质量要求

（1）龙骨安装质量要求

1）安装竖向龙骨应垂直，龙骨间距应按设计布置。

2）罩面板横向接缝处如不在龙骨上，应加横撑龙骨固定板缝。

3）对于特殊结构的隔断龙骨安装，如曲面、斜面隔断等，应符合设计要求。

4）骨架的允许偏差应符合表 5-19 的规定。

隔断骨架允许偏差 **表 5-19**

项次	项目	允许偏差	检验方法
1	立面垂直	1	用 2m 托线板检查
2	表面平整	2	用 2m 直尺和楔形塞尺检查

（2）隔断罩面板质量要求

1）隔断完工后，应按有代表性的房间抽查 10%，过道按 10 延长米，食堂、厂房等按两轴线为一间，但不少于 3 间。

2）检查隔断工程所用的材料品种、规格、式样以及隔断的构造、固定方法等是否符合设计要求。

3）隔断工程的质量，应符合下列规定：

①隔断骨架与基体结构的连接应牢固，无松动现象；

②粘贴和用钉子或螺钉固定罩面板，表面应平整，粘贴的罩面板不得脱层；

③石膏板、胶合板、纤维板表面不得有脱胶、变色、腐朽、污染、折裂、缺棱、掉角、锤伤等缺陷；

④石膏板铺设方向正确，安装牢固，接缝密实、光滑、表面平整；

⑤胶合板不得有刨透处；

⑥石膏条板的板与板之间、板与主体结构之间应粘结密实、牢固、接缝平整；

⑦粘贴的踢脚板不得有大面积空鼓。

4）隔断罩面板工程质量的允许偏差，符合表 5-20 的规定。

隔断罩面板工程质量允许偏差　　表 5-20

项次	项　目	允许偏差（mm）				检验方法
		石膏板	胶合板	纤维板	石膏条板	
1	表面平整	3	2	3	4	用 2m 直尺和楔形塞尺检查
2	立面垂直	3	3	4	5	用 2m 托线板检查
3	接缝平直		3	3		拉 5m 线检查，不足 5m 拉通线检查
4	压条平直		3	3		
5	接缝高低	0.2	0.5	1		用直尺和楔形塞尺检查
6	压条间距		2	2		用尺检查

三、玻璃隔断

1. 玻璃隔断的构造

玻璃隔断的构造如图 5-79。玻璃隔断有时下部有支座，其下部做法有半砖墙抹灰、板条墙抹灰和木板 3 种。

2. 玻璃隔断的施工工艺及操作要点

（1）弹线。施工时先按图纸尺寸在墙上弹出垂线，并在地面及顶棚上弹出隔断的位置线。

（2）完成隔断下部支座。根据已弹出的位置线，按照设计规定的下部做法（砌砖、板条等）完成下半部，并与两端的砖墙锚

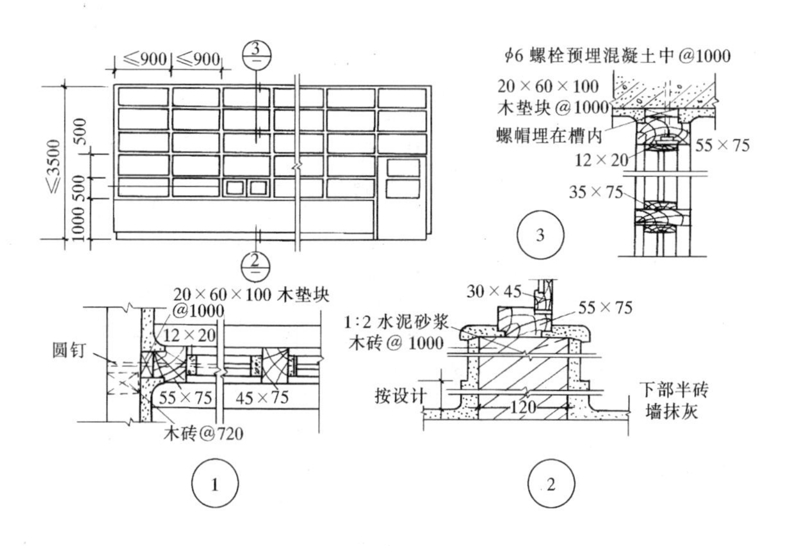

图 5-79　玻璃隔断

固。

（3）制作安装上部隔断。做上部玻璃隔断时，先检查砖墙上的木砖是否已按规定埋设。然后按线先立靠墙立筋，并用钉子与墙上木砖钉牢，再钉上、下槛及中间楞木。

四、轻钢龙骨隔断

1. 轻钢龙骨隔断的构造

轻钢龙骨分三个系列：C50 系列、C75 系列（包括 C75A）、C100 系列三种。C50、C75A 系列用于层高 3.5m 以下的隔断；C75 系列用于层高 3.5～6m 的隔断；C100 系列用于层高 6m 以下隔断及外墙。轻钢龙骨隔断节点有直角结合和丁字结合。其构造如图 5-80、图 5-81。

2. 轻钢龙骨隔断的施工要点

（1）隔断骨架与四周主体结构可采用射钉紧固。射钉间距不大于 1m。

（2）隔断竖向龙骨的布置，一般宜在 400～600mm 左右，可参照饰面板板面宽度而定，以板材中间有 1 根龙骨为宜（如石膏

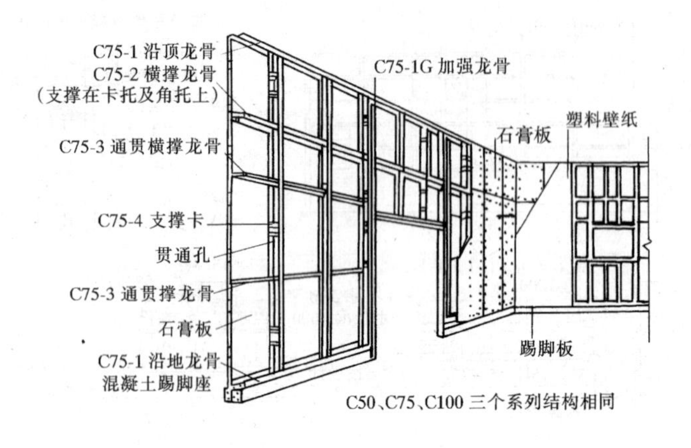

图 5-80 C 型轻钢龙骨隔断安装

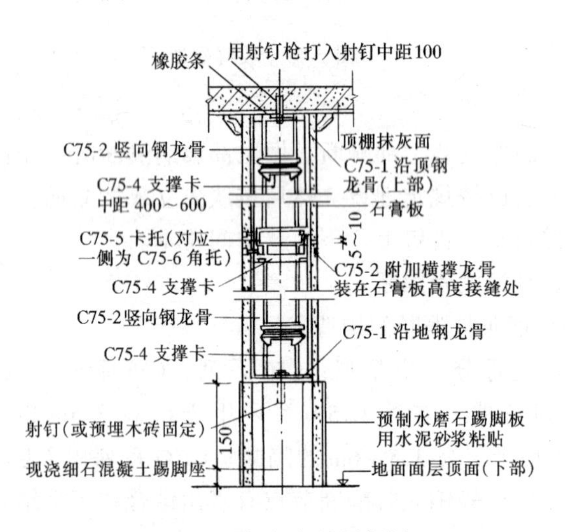

图 5-81 C 型轻钢龙骨隔断剖面

板为 900mm 宽时，龙骨间距为 455mm；石膏板为 1200mm 宽时，龙骨间距为 405mm 或 605mm）。

（3）C75-2 竖向龙骨开口面装 C75-4 支撑卡，卡距为 400～600mm。

（4）根据性能需要，骨架可装单层板或双层板。分别采用

4mm × 25mm、5mm × 35mm 沉头自攻螺钉固定。板边留距为 150 ~ 200mm，板中间钉距为 300 ~ 400mm。

（5）石膏板对接留缝宽 5 ~ 10mm，用腻子填实压平，贴玻璃纤维接缝带后打腻子刮平，或镶铝合金压条，两层板接缝应错开。

（6）墙高超过石膏板高度时，在接高处设 C75-2 横撑龙骨。

（7）C50、C100 系列隔断与 C75 系列结构完全相同，如骨架每侧装 12mm 厚的单层板时，其墙厚 C50 系列为 74mm，C75 系列为 99mm，C100 系列为 124mm。

第六节　木　门　窗

一、概述

1. 平开木门的组成及尺寸

（1）平开木门的组成

木门的开启形式很多，以平开门为例，主要组成部分是门框、门扇和建筑五金。根据需要，还可附设门帘盒、贴脸板、筒子板等。门框可根据上亮和多扇门的要求设置中横档和中竖框，如图 5-82 所示。

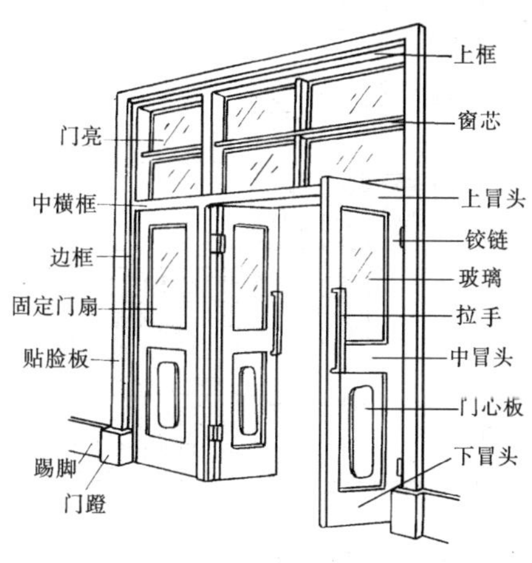

图 5-82　平开木门的组成

(2) 平开木门的尺寸

门的尺寸是按人们的通行、疏散和搬运常用家具设备的尺寸制定的。单扇门的宽度为 800～1000mm，辅助房间的门可为 600～800mm。当门宽为 1200～1800mm 时，则应采用双扇门，如仍需加大时，则应改为三扇或多扇门，这时门框应加设中竖框，以使每一门扇的宽度不超过 900mm。这是为了保证门扇自身的刚度、减少占用空间和减轻门框支承门扇的负担。门的高度为 2000～2100mm，如从立面和采光需要加高时，可在门的上部设置亮子。对有特殊功能和美观要求的公共建筑、车间、库房等按相应规范执行。

门洞宽度和高度的级差，基本上按扩大模数 3M 递增，个别尺寸是考虑到常用门的实际需要而插入了门宽 750、1000mm，门高 2000mm。有些标准图集还规定了门宽有 710、1300mm，门高有 1960、2500mm 等。

平开玻璃门选用见表 5-21。

平开玻璃门选用表　　表 5-21

洞口宽 / 洞口高	750	900	1000	1200	1500	1800	2100	2400
2000								
2100								
2400								
2700								
3000								

注:门型代号本表从略。

2. 平开木窗的组成及尺寸

（1）平开木窗的组成

主要由窗框、窗扇和建筑五金组成，根据需要还可附设窗帘盒、窗台板、贴脸板和筒子板等。窗框可根据设计有无上亮或下亮及多扇而设置中横档和中竖框，见图 5-83。

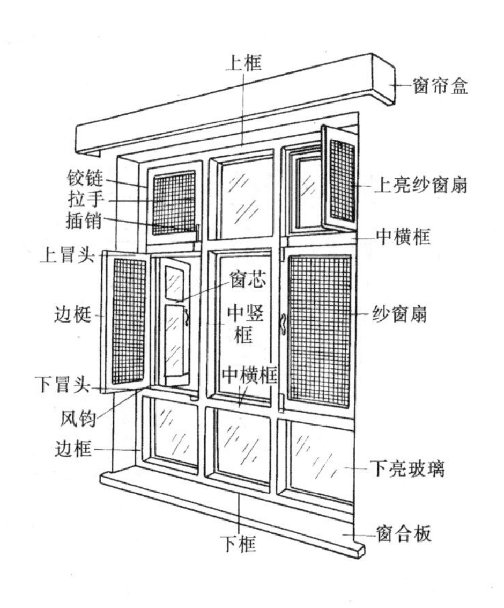

图 5-83　平开木窗组成

（2）平开木窗的尺寸

窗扇尺寸应控制在宽度为 400 ~ 600mm，高度为 800 ~ 1500mm，窗亮子高度为 300 ~ 600mm 的范围内。

窗洞口尺寸基本上采用扩大模数 3M，即以 300mm 为级差。但居住建筑的层高为 1M 数列，即以 100mm 为级差，故窗洞口高度插入一个 1400mm，以符合层高为 2800mm 的居住建筑采用。

木窗的宽与高以 2400mm 为限，如设计需大于这个尺寸时，须将表中基本窗进行组合，组合时加设组合杆件，以保证大型窗的整体刚度见表 5-22。

平开木窗基本窗型选用表　　　　表 5-22

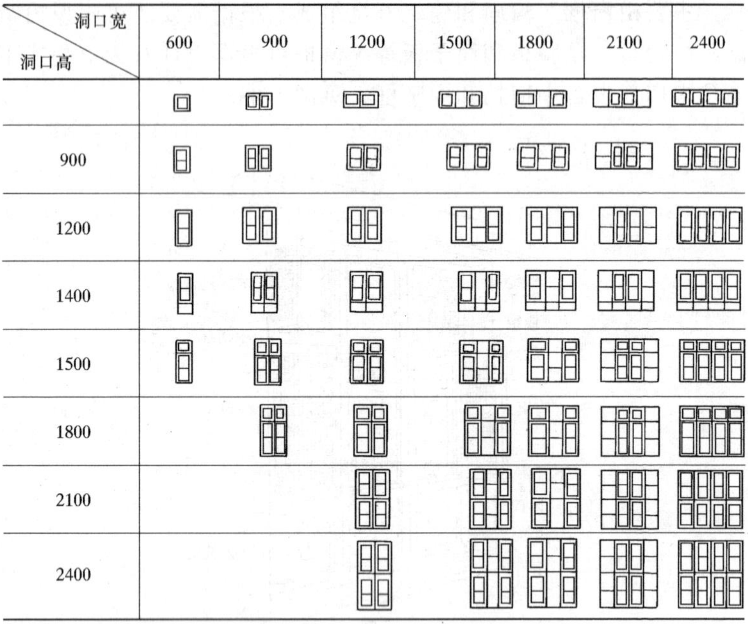

洞口宽 洞口高	600	900	1200	1500	1800	2100	2400
900							
1200							
1400							
1500							
1800							
2100							
2400							

二、木门窗制作用料

1. 木门窗用料

木门窗的制作一般是在木材加工厂进行，其工序包括配料、截料、刨料、画线、打孔、开榫、铲口、起线与拼装。根据我国《建筑装饰装修工程质量验收规范》（GB50210—2001）对门窗所用木材的质量应符合要求，对木材的选择标准应符合表 5-23 的规定。

普通木门窗用木材的质量要求　　　　表 5-23

木材缺陷		门窗扇的立梃、冒头、中冒头	窗棂、压条、门窗及气窗的线脚、通风窗立梃	门芯板	门窗框
活节	不计个数直径（mm）	< 15	< 15	< 15	< 15
	计算个数直径	≤材宽的 1/3	≤材宽的 1/3	≤30mm	≤材宽的 1/3
	任 1 延米个数	≤3	≤2	≤3	≤5

续表

木材缺陷	门窗扇的立梃、冒头、中冒头	窗棂、压条、门窗及气窗的线脚、通风窗立梃	门芯板	门窗框
死节	允许，计入活节总数	不允许	允许，计入活节总数	
髓心	不露出表面的，允许	不允许	不露出表面的，允许	
裂缝	深度及长度≤厚度及材长的 1/5	不允许	允许可见裂缝	深及长度≤厚度及材长的 1/4
斜纹的斜率(%)	≤7	≤5	不限	≤12
油眼	非正面，允许			
其他	浪形纹理、圆形纹理、偏心及化学变色，允许			

门窗应采用窑法干燥的木材，含水率不应大于 12%，如受条件限制，除东北落叶松、云南松、马尾松、桦木等容易变形的树种外，可采用气干木材，其制作时的含水率不应大于当地的平衡含水率，并应刷涂一遍底漆（干性油），防止受潮变形。这类门窗与砖石砌体、混凝土或抹灰层接触处及预埋木砖，都应进行防腐处理，并应设置防潮层。当采用马尾松、木麻黄、桦木、杨木等易腐朽和易虫蛀的木材制作门窗（及其他细木制品）时，整个构件应进行防腐、防虫处理。

2. 木门窗的五金

常见木门窗五金如图 5-84。

（1）铰链

用于连接平开式门窗框与门窗扇。铰链有普通铰链、弹簧铰链、明铰链和暗铰链等形式，铰链尺寸的选择与门、窗大小有关。通常亮子用 63mm 长的铰链，纱窗用 50mm 的，平开窗用 75mm 的，单扇门用 10mm 的，门宽 1m 以上用 150 ~ 200mm 的。所有窗扇必须装上下两道，弹簧门用弹簧暗铰链，纱门用弹簧明

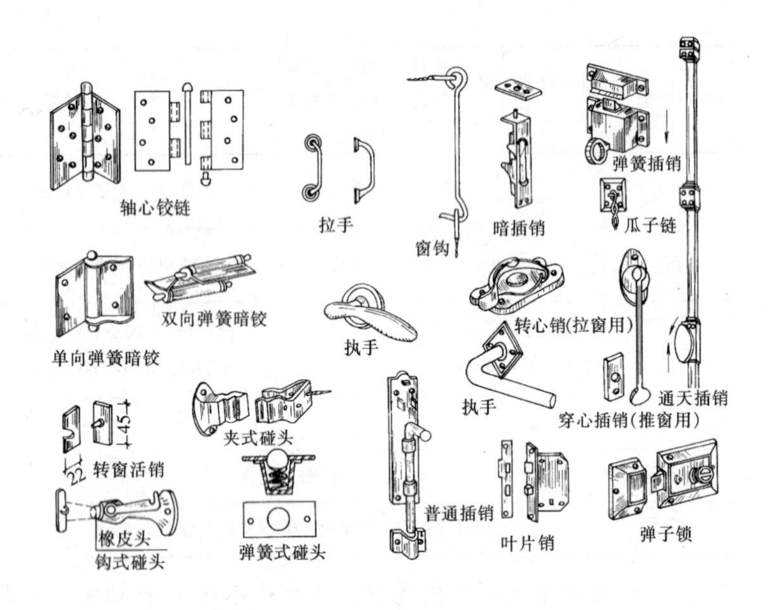

图 5-84　木门窗

铰链，当门宽大沉重时，则装三道铰链。

（2）插销

用于门窗扇关闭时的固定，插销种类有明插销、暗插销、通天插销和弹簧插销，分别用于平开式门窗、弹簧门、考究的长窗与门、转窗与翻窗。

（3）门锁

装在门框与门窗的边梃上，种类很多，常用的有弹子锁与执手锁两大类。执手锁又有片锁与弹子门锁两种，其中弹子门锁较安全。弹子锁装在门梃外面；执手锁则镶在梃料内。

一般门锁有大型和小型两种，其执手的长度和中心离门梃的尺寸有差异，小型的执手长为 50mm，大型的达 60mm，小型中心离门边为 55mm，大型为 70mm。

（4）拉手、推棍

装于弹簧门的门扇上，开门时使用。还供不装门锁的门扇使用，如纱门、厕所、隔间的小门等，也有用于窗扇的。

（5）门碰头

门扇开启后的固定装置，并有保护墙壁的作用，种类有钩式、夹式、弹簧式等，分别装在门扇、踢脚板或地板上。

（6）窗钩

窗扇开启后的固定装置，长度为30～400mm，平开窗一般用长150mm或200mm，亮子可用长100mm的风钩。

五金材料一般可用铁制，也有用塑料、铝合金的，高标准的采用铜制。转门、拉窗、推窗等均应装置特殊五金。升铰、转心销、穿心销、门顶弹弓、地弹簧和转门用滑轮（葫芦）转道等设备，这里不再赘述。

擦窗与五金及其他设备有关。对于高层、超高层建筑、除利用遮阳板或室外悬挂的擦窗特殊设施外，一般居住建筑外开式三窗扇（中间固定时）擦窗不安全，可采用长脚铰链。铰链轴心挑出窗面100mm，开启时能出现空隙，便于伸手擦窗。此外，还可将边扇的中间一块玻璃改为小窗。开启方向与大窗相反，这样就可伸手出小窗外上下擦窗，以解决边扇的擦窗问题。平时，小窗也可起透气的作用。

3．玻璃

玻璃在门窗工程中应用很广。玻璃是典型脆性材料，在冲击荷载作用下易破裂，热稳定性差，遇沸水易破裂，但它有较好的化学稳定性及耐酸性。

玻璃可以透光、透视、隔声、隔热，还可起到艺术装饰作用。其中，平板玻璃在建筑装饰装修工程中用量最多，它包括普通平板玻璃、安全玻璃及特种玻璃。

（1）普通平板玻璃　在建筑装饰装修工程中常用的普通平板玻璃是普通窗用平板玻璃，其厚度通常为2、3、4、5、6、8、10、12mm，其中应用最广的为2和3mm，其尺寸为200mm×200mm～1800mm×2000mm。各种平板玻璃的特点及用途见表5-24。

普通平板玻璃的特点和用途 表 5-24

品种		工艺过程	特点	用途
普通窗用玻璃		未经研磨加工	透明度好，板面平整	用于建筑门窗装配
磨砂玻璃		用机械喷砂和研磨方法进行处理	表现粗糙，使光产生漫射，有透光不透视的特点	用于卫生间、厕所、浴室的门窗
压花玻璃		在玻璃硬化前用刻纹的滚筒在玻璃面压出花纹	折射光线不规则，透光不透视，有使用功能又有装饰功能	用于宾馆、办公楼、会议室的门窗
彩色玻璃	透明彩色玻璃	在玻璃原料中加入金属氧化物而带色	耐腐蚀、抗冲击、易清洗，装饰美观	用于建筑物内外墙面、门窗及对光波有特殊要求的采光部位
	不透明彩色玻璃	在一面喷以色釉，再经烘制而成		

(2) 安全玻璃 安全玻璃根据玻璃的生产工艺及特点分为钢化玻璃、夹丝玻璃、夹层玻璃、中空玻璃。各种安全玻璃的特点和用途见表 5-25。

安全玻璃的特点和用途 表 5-25

品种	工艺过程	特点	用途
钢化玻璃（平面钢化玻璃、弯钢化玻璃、半钢化玻璃、区域钢化玻璃）	加热到一定温度后迅速冷却或用化学方法进行钢化处理的玻璃	强度比普通玻璃大 3～5 倍，抗冲击性及抗弯性好，耐酸碱侵蚀	用于建筑的门窗、隔墙、幕墙、汽车窗玻璃、汽车、挡风玻璃、暖房
夹丝玻璃	将预先编好的钢丝网压入软化的玻璃中	破碎时，玻璃碎片附在金属网上，具有一定防火性能	用于厂房天窗、仓库门窗、地下采光窗及防火门窗
夹层玻璃	两片或多片平板玻璃中嵌夹透明塑料薄片，经加热压粘而成的复合玻璃	透明度好，抗冲击机械强度高，碎后安全，耐火、耐热、耐湿、耐寒	用于汽车、飞机的挡风玻璃、防弹玻璃和有特殊要求的门窗、工厂厂房的天窗及一些水下工程
中空玻璃	用两层或两层以上的平板玻璃，四周封严，中间充入干燥气体	具有良好的保温、隔热、隔声性能	用于需要采暖、空调、防止噪声及无直射光的建筑，广泛用于高级住宅、饭店、办公楼、学校，也用于汽车、火车、轮船的门窗

（3）特种玻璃　特种玻璃分为热反射玻璃、吸热玻璃和变色玻璃，这里就不再赘述。

另外，在门窗工程中，还用到一些连接件和辅助材料等，由于篇幅有限，这里不再多述。

三、木门窗制作

1. 木门窗制作工序

木装饰门窗的制作工序：配料→截料→刨料→划线→凿眼→倒棱→裁口→开榫→断肩→组装→加楔→净面。

（1）配料与截料

1）熟悉图纸，了解门窗各部分构造、尺寸以及制作数量和质量要求。计算各部件的尺寸和数量，列出配料单，按配料单配料。如数量少，也可直接配料。

2）选材。不用腐朽、斜裂、节疤大的木料，以及不干燥的木料。配料宜先配长料后配短料，先配框料，后配扇料，使木料得以充分利用。

3）考虑损耗。门窗料的断面，单面刨光，比净料加大2~3mm，双面刨光，比净料加大4~5mm。

4）门窗料的长度，因门窗框的冒头有走头（加长端），冒头（门框的上冒头，窗框的上、下冒头）两端各需加长120mm，以便砌入墙内锚固。无走头时，冒头两端各加长20mm。安装时，再根据门洞或窗洞尺寸决定取舍。需埋入地坪下时，门框梃通常应加长60mm，以便入地坪以下使门框牢固。在楼层上的门框梃只加长20~30mm。一般窗框的梃、门窗冒头、窗棂等可加长10~15mm，门窗扇的梃长30~50mm。

5）在所选木料上画锯开、截断线时，一般留2~3mm的损耗量。锯切时，要注意锯线直，端面平，并注意不要锯画线，以免浪费。

（2）刨料

1）刨料时，宜选择纹理清晰，无节疤和毛病少的材面作正面。框料选窄面，扇料选宽面作正面。

2）刨料前，顺纹刨削，并检查尺寸，避免刨削过量。

3）如果木料凹凸不平，应先刨凹面，待两间刨得基本平整，再用大刨子刨，即可刨平。如果先刨凸面，凹面朝下，用刀刨削时，凸面向下弯。不刨时，木料弹性又恢复原状，很难刨平。如遇木料扭曲，先刨高处，直到刨平为止。

4）正面刨平直后，打上记号，再刨垂直一面，并且刨料时，不断用角尺测量，保证两面夹角为90°。然后，以这两个面为准，用勒子在料上画出所需要的厚度和宽度线。整根料刨好，这两根线也不能刨掉。检查木料是否刨好的方法是：取两根木料叠在一起，用手随便按动上面一根木料的一个角，这根木料丝毫不动，即证明这根料刨平了。检查木料尺寸是否符合要求的方法是：如果每根料的厚度是40mm，取10根料叠在一起量得尺寸是400mm（误差±4mm），其宽度方向两边都不突出。

5）门、窗的框料，靠墙的一面可以不刨光，但要刨出两道灰线。扇料必须四面刨光，画线时才能准确。料刨好后，应按框、扇分别码放，上下放齐。放料的场地要求平整、坚实。

（3）画线

1）画线前，先要清楚榫、眼的尺寸和形式，什么地方做榫，什么地方凿眼。眼的位置应在木料的中间，宽度不超过木料厚度的1/3，由凿子的宽度确定。榫头的厚度是根据眼的宽度确定的，半榫长度为木料的宽度的1/2。

2）对于成批的料，应选出两根刨好的料，大面相对放在一起，画上榫、眼的位置。要记住，使用角尺、画线竹笔、勒子时，都应靠在打号的大面和小面上。画的线经检查无误后，以这两根料为样板再成批画线。画线要清楚、准确、齐全。

（4）凿眼

1）凿眼时，要选择与眼的宽度相等的凿子。凿刃要锋利，刃口必须磨齐平，中间不能突起成弧形。先凿透眼，后凿半眼，凿透眼时先凿背面。凿到1/2眼深，最多不能超过2/3眼深后，把木料翻过来凿正面，直到把眼凿透。这样凿眼，可避免把木料凿劈裂。另外，眼的正面边线要凿去半条线，留下半条线。榫头开榫时也留半线，榫、眼合起来是一条整线，这样的榫、眼结合才紧密。眼的背面按线凿，不留线，使眼比面略宽，这样的眼装榫头时，可避免挤裂眼口四周。

2）凿好的眼，要求方正，两边要平直。眼内要清洁，不留木渣。千万不要把中间凿凹了。凹的眼加楔时，不能夹紧，榫头很容易松动，这是门窗出现松动、关不上、下垂等质量问题的原因之一。

（5）倒棱与裁口

1）倒棱与裁口是在门框梃上作出，倒棱起装饰作用，裁口则对门扇在关闭时起限位作用。

2）倒棱要平直，宽度均匀，裁口则要求方正平直，不准有戗槎起毛、凹凸不平的现象。忌讳口根有台，即裁口的角上木料没有刨净。也可做钉口，有单面钉口，双面钉口，但效果较差。裁口与钉口如图 5-85 所示。

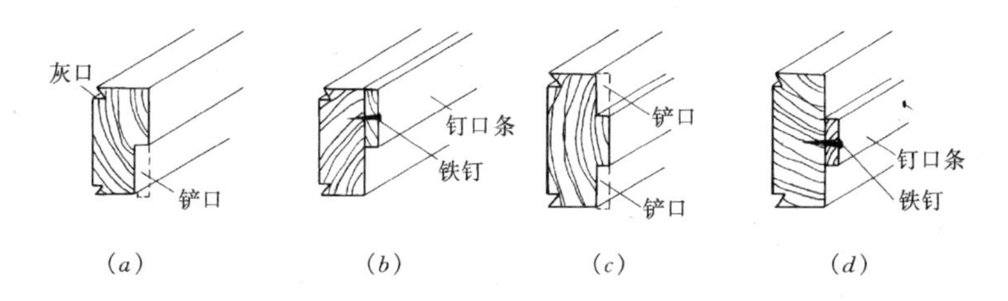

图 5-85 窗框的裁口与钉口

（a）单面铲口；（b）单面钉口；（c）双面铲口；（d）双面钉口

（6）开榫与断肩

1）开榫即倒卯，用细齿锯沿榫纵向线锯开，锯到根部时，把锯立起来锯几下，但不准过线。开榫时要留半线，其半榫长为木料宽度的 1/2，应比半眼深少 1～2mm，以备榫头受潮伸长。

2）断肩就是用小锯把榫两边的肩膀锯掉。断肩时也要留线，快锯掉时要放慢锯速，防止伤了榫根。

3）透榫锯好后插进眼里，以不松不紧为宜。锯好的半榫应比眼稍大。组装时在四面磨角倒棱，抹上胶用锤敲进去，这样的榫使用长久，不易松动。如果半榫锯薄了，放进眼里松动，可在半榫上加两个破头楔，抹上胶打入半眼内，使破头楔把半榫撑开借以补救。

4）锯成的榫要求方正、平直，不能歪歪扭扭，不能伤榫根。如果榫头不方正、不平直，会直接影响门窗组装的方正与结实。

（7）组装与净面

1）组装门窗框、扇前，应选出各部件的正面，以便使组装后正面在同一面，把组装后刨不到的面上的线用砂纸擦掉。门框组装前，先在两根框梃上量出门高，用细锯锯出一道锯口，或用记号笔划出一道线，这就是室内地坪线，作为立框的标记。

2）门窗框的组装，是把一根边梃平放，将中贯档、上冒头（窗框还有下冒头）的榫插入梃的眼里，再装上另一边的梃，用锤轻轻敲打拼合，敲打时要垫木块，防止打坏榫头或留下敲打的痕迹。待整个门窗拼好归方以后，再将所有的榫头敲实，锯断露出的榫头。

3）门窗扇的组装方法与门窗框基本相同。但门框中有门板，须先把门芯按尺寸裁好，一般门芯板应比在门扇边上量得的尺寸小3~5mm，门芯板的四边去棱、刨光。然后，先把一根门梃平放，将冒头逐个装入，门芯板嵌入冒头与门梃的凹槽内，再将另一根门梃的眼对准榫装入，并将木块敲紧。

4）门窗框、扇组装好后，为使其成为一个结实的整体，必须在眼中加木楔，将榫在眼中挤紧。木楔长度与榫头一样长，宽度比眼宽窄2~3mm，楔子头用扁铲顺木纹铲尖。加楔时，应先检查门窗框、扇的方正，掌握其歪扭情况，以便在加楔时调整、纠正。

5）一般每个榫头内必须加两个楔子。加楔时，用凿子或斧子把榫头凿出一道缝，将楔子两面抹上胶插进缝内，敲打楔子要先轻后重，逐步撑入，不要用力太猛。当楔子已打不动，孔眼已卡紧饱满时，就不要再敲，以免将木料撑裂。在加楔过程中，对框、扇要随时用角尺或尺杆卡窜角找方，并校正框、扇的不平处，加楔时注意纠正。

6）组装好的门窗框、扇用细刨或砂纸修平修光。双扇门窗要配好对，对缝的裁口刨好。安装前，门窗框靠墙的一面，均要刷一道沥青，以增加防腐能力。

7）为了防止校正好的门窗框再变形，应在门框下端钉上拉杆，拉杆下皮正好是锯口或记号的地坪线。大一些的门窗框，在中贯档与梃间要钉八字撑杆。

8）门窗框组装好要防止日晒雨淋，防止碰撞。

2. 木门窗制作的质量监控

木门窗制作过程的工艺技术及质量监控的内容，应依据设计和《木结构工程施工质量验收规范》（GB50206—2002）等规定进行。

（1）生产操作程序和技术要求：

1）门窗生产操作程序：配料→截料→刨料→画线、凿眼→开榫→裁口→整理线角→堆放→拼装。

2）榫要饱满，眼要方正，半榫的长度可比半眼的深度短2mm。拉肩不得伤榫，割角要严密、整齐；画线必须正确，线条要平直、光滑、清晰、深浅一致；刨面不得有刨痕、戗槎及毛刺；遇有活节、油节，应进行挖补，挖补时要配同样树种、同木色，花纹要近似，不得用立木塞。

3）成批生产时，应先制作一樘实样，经检查合格后按实（式）样标准统一制作。

（2）配料、截料施工要点和加工余量的确定：

1）配料、截料要注意精打细算，配套下料，不得大材小用、长材短用；采用马尾松、木麻黄、桦木、杨木等易腐朽、虫蛀的树种时，整个构件应做防腐、防虫药剂处理。

2）要合理地确定加工余量。宽度和厚度的加工余量，一面刨光者留 3mm，两面刨光者留 5mm，如长度在 500mm 以下的构件，加工余量可留 3～4mm。

长度方向的加工余量见表 5-26。

门窗构件长度加工余量　　表 5-26

构件名称	加工余量
门框立梃	按图纸规格放长 7cm
门窗框冒头	按图纸规格放长 20cm，无走头时放长 4cm
门窗框中冒头、窗框中竖梃	按图纸规格放长 1cm
门窗扇梃	按图纸规定
门窗扇冒头、玻璃棂子	按图纸规格放长 1cm
门扇中冒头	在五根以上者，有一根可考虑做半榫
门芯板	按图纸冒头及扇梃内净距放长各 5cm

3）门窗框料有顺弯时，其弯度一般不应超过 4mm。扭弯者一般不准使用。

4）青皮、倒楞如在正面，裁口时能裁完者，方可使用。如在背面超过木料厚的 1/6 和长的 1/5，一般不准使用。

(3) 刨料：刨出的料要求表面光滑，无明显的戗槎、刨痕、缺棱、掉角。

(4) 木门窗制作的画线：

1）画线前应检查已刨好的木料，合格后，将料放到画线机或画线架上，准备画线。

2）画线时应仔细看清图纸要求，并和样板式样、尺寸、规格必须完全一致，先做样品，经审查合格后再正式画线。

3）木门窗及其他木结构画线时，应按表 5-27 所示画线符号表示，以供零件加工及拼装等应用。画线时应根据门窗不同构件的宽、厚和长度尺寸留出加工余量（长度方向加工余量见表 5-26）。

常用画线符合 表 5-27

序号	名称	墨线符合	说明
1	下料线		指纵长的墨线，即平行木纹方向
			有两条以上直线时，表示应按木墨线下料
2	中心线	或	表示中心位置
3	作废线		指木材上已弹上的直线，但已经作废，不能按照本墨线下料之线
4	截料线		指垂直木纹的线，常用于特殊情况下的截断符号，截料时以双线外股作为下锯线
5	正副线		正线为榫肩位置线，副线为榫顶位置线，下料人在副线外股下锯截料
6	基准面符号		选用木料无瑕疵的一面作为基准面，基准面常为正面或外观看到的表面
7	通眼符号		表示两面打对穿的通眼
8	半眼符号		表示一面打眼，且不穿透对面之眼
9	榫头符号		表示榫头

4）画线时要选光面作为表面，有缺陷的放在背后，画出的榫、眼的尺寸必须一致，要求线条均匀、清晰准确、深浅一致。

5）用画线刀或线勒子画线时须用钝刀，避免画线过深影响质量和美观。画好的线，最粗不得超过 0.3mm，务求均匀、清晰。不用的线立即废除，避免混淆。

6）画线顺序，应先画外皮横线，再画分格线，最后画顺线，同时用方尺或杠弯尺画两端头线、冒头线、棂子线等。

7）门窗框及厚度大于 50mm 的门窗扇应采用双夹榫连接。冒头料宽度大于 180mm 时，一般画上下双榫。榫眼厚度一般为料厚的 1/5 ~ 1/3，中冒头大面宽度大于 100mm 者，榫头必须大进小出。门窗棂子榫头厚度为料厚的 1/3。半榫眼深度一般不大于料宽度的 1/3，冒头拉肩应和榫吻合。

8）门窗框的宽度超过 120mm 时，背面应推凹槽，以防卷曲。

（5）打眼：

1）打眼的凿刀应和眼的宽窄一致，凿出的眼，顺木纹两侧要直，不得错岔。

2）打通眼时，先打背面，后打正面。凿眼时，眼的一边线要凿半线、留半线。手工凿眼时，眼内上下端中部宜稍微突出些，以便拼装时加楔打紧，半眼深度应一致，并比半榫深 2mm。

3）成批生产时，要经常核对，检查眼的位置尺寸，以免发生误差。

（6）拉肩、开榫：

1）拉肩、开榫要留半个墨线，拉出的肩和榫要平、正、直、方、光，不得变形。

2）榫要饱满，眼要方正，榫要与眼的宽、窄、厚、薄一致，并在加楔外锯出楔子口。半榫的长度要比眼的深度短 2mm。拉肩不得伤榫。

（7）裁口、起线：

1）起线刨、裁口刨的刨底应平直，刨盖刃要严密，刨口不宜过大，刨刃要锋利。

2）起线刨使用时应加导板，以使线条平直，操作时应一次推完线条。

3）裁口遇有节疤时，不准用斧砍，要用凿剔平，然后刨光，阴角处不清时要用单线刨清理。

4）裁口、起线必须方正、平直、光滑，线条清晰、深浅一致，不得有戗槎、起刺或凸凹不平等缺陷。

（8）门窗拼装：

1）拼装前对部件应进行检查，要求部件方正、平直，线脚整齐分明，表面光滑，尺寸、规格、式样符合设计要求。并用细刨将遗留墨线刨去刨光。

2）拼装时，下面用木楞垫平，放好各部件，榫眼对正，用斧轻轻敲击打人。

3）所有榫头均需加楔。楔宽和榫宽一样，一般门窗框每个榫加两个楔，木楔打入前应粘胶。

4）紧榫时应用木垫板，注意随紧找平，随规方，以保证拼装的结构质量。

5）窗扇拼装完毕，构件的裁口应在同一平面上。镶门芯板的凹槽深度应于镶入后尚余2~3mm的间隔。

6）制作胶合板门（包括纤维板门）时，边框和横楞必须在同一平面上，面层与边框及横楞应加压胶结。应在横楞和上、下冒头各钻两个以上的透气孔，以防受潮脱胶或起鼓、变形等。

7）普通双扇门窗，刨光后应平放，刨平后成对作记号。

8）木门窗框靠墙、靠地的一面应刷防腐涂料，其他各面和扇均应涂刷清油一道。刷油后分类码放平整，底层应垫平、垫高。每层框、扇之间应垫木板条通风，如露天堆放时，需用苫布盖好，避免日晒雨淋。修刨门窗时，应用木卡具将门垫起卡牢，以免损坏门边。

9）门窗制品制成后，要处理死节孔眼、虫眼等缺陷，局部加腻子打磨后应立即涂刷一遍干性底油，防止受潮变形。并加入拉板钉牢以防止变形。

10）拼装好的成品，应在明显处编写号码，有楞木四角垫起，离地200~300mm，水平放置，加以覆盖妥善保管。

门窗在搬运时宜轻拿轻放，避免碰坏门窗。

3. 木门窗制作质量检验

(1) 木材的树种、材质等级、含水率和防腐、防虫、防火处理必须符合设计要求和施工规范的规定。

(2) 门窗框、扇的榫槽必须嵌合严密，以胶粘剂胶结并用胶楔加紧。胶料品种符合施工规范的规定。

(3) 小短料胶合的门窗框、扇及胶合板（纤维板）门的面层必须胶结牢固。胶料品种符合施工规范的规定。

检验方法：观察和用小锤轻击检查。

(4) 木门窗制作的允许偏差和检验方法见表5-28。

木门窗制作的允许偏差和检验方法　　表5-28

项次	项目	构件名称	允许偏差(mm)		检验方法
			普通	高级	
1	翘曲	框	3	2	将框、扇平放在检查平台上，用塞尺检查
		扇	2	2	
2	对角线长度差	框、扇	3	2	用钢尺检查，框量裁口里角，扇量外角
3	表面平整度	扇	2	2	用1m靠尺和塞尺检查
4	高度、宽度	框	0;－2	0;－1	用钢尺检查，框量裁口里角，扇量外角
		扇	2;0	1;0	
5	裁口、线条结合处高低差	框、扇	1	0.5	用钢直尺和塞尺检查
6	相邻棂子两端间距	扇	2	1	用钢直尺检查

四、木门窗的安装

1. 门窗框的安装

(1) 安装方法

门窗框施工方法有两种：即立口和塞口。

1）立口式施工要点：

①当砖墙砌到室内地坪时，立门框；砌到窗台时，立窗框。

②立口前必须对成品进行检查，经检查合格后才能进行安装。

③立口前，照图把门窗的中线和边线画到地面或墙上。然后，把框立于相应位置，并用撑杆临时支撑，用线锤和水平尺找直找平，并检查框的标高是否正确，如有不直不平之处随时纠正。不垂直时挪动支撑调整，不平处可垫木片或抹砂浆调整。支撑一般在墙身砌完后拆除。

④砌墙过程中不要碰动支撑，并应随时对门窗框进行校正，防止门窗框出现位移、歪斜等现象。砌到放木砖位置时，要校核是否垂直，如有不直，在放木砖时要随时纠正。否则，木砖砌入墙内，将门窗框固定后，就难以纠正。每边的木砖不少于2~3块。

⑤同一面墙的木窗框应安装整齐。可先立两端的门窗框，然后拉一通线，其他的框按通线竖立。这样可保证同排门框的位置和窗框的标高一致。

⑥立框时，一定要注意以下两点：

a.特别注意门窗的开启方向，防止出现错误难以纠正。

b.注意图纸上门窗框是在墙中，还是靠近墙里皮。如果是里皮平的，门窗框应出里皮墙面（即内墙面）20mm，这样抹完灰后，门窗框正好和墙面相平。

门窗框的立口施工见图5-86、图5-87。

2）塞口式施工要点：

①门窗洞口要按图纸上的位置和尺寸留出，洞口应比门窗大30~40mm（每边大15~20mm）。

②砌墙时，洞口两侧按规定砌入木砖，木砖大小约为半砖，间距不大于1.2m，每边2~3块。

③安装门窗框时，先把门窗框塞进门窗洞内，用木楔临时固定，用线锤和水平尺校正。校正后，用钉子把门窗框钉牢在木砖上，每个木砖上应钉两颗钉子，钉帽砸扁冲入梃内。

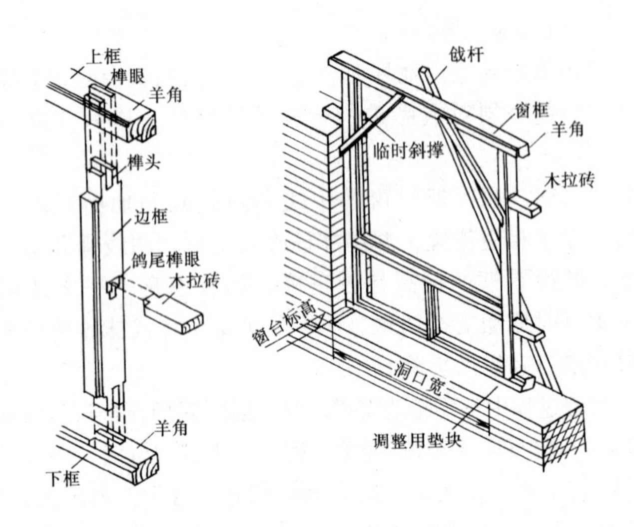

图 5-86 窗框立口安装

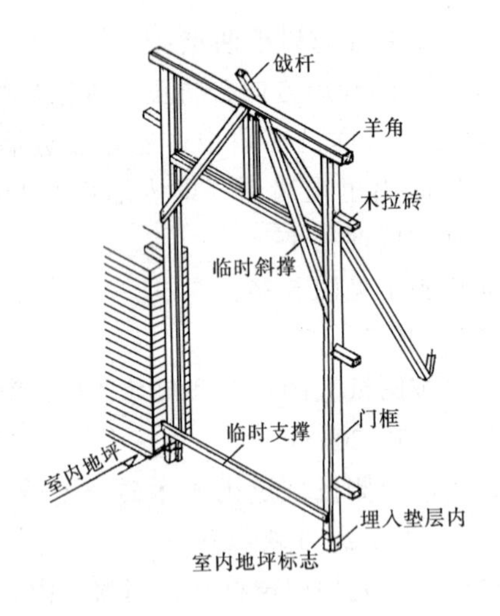

图 5-87 门框立口安装

④塞口时，一定要注意以下两点：

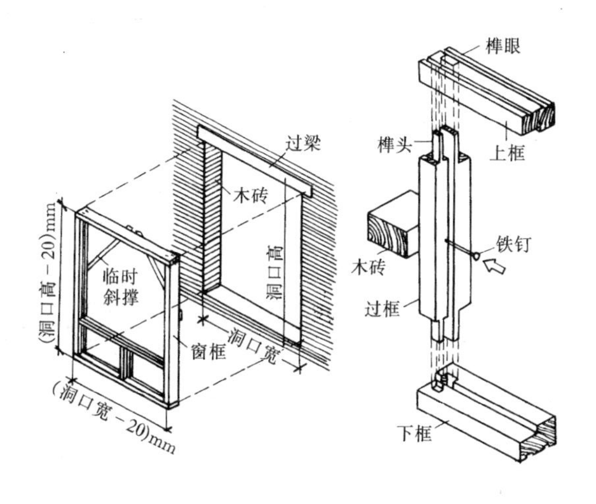

图 5-88　窗框塞口安装

a. 特别要注意门、窗的开启方向。

b. 整个大窗更要注意上窗的位置。

门窗框塞口式施工见图 5-88、图 5-89。

(3) 门窗框与墙体的接缝处理

门窗框可以在墙内居中设置，也可沿墙一侧设置（窗框不宜沿外墙外侧设置）。居中设置时简单、经济，沿一侧设置则需加贴脸板及至筒子板，构造复杂，造价颇高。

门窗框与墙体的接缝处理见图 5-90。

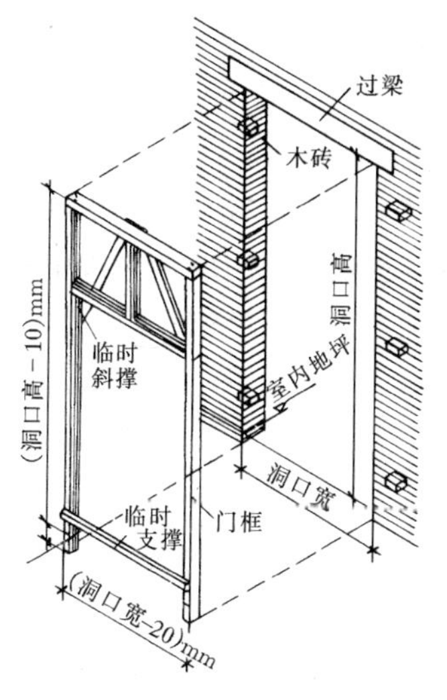

图 5-89　门框塞口安装

2. 门窗扇的构造

(1) 门扇的构造

1) 镶板门和镶玻璃门

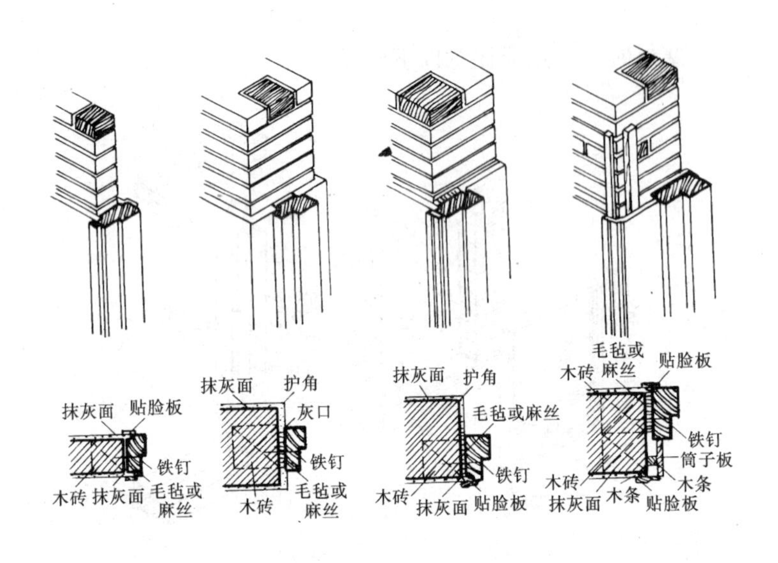

图 5-90　门窗框与墙体的接缝处理

镶板门由冒头、边梃用全榫结合成框，中镶木板，称门芯板。冒头门扇的框樘形式，可根据要求设计。构造如图 5-91 所示，由上冒头、下冒头、边梃和中梃等组成。上冒头尺寸一般采用（45～50）mm×（100～120）mm。中冒头、下冒头为了装锁和坚固要求，采用（45～50）mm×（150～200）mm。门扇特别大时，所有冒头、门梃至少为 50mm×150mm。框内侧刨槽镶入门芯板，板约厚 15～25mm（厚者可铲线脚），近来多镶嵌厚胶合板或纤维板（刨花板只限内门），周围钉压缝条。门芯板断面不一，可平也可呈凸肚形。

为了防止木板胀缩变形，凡镶入冒头、边梃，槽内必须留空隙。公共建筑外门为了防止损坏、污染，或为装饰起见，可在下冒头外侧压钉金属片（铜片或铝片）。

镶玻璃门的门扇构造同镶板门，只是在框内装玻璃。玻璃可整扇独块，也可半扇下部设门芯板，或分隔设窗芯子（北方称棂子），采用时根据设计而定。

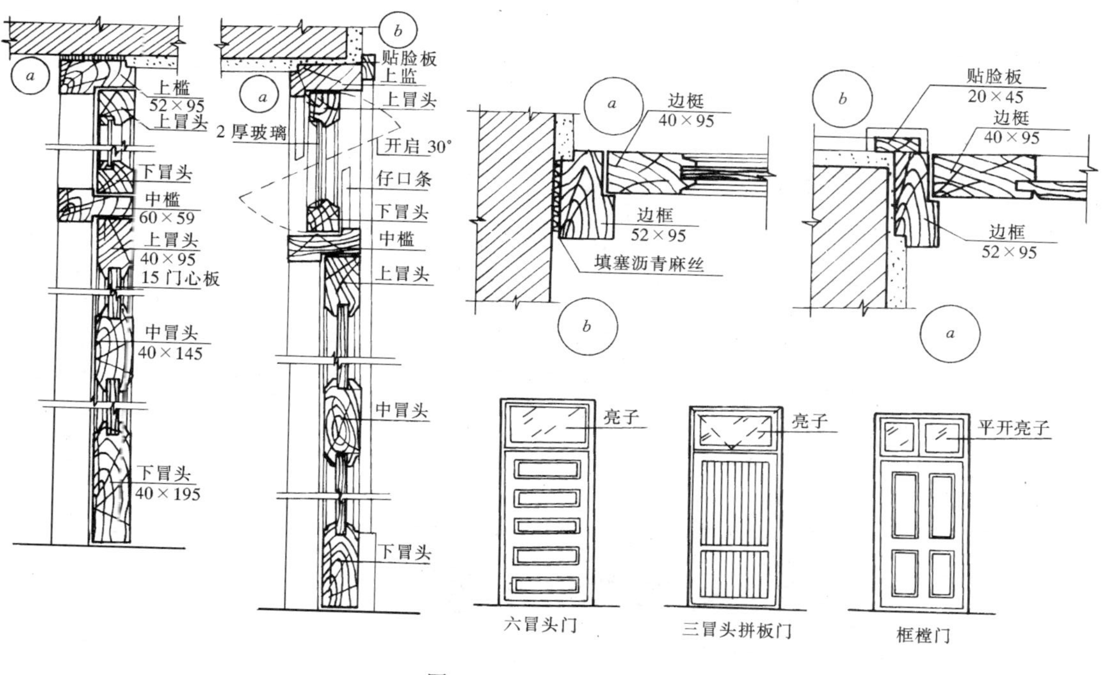
a
上槛
52×95
上冒头
下冒头
中槛
60×59
上冒头
40×95
15 门心板
中冒头
40×145
下冒头
40×195
b
贴脸板
上监
a
上冒头
2 厚玻璃
开启 30°
仔口条
下冒头
中槛
上冒头
中冒头
下冒头
a
边梃
40×95
边框
52×95
填塞沥青麻丝
b
b
贴脸板
20×45
边梃
40×95
边框
52×95
a
亮子
亮子
平开亮子
六冒头门
三冒头拼板门
框樘门

图 5-91 镶板门构造

如将门芯部分钉装窗纱即为纱门，纱门（包括纱窗）用来防止蚊蝇昆虫等飞入，构造同镶板门，用料较小，一般框料为（30～35）mm×（70～100）mm，在框内铲口宽约6mm，深12mm，钉窗纱布，四周盖钉木隐条，使其平服。窗纱布材料有铁纱、铜纱、布纱、塑料纱、玻璃丝等，常用孔眼规格为25mm长，有16孔或14孔的较为适宜。纱门可装在外门的内、外侧，以外侧较多，但窗纱容易损坏，如图5-92所示。

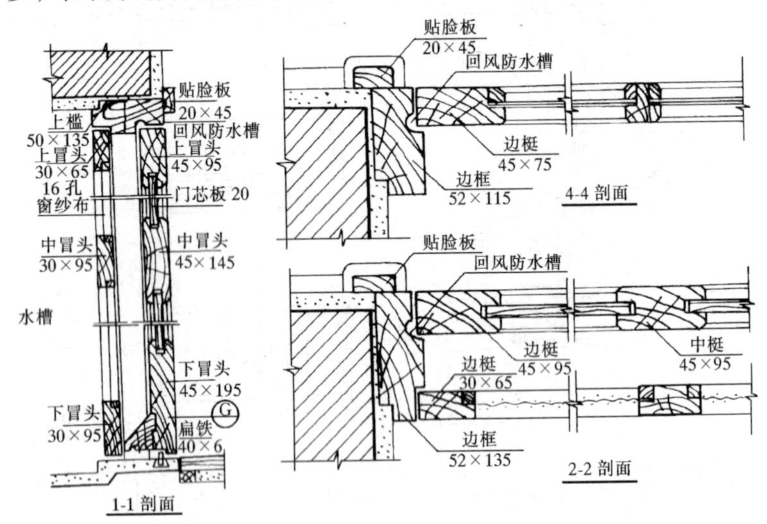

图 5-92　玻璃门、纱门

2）夹板门

门扇用木料胶合成木框格，上胶或钉胶合板。框格做法不一，应根据所用夹板厚度而定，如图5-93所示。外框用料35mm×（50～70）mm，内框用料33mm×（25～35）mm，中距100～300mm。如用纤维板，则更为经济。此外，还可在框内填蜂窝纸，不但重量减小，还能起到消声作用。胶合板厚为4～6mm（3、5层夹板），夹板可整张或拼花胶合。胶料常用豆胶（为节约粮食现已少用）、血胶加少量防水剂，用于外门时需用尿醛树脂、酚醛树脂等防水胶。

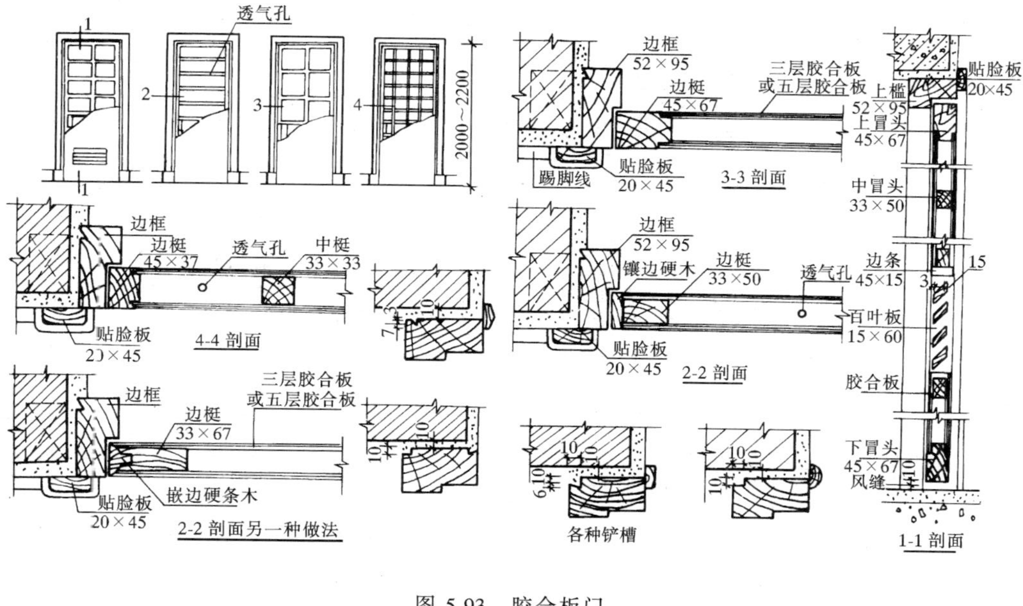
透气孔
1
2
3
4
2000～2200
边框
52×95
边梃
45×67
三层胶合板
或五层胶合板
贴脸板
20×45
踢脚线
3-3 剖面
上槛
52×95
上冒头
45×67
中冒头
33×50
边条
45×15
百叶板
15×60
胶合板
下冒头
45×67
风缝
15
1-1 剖面
边梃
45×37
中梃
33×33
4-4 剖面
镶边硬木
33×50
2-2 剖面
33×67
嵌边硬条木
2-2 剖面另一种做法
各种铲槽

图 5-93　胶合板门

夹板门构造应注意下列各点：

①胶合板不能胶至外框边，因经常碰撞，容易撕裂。

②装门锁、铰链处，框料应另加宽，一般另钉木条。

③保持门扇内部干燥，可做透气孔贯穿上下框格，孔径为9mm。

这种门扇用料较省，能利用短木或废木，且表面美观、整洁，现在应用较为普遍。

3）拼板门

镶板门在一侧钉木板，面平框樘，现称拼板门。拼板门坚固耐久，材料截面较大，因而自重大。这种门也可不用门框，将门扇直接用门轴与墙体的预埋件相连。门扇由边梃、中梃，上、中、下冒头，门芯拼板组成。门芯拼板是用35~45mm厚的木板拼接而成，接口多用错口或企口相接。门轴是用钢板、圆钢焊接而成，预埋件是用混凝土和钢板做成，在砌墙时埋入适当部位，焊接门轴后可以承受门扇的较大荷载（图5-94）。此种门多用于库房、车间的外门。

以上门扇，可用于任何构造形式的门上，如平开门、弹簧门、推拉门，只是门框构造不同，局部构造和设备也不同。

有时门框外侧与四周还要做贴脸板和筒子板。

①贴脸板

贴脸板是在门框四周所钉的线脚，其主要作用是掩盖门框与墙面抹灰之间的缝隙，用料厚度20~25mm、宽30~100mm不等，过宽则浪费木料，一般为50mm宽（图5-95）。

也可将门框突出墙面20mm以上，并在框内侧刨平槽，嵌入抹灰，以代替贴脸板，简单清洁，适用于宽料。料窄时虽可刨斜槽，但对门框与墙身联系过偏，必须加强，否则会因门框动摇而使抹灰剥落，不如另钉贴脸板妥当。凡清水外墙，不论安装门或窗框，或内墙钉贴脸板时，均不需在门窗框外侧刨槽。如图5-91所示镶板门的 *a*、*b* 节点构造图。

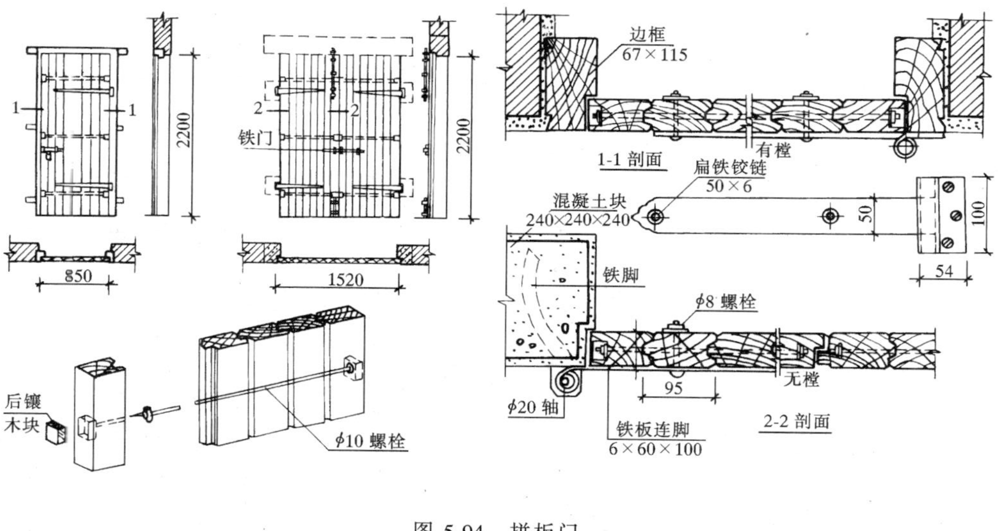
1
1
2200
850
2
2
铁门
2200
1520
后镶
木块
ϕ10 螺栓
边框
67×115
有樘
1-1 剖面
扁铁铰链
50×6
混凝土块
240×240×240
50
100
54
铁脚
ϕ8 螺栓
95
无樘
ϕ20 轴
铁板连脚
6×60×100
2-2 剖面

图 5-94　拼板门

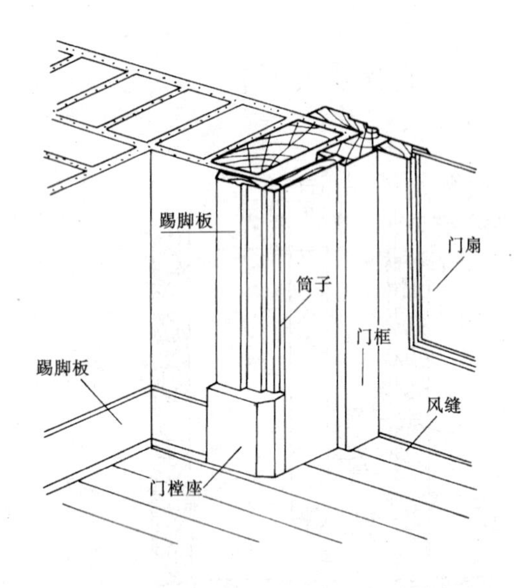

图 5-95　贴脸板及筒子板

②筒子板

在沿门框外侧的墙面（即墙垛）处，用砂灰嵌入门框边预先刨好的铲口内，或抹灰至门框边，必须在转角处复钉木条，称压缝条。高标准的建筑，常在此处包钉木板，称为筒子板。在筒子板的外缘转角处，再压钉贴脸板。

筒子板与贴脸板、门框之间镶合均用平缝半榫。筒子板或贴脸板本身转角处的结合，常用合角榫结。高标准建筑可采用合角留肩及合角销板等榫结方法，如图 5-96 所示，这些榫结方法也适用于窗帘盒及各种木板的直角相联处。

(2) 平开门、弹簧门、推拉门的构造

1) 平开门

分单扇、双扇。单扇门一边用铰链固定在门框上，另一边装执手及门锁起开关作用。并按门的开关方向在门框上铲深 10～12mm、宽同门厚的铲口停阻门扇。双扇门用铰链固定在门框两边，中间边梃合缝处做成平缝或高低缝相联，如图 5-97 所示。

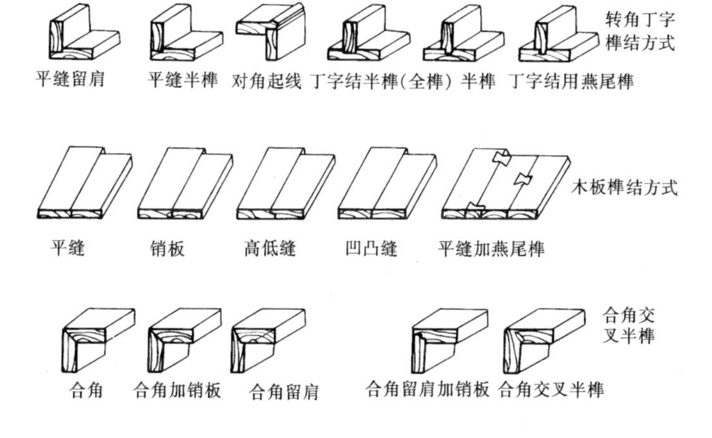

图 5-96 各种榫结方法

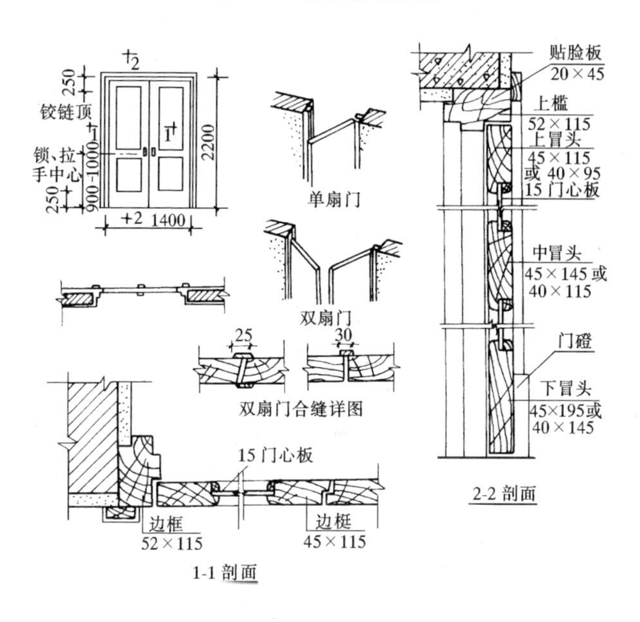

图 5-97 平开门构造

做平缝时可在缝外用压缝条钉在梃上，借此挡风。仓库等处、门扇较大的门，必须装扁担铰链，门扇下部装置滑轮，地面上也须埋置眉毛铁设备，便于开关。眉毛铁是沿门开关方向铺设的圆铁轨。其他如影剧院所用安全门的构造同平开门，但为紧急使用、开关方便，必须在门上装置上推棍相连的通天插销，推棍离地面高度为900～1000mm，并在门旁注明“推棍开门”等字样。

2）弹簧门

弹簧门是在玻璃门扇上装置暗式弹簧铰链或地弹簧。地弹簧是高级五金设备，匣形，中藏弹簧，用摇梗与边梃下部相接，一般装在地面内。门的开关方向，按五金设备装置不同，有单向和双向两种。弹簧门的六框上下不做铲口，门梃均做圆弧状，不做压缝条，如图5-98所示，并且必须在门梃侧面装置暗插销，不能用普通插销。弹簧门应安装玻璃，以免出入互撞。

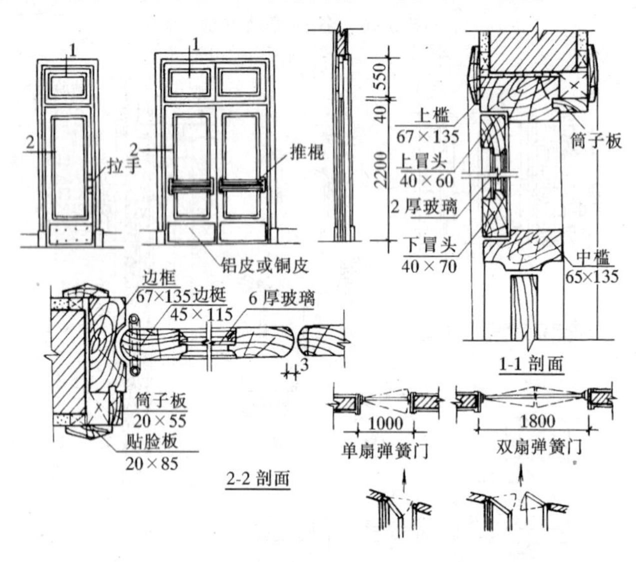

图5-98　弹簧门构造

3）推拉门

推拉门的门扇，可采用镶板门或夹板门，其构造是在门顶部装滑轮，悬挂在铁轨上左右移动，下部可加装滑轮和轨道，也可装置角钢和槽钢或铸铁门卡，使门扇不致摇动，如图5-99所示。居住建筑为整齐清洁起见，门下一般不设滑轮和铁轨。

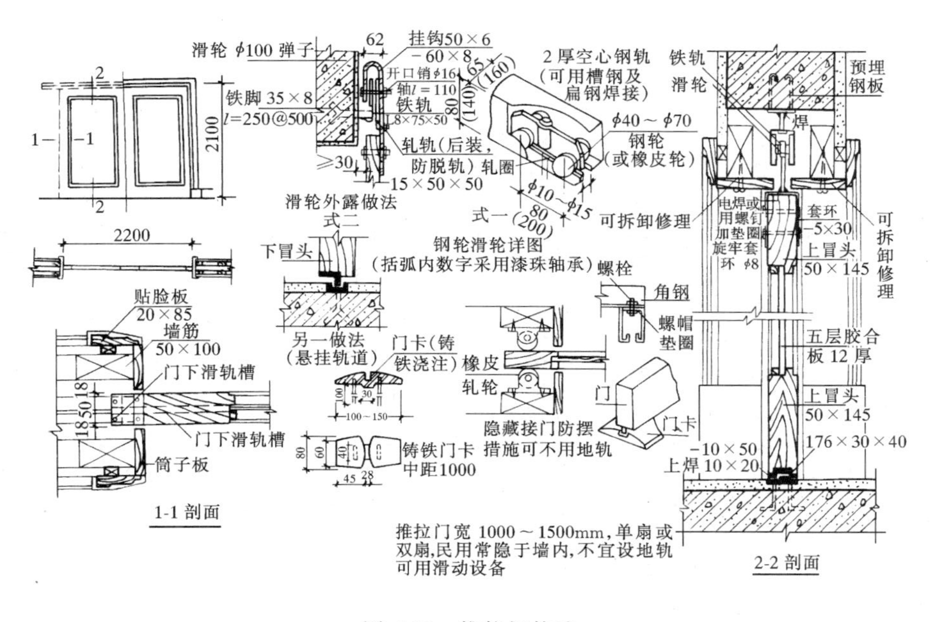
滑轮 ϕ100 弹子
62
挂钩50×6
−60×8
开口销ϕ16
轴l=110
铁脚 35×8
l=250@500
铁轨
8×75×50
80
(140)
65
(160)
轧轨(后装,
防脱轨)轧圈
≥30
15×50×50
滑轮外露做法
式二
2 厚空心钢轨
(可用槽钢及
扁钢焊接)
ϕ40～ϕ70
钢轮
(或橡皮轮)
ϕ10～ϕ15
式一
80
(200)
钢轮滑轮详图
(括弧内数字采用漆珠轴承)
可拆卸修理
铁轨
滑轮
预埋
钢板
焊
电焊或
用螺钉
加垫圈
旋牢套
环 ϕ8
套环
−5×30
上冒头
50×145
可
拆
卸
修
理
2100
2200
1
2
下冒头
另一做法
(悬挂轨道)
螺栓
角钢
螺帽
垫圈
五层胶合
板 12 厚
贴脸板
20×85
墙筋
50×100
门下滑轨槽
门下滑轨槽
18
50
18
筒子板
门卡(铸
铁浇注)
100
30
100～150
橡皮
轧轮
门
门卡
隐藏接门防摆
措施可不用地轨
80
60
40
45
28
铸铁门卡
中距1000
上冒头
50×145
176×30×40
−10×50
上焊 10×20
推拉门宽 1000～1500mm,单扇或
双扇,民用常隐于墙内,不宜设地轨
可用滑动设备
1-1 剖面
2-2 剖面

图 5-99　推拉门构造

还有其他形式门的构造，不再赘述。门的构造还与地区气候有关，比如寒冷地区的外门要做门斗或挡风设备，雨水量大的地区，外门下冒头外还要做披水板或其他挡水设施等等。

(3) 窗扇的构造

1) 平开木窗扇的构造

①窗扇

窗扇宜选用红松木并经烘干后制作，以防变形。窗扇由边梃、上下冒头和窗芯（窗棂）组成，其截面尺寸厚度均为 35 ~ 42mm，冒头和边梃的宽度为 55 ~ 60mm，有的下冒头需加宽，以便安装披水板。窗芯宽为 30 ~ 40mm。边梃、冒头和窗芯均在外侧铲出玻璃口，宽度为 12 ~ 15mm，深度为 8 ~ 12mm，以便镶嵌玻璃。内侧加工成各种线脚，以减少遮光和增加美观（图 5-100）。

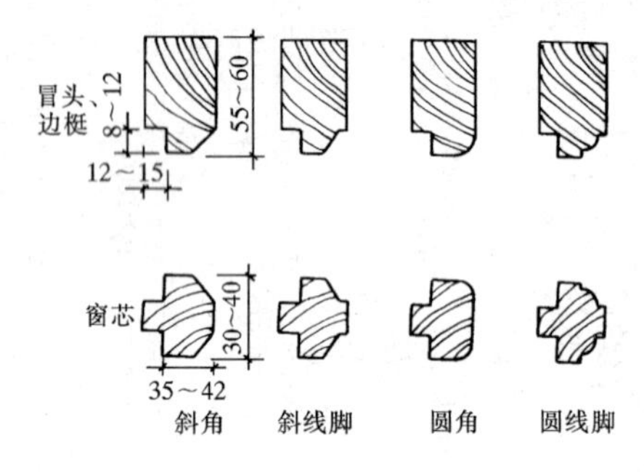

图 5-100　冒头、边梃、窗芯截面形式

平开木窗的窗扇间对口缝应做成斜错口缝，以防风雨和保温，必要时还可在外侧或内外侧加设盖口条，效果更好（图 5-101）。

②窗框、中横档与窗扇的关系

为了使窗框与开启的窗扇间的缝隙不进入风沙和雨水，应采取密封性的构造措施，如图 5-102 所示。

加深铲口深度至 15mm，以减少空气的渗透（图 5-102*a*）；

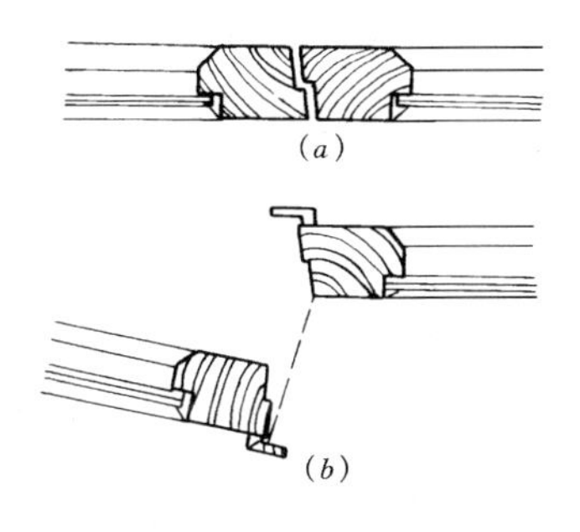

图 5-101　平开窗扇对口做法

(a) 无盖口条；(b) 有盖口条

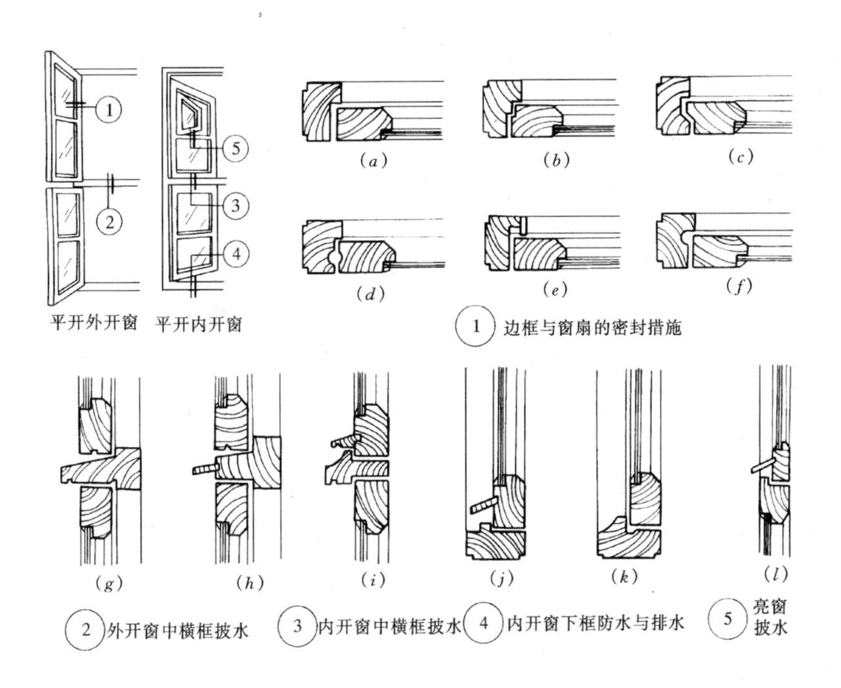

图 5-102　窗框、中横档与窗扇的关系

(a) 平缝铲口；(b) 错链铲口；(c) 鸳鸯铲口；(d) 回风槽；(e) 加木条回风槽；(f) 半回风槽；(g) 中横框做披水；(h) 中横框加披水板；(i) 中横框做滴水槽上窗扇加披水板；(j) 窗扇加披水板；(k) 做排水孔；(l) 加披水板

错口式铲口和鸳鸯铲口，可增加空气渗透阻力（图 5-102b、c）；

在框与扇之间做回风槽，可形成减弱空气压力的空腔，以防止水的毛细渗透（图 5-102d、e、f）；

在窗扇与窗框、中横档的水平缝上方做披水板，可防止飘雨进入室内（图 5-102g、h、i、l）；

在可能飘入雨水的地方，设置集水槽和排水孔，也可避免雨水进入室内（图 5-102k）。

③平开双层木窗

双层窗指双层玻璃扇或一层玻璃扇一层纱扇，在北方地区特别是北方地区的背阳方向多采用双层玻璃扇，利用双层玻璃之间的空气层防寒保温。

双层玻璃扇木窗有如下几种做法：

a. 双层窗框间隔一定距离，分别内外开启。窗框截面尺寸仍按单铲口要求即可。这种形式可免去使用大截面木料，但总耗材量较双铲口要大。

b. 双铲口窗框双层玻璃扇分别内外开启。这种做法构造简单，采用很广（图 5-103a）。

c. 单铲口窗框子母玻璃窗组合内开。由大小相同两层玻璃，用料大小不同的窗扇合并而成，共同安装在一个单铲口窗框上（也可外开），子母窗扇同时开启。擦拭或换装玻璃时，可将子母扇分开，这种形式密封效果好，也较省料，我国东北地区使用很广（图 5-103b）。

d. 错台双铲口窗框大小扇分别内开，窗框也可分设，间距任意调整。这种形式开启方便，保温效果较好，擦拭和维修方便，内开利于保护窗扇，但影响室内使用空间（图 5-103c）。

e. 单铲口窗框单层双玻璃扇外开。在单扇上镶嵌双层玻璃，间隙用木条隔离形成空气层。这种做法构造简单，但单扇上承担双层玻璃重量，用料加大，擦拭和换装玻璃需卸掉木压条（图 5-103d）。

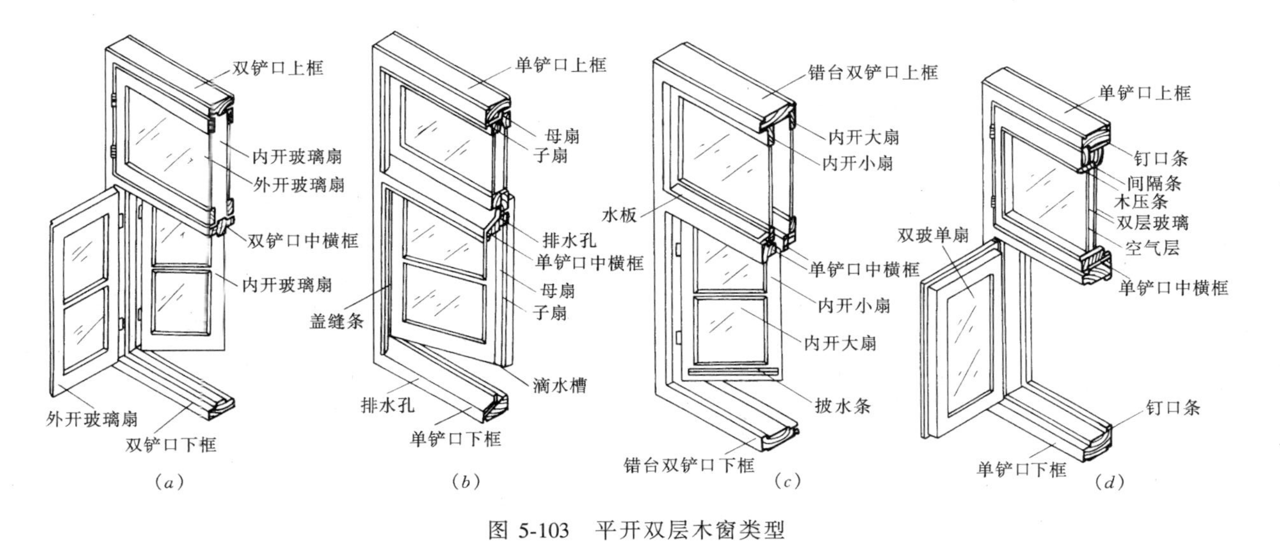

图 5-103 平开双层木窗类型

(a)双铲口窗框双层木窗;(b)内开子母窗扇双层木窗;
(c)错台双铲口双层木窗;(d)单铲口双层木窗

④纱窗扇　纱窗扇宜设在内侧，将玻璃扇设在外侧，一是防止雨水流入室内，二是保护纱窗减少雨淋。纱窗扇的用料可略小些，一般为（30～35）mm×（50～65）mm，中间的窗芯也可减少或免去。

窗纱可用金属网或尼龙网，安装时，用10mm×10mm的木条钉住即可见图5-104。

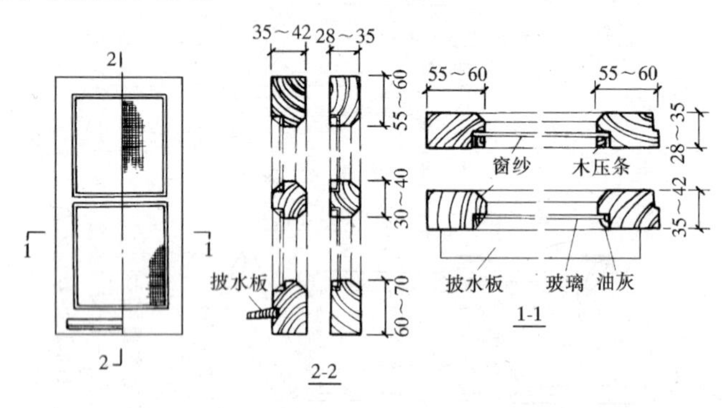

图 5-104　一玻一纱木窗

⑤平开木窗的密封　用橡皮条、泡沫塑料、毛毡或其他柔软弹性材料设置在窗框与窗扇相接触的部位，可提高严密性，减少热散失和风沙飞入（图5-105）。

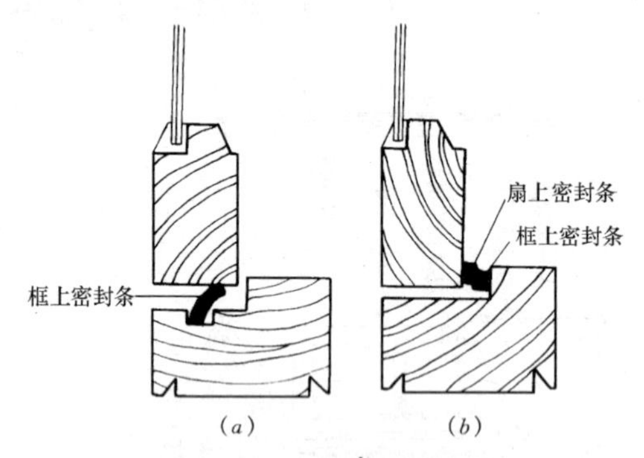

图 5-105　密封条的设置

（a）做法之一；（b）做法之二

2）木百叶窗构造

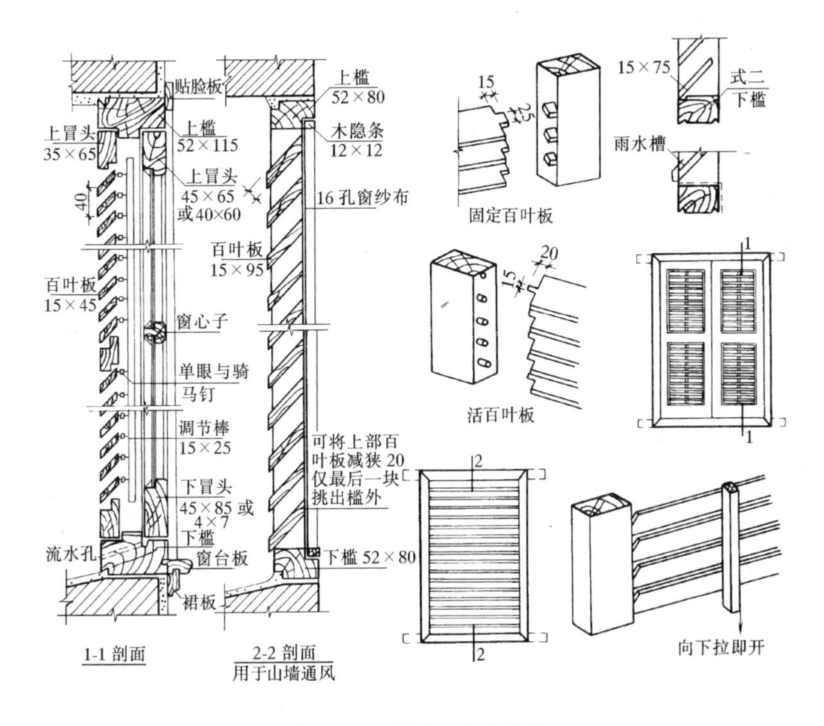

图 5-106　木百叶窗的构造

木百叶窗的构造见图 5-106。固定百叶窗（硬百叶窗）是用（10 ~ 15）mm×（50 ~ 75）mm 的百叶板，两端开半榫装在窗梃内侧，呈 30°~ 45°的斜度，百叶板之间的距离约为 30mm 左右。用于山墙、厕所、厨房顶部气楼的百叶窗，可直接把百叶装在边框内侧，并且在百叶板后钉窗纱布，防止鸟虫飞入，还必须注意雨水沿下槛渗入。固定百叶窗的规格一般宽为 400、600、1000、1200mm，高为 600、800、1000mm 几种。活动百叶窗是将百叶板两端锯出圆轴，嵌在窗梃内侧的圆眼内，百叶板的间距约为 40mm 左右。在百叶板后，用垂直于百叶板的调节木棒装羊眼螺钉与板联系，该棒俗称猢狲棒。棒可上下拉动，以调节百叶板角度，使其能通风或遮阳。此外，铁百叶板有固定和活动两种；玻璃百叶板容易破碎，采用磨砂、压花玻璃可起遮阳作用。

3）贴脸板、窗台板与窗帘盒

①贴脸板。其作用与门贴脸相同。用料厚约 20mm，宽度可比门贴脸板酌量减少，也可刨成各种断面的线脚，图 5-107 所示。

②窗台板。在下槛内侧设窗台板，板的两端伸出窗头线少许，挑出墙面 30 ~ 40mm，板厚 30mm，板下可设窗肚板（封口板），或钉各种线脚。窗台板与贴脸板、窗肚板的结合均用平接半榫。窗肚板厚 20mm，宽不大于 70mm。窗台板可用木料制作，如窗框位于墙中心，不装贴脸板时，也可改用预制磨石子板如图 5-107 所示。

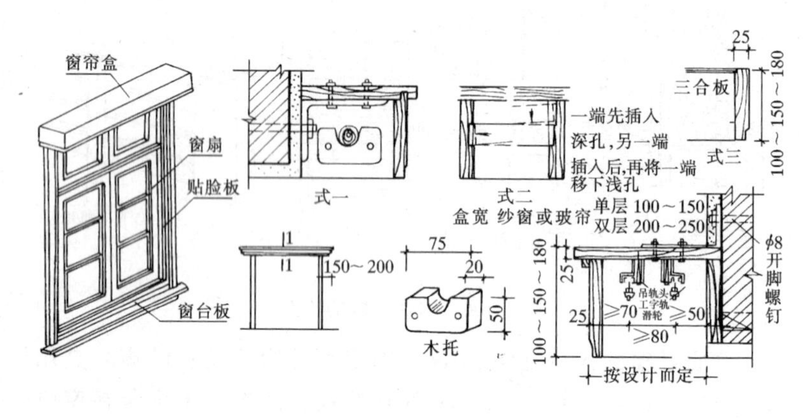

图 5-107 贴脸板与窗帘盒

③窗帘盒。悬挂窗帘时为掩蔽窗帘棍和窗帘上部而设，如图 5-107 所示。窗帘盒三面用 25mm ×（100 ~ 150）mm 木板镶成，盒的大小应根据窗帘道数与窗帘厚薄而定。窗帘棍有木棍、铜棍、铜轨、铁轨或铝合金轨，附有滑轮等几种。简单的可用铁丝及花篮螺钉装置，而以铜轨及滑轮的最灵活，近来有装置自动开启的电动设备。窗帘盒的装置，可按盒的大小，两侧钉在窗头线旁，或用 4mm × 25mm 的扁钢，4mm × 30mm × 30mm 角钢，伸入墙内，并用水泥砂浆埋固。盒顶为保持清洁，应盖夹板或木板。公共建筑的大型厅室设有高大窗户时，窗帘盒可悬挂而藏在吊顶

的槽内，槽宽约300mm左右。

3. 门窗扇安装的施工要点

(1) 施工准备

1) 安装门、窗扇前，先要检查门窗框上、中、下三部分是否一样宽，如果相差超过5mm，就必须修整。

2) 核对门、窗扇的开启方向，并打记号，以免把扇安错。

3) 安装扇前，预先量出门窗框口的净尺寸，考虑风缝（松动）的大小，再进一步确定扇的宽度和高度，并进行修刨。修刨时，在高度方向，下冒头边略微修刨一下，主要是修刨上冒头边。宽度方向上的修刨，应将门扇钉定于门窗框中，并检查与门窗框配合的松紧度。由于木材有干缩湿胀的性质，而且门窗扇、门窗框上都需要有油漆及打底层的厚度，所以安装时要留缝。一般门扇对口处竖缝留1.5~2.5mm，窗扇竖缝为2mm，并按此尺寸进行修刨。

(2) 施工要点

1) 将修刨好的门窗扇，用木楔临时立于门窗框中，排好缝隙后留出铰链位置。铰链位置距上、下边的距离宜是门扇宽度的1/10，这个位置对铰链受力比较有利，又可避开榫头。然后把扇取下来，用扇铲剔出铰链页槽。铰链页槽应外边浅，里边深，其深度应当是把铰链合上后与框、扇平正为准。剔好铰链槽后，将上下铰链各拧一颗螺钉把扇挂上，检查缝隙是否符合要求，扇与框是否齐平，扇能否关住。检查合格后，再把螺钉全部上齐。

2) 双扇门窗扇安装方法与单扇的安装基本相同，只是多一道工序——错口。双扇门应按开启方向看，右手门是盖口，左手门是等口。

3) 门窗扇安装好后要试开，其标准是：以开到哪里就能停到哪里为好，不能有自开或自关的现象。如果发现门窗扇在高、宽上有短缺的情况，高度上应将补钉的板条钉在下冒头下面，宽度方向上在装铰链一边的梃上补钉板条。

4) 为了开关方便，平开扇上、下冒头最好刨成斜面。

(3) 门窗小五金安装的施工要点

1) 安装铰链、插销、L铁、T铁等小五金时，先用锤将木螺钉打入长度的1/3，然后用改锥将木螺钉拧紧、拧平，不得歪扭、倾斜。

2) 门窗扇嵌L铁、T铁时应加隐藏，做凹槽，安完后应低于表面1mm左右。

3) 门锁安装，距离地面90~95cm，并错开中冒头，以免伤榫。

4) 门拉手应里外一致。上、下插销要装在梃宽的中间，如采用暗插销时，应在外梃上剔槽。门拉手一般距离地面80~100cm；窗拉手应安在窗扇对口边梃中部或中部以下10cm左右。

5) 门窗扇外开时，L铁、T铁安在里面；内开时安在外面。

(4) 后塞窗框预安窗扇施工要点

1) 按图纸要求，检查各类窗的规格、质量，如有问题，应进行修整。

2) 按图纸的要求，将窗框放到支撑好的临时木架（等于窗洞口）内调整，用木拉子或木楔子将窗框稳固，然后安装窗扇。

3) 对推广采用外墙板施工的，也可以将窗扇和纱窗扇同时安装好。

4) 有关安装技术要点与现场安装窗扇要求一致。

5) 装好的窗框、扇，应将插销插好，风钩用小圆钉暂时固定，把小圆钉砸倒。

6) 已安好五金的窗框，将底油和第一道油漆刷好，以防止受潮变形。

7) 在塞放窗框时，应按图纸核对，做到平整方直，如窗框边与墙中预埋木砖有缝隙时，应加木垫垫实，用大木螺钉或圆钉与墙木砖固定好，并将上冒头紧靠木过梁，下冒头垫平，用木楔挤紧。

(5) 筒子板的施工要点

1）筒子板的构造

筒子板一般用五层胶合板制作，其构造如图 5-108 所示。

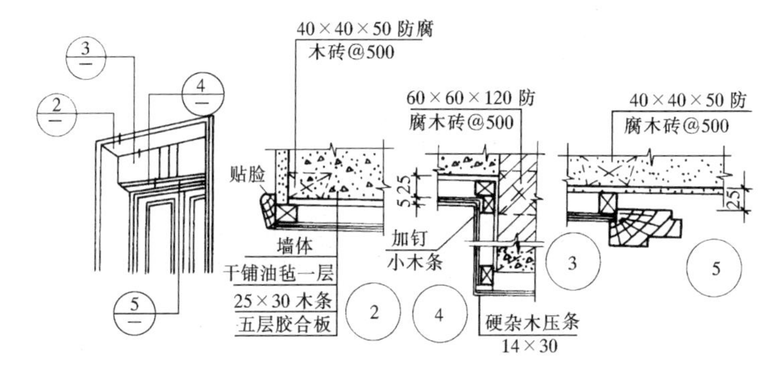

图 5-108　筒子板构造

2）筒子板的施工

①施工前，应按设计要求在墙里预埋经过防腐处理的木砖，中距一般为 500mm。

②所有接触墙面的大小木条，均需进行防腐处理。

③采用筒子板时，门窗洞口的尺寸应较门窗框的外皮尺寸加大，一般宽度加大 40mm，高度加大 25mm。

④木条应两面刨光，表面平整，并用钉子与木砖钉牢。

⑤靠墙一面应平铺一层油毡防潮。

⑥在筒子板上、下端各做一组通风孔，即在胶合板上钻直径为 10mm 的孔，每组三个，孔距一般为 40～50mm。

⑦阴阳角应严密、整齐。

（6）门窗贴脸的施工要点

1）门窗贴脸的形式

门窗贴脸的形式如图 5-109 所示，其安装方法如图 5 110 所示。

2）门窗贴脸的施工

①先刨大面，后刨小面，然后顺纹起线。线条须清秀，深浅一致。

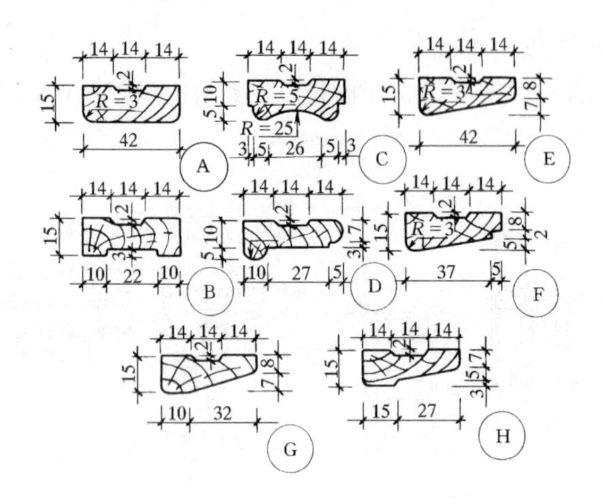

图 5-109　门窗贴脸形式

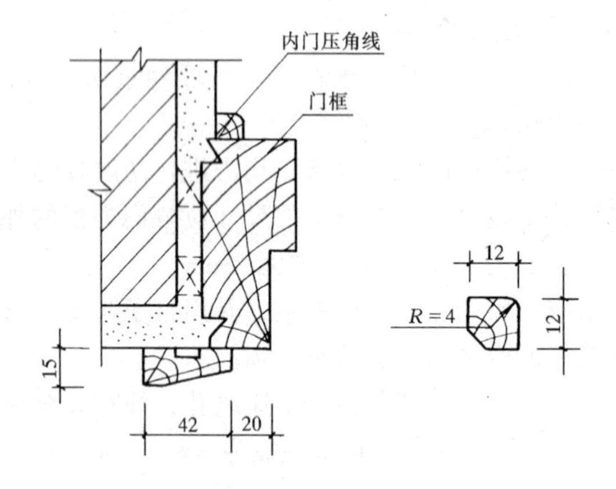

图 5-110　门窗贴脸安装

②贴脸板距门窗口边 15～20mm。其宽度大于 80mm 时，接头应做暗榫，其四周与抹灰面严密接触。

③做圆门窗贴脸时，应先套样板，然后制作。

④横竖贴脸线要对正，割角应严密，钉帽砸扁，钉入板内 3mm。

4．木门窗安装的质量监控

木门窗安装的程序，一般先安装门窗框，后安装木门窗扇。安装前后的质量监控内容，应按如下要求进行。

(1) 安装前的质量监控

为了保证木门窗安装的施工质量，必须做好下列施工质量监控工作：

1) 平面位置、标高：根据图纸门窗框位置规定和工程性质及使用具体要求，明确开向、标高及位置（墙中、里平或外平等），予以控制。

①弹出框的垂直中心线或边线；

②窗框的标高，应在同一墙面上有几个窗口时，拉通线找平，控制水平标高。

2) 预埋件的安装：在砖墙上安装门窗框（或成套门窗）时，应以钉固定于预埋防腐木砖上，每边固定点不少于2处，其间距应不大于1200mm。高2700mm的门窗口，应放三块木砖。最下一块木砖，应放在地坪以上第3~4皮砖处。

3) 预留洞口几何尺寸：应以砌墙所用的皮数杆上过梁位置的标高为准，下面窗台要留出50mm左右的泛水，只有这样，才能使门窗洞口几何尺寸符合设计要求。

洞口尺寸应合理，预留量：过梁下边要留有15~18mm的抹灰量；两边留缝量应小于20mm。

4) 防腐处理：门窗及其他细木制品与砖石砌体、混凝土或抹灰层接触处和埋入砌体或混凝土中的木砖，均应进行防腐处理；除木砖外，接触处应设置防潮层。

5) 校正：安装前应先对木制门窗构件进行校正规方，钉好斜拉条（不得少于两根），无下坎的门框应加钉水平拉条、防止就位前和安装过程中变形。严格控制肩角平整、无翘曲。

6) 打排气孔：对夹板门、纤维板门安装前要事先在横棱和上、下冒头各钻2个以上排气孔，以防止门扇贴面胶合板或纤维板受潮发生翘起。

(2) 施工过程质量监控

1）木门窗安装应按设计施工图要求的位置、标高和开启方向进行安装。对于多层建筑物的门窗安装，应在外墙弹出垂直中心线或边线，每层框的标高应拉通线找平。

2）安装要按施工图规定的门窗位置、标高、型号和门窗框的规格、门窗扇开启的方向、里平、外平或立在墙中等不同要求进行安装。安装时应严格控制垂直度，以防倾斜和位移。

3）固定与找正：门窗框安装固定方法应按设计要求进行。当设计不明确时，其固定方法主要应以连接件或预埋木砖钉固。方法是用不少于两根拉、支木杆临时固定，边砌砖边预埋防腐木砖，待砌体有一定强度后，再次校正框的垂直度、水平度，并将框钉在木砖上固定。

4）门窗安装除上述要求外，对门窗框或成套门窗安装，尚应符合下列规定：

①门窗框安装前应校正规方，钉好斜拉条（不得少于两根），无下坎的门框应加钉水平拉条，防止在运输和安装过程中变形；

②门窗框（或成套门窗）应按设计要求的水平标高和平面位置在砌墙的过程中进行安装；

③在砖石墙上安装门窗框（或成套门窗）时，应以钉子固定砌在墙内的木砖，每边的固定点应不少于两处，其间距应不大于1.2m；

④当需要先砌墙后安装门窗框（或成套门窗）时，宜在预留门窗洞口的同时，留出门窗框走头（门窗框上、下坎两端伸出口处部分）的缺口，在门窗框调整就位后，封砌缺口。

当受条件限制，门窗框不能留走头时，应采取可靠措施将门窗框固定在墙内的木砖上，以防在施工或使用过程中发生安全事故。

⑤当门窗框的一面需镶贴脸板时，则门窗框应凸出墙面，凸出的厚度应等于抹灰层的厚度。

⑥寒冷地区的门窗框（或成套门窗）与外墙砌体间的空隙，应填塞保温材料。

⑦预留洞口塞口：在预留洞口应留出门窗框走头的缺口，后塞门窗框时需要注意水平线要直，横竖均应通线；用木楔临时固定调整就位后，将框定牢在预埋木砖上再封砌预留的走头缺口。

⑧嵌缝：门窗框与洞口之间的缝隙超过 30mm 时，应灌豆石混凝土；不足 30mm 的应塞灰，要分层进行，待前次灰浆硬化后再二次塞灰，以免收缩过大，并严禁在缝隙内塞嵌其他材料。

5）门窗小五金的安装，应符合下列规定：

①小五金应安装齐全，位置适宜，固定可靠。

②有木节处或已填补的木节处，均不得安装小五金。

③安装铰链、插销、L 铁、T 铁等小五金时，先用锤将木螺钉打入长度的 1/3，然后用改锥将木螺钉拧紧、拧平，不得歪扭、倾斜。严禁打入全部深度。采用硬木时，应先钻 2/3 深度的孔，孔径为木螺钉直径的 0.9 倍，然后再将木螺钉由孔中拧入。

④铰链距门窗上、下端宜取立梃高度的 1/10，并避开上、下冒头。安装后应开关灵活。门窗拉手应位于门窗高度中点以下，窗拉手距地面以 1.5 ~ 1.6m 为宜，门拉手距地面以 0.9 ~ 1.05m 为宜，门拉手应里外一致。

⑤门锁不宜安装在中冒头与立梃的结构处，以防伤榫。门锁位置一般宜高出地面 90 ~ 95mm。

⑥门窗扇嵌 L 铁、T 铁时应加以隐蔽，作凹槽，安完后应低于表面 1mm 左右。门窗扇为外开时，L 铁、T 铁安在里面；内开时安在外面。

⑦上、下插销要安在梃宽的中间，如采用暗插锁，则应在外梃上剔槽。

6）木门窗扇的安装，应符合如下要求：

①安装前检查门窗扇的型号、规格和质量，均应符合施工图的要求。如发现问题，应事先修好或更换。

②门窗扇的安装按对口形式，确定先后扇的安装。如果是对口扇，截口方向应以开启方向的右扇为盖口扇，安装时应先安里扇，后安盖扇。

③安装前先量好门窗框的高低、宽窄尺寸，然后在相应的扇边上画出高低宽窄的线，双扇门要打迭（自由门除外），先在中间缝处画出中线，再画出边线，并保证梃宽一致，上下冒头也要画线刨直。

④画好高低、宽窄线后，用粗刨刨去线外部分，再用细刨刨至光滑平直，使其合乎设计尺寸要求。

⑤将扇放入框中试装合格后，按扇高的1/8～1/10，在框上按铰链（合页）大小画线，并剔出铰链槽，槽深一定要与铰链厚度相适应，槽底要平。

⑥合页距门窗上、下端宜取立梃高的1/10，并避开上、下冒头。安装后应开关灵活。

⑦门窗扇安装的留缝宽度，应符合规定。一般允许缝隙为：

门窗扇对口缝：1～2.5mm（普通）、1.5～2mm（高级）；

门窗扇与上框间留缝：1～2mm（普通）、1～1.5mm（高级）；

门窗扇与侧框间留缝：1～2.5mm（普通）、1～1.5mm（高级）；

窗扇与下框间留缝：2～3mm（普通）、2～2.5mm（高级）；

门扇与下框间留缝：3～5mm（普通）、3～4mm（高级）；

门扇与地面之间：外门:4～7mm(普通)、5～6mm(高级)；

内门:5～8mm(普通)、6～7mm(高级)；

卫生间门:8～12mm(普通)、8～10mm(高级)。

⑧门窗安装防渗水：门窗安装时要做披水和盖口条设施。披水和盖口条应与门窗结合牢固严密、无缝隙，尺寸均匀一致，平直光滑。

⑨压纱条和门窗纱的安装：压纱条及门窗纱主要为通风和防蚊、蝇等昆虫进入，安装位置根据地区而异，在南方多数为单层窗，门窗纱扇安在外面；在北方多数为双层窗，带纱窗扇安装在双层中间。安装要求压纱条平直、光滑，规格一致，与裁口平齐，割角连接密实，钉压牢固紧密，钉帽不突出。门窗纱绷紧，不露纱头，纱格应横平竖直。

7）弹簧自由门的安装：弹簧自由木门主要应用于厂房、车间和民用公用房屋建筑及其住宅的公用通行门。

弹簧自由门安装的质量要求是：弹簧合页位置应准确，使用应耐久，不产生疲劳和变形；门扇与框的连接固定位置正确；地弹簧底座安装结构固定可靠、方位准确，门扇开、关灵活，门扇合拢时应平齐；合页槽深浅一致，门边圆弧与门框凹槽的位置、深浅应吻合，开、关门时门扇对口处应有一定间隙，不应相互接触或相碰。

弹簧自由门安装的质量关键在于门底弹簧的安装方法，应按如下要求进行：

①先将顶轴装于门框上部，顶轴套管装于门扇顶端，两者中心必须对准。

②从顶轴上部吊一垂线，找出安装在楼（地）面上的底轴的中心位置和底板木螺钉孔的位置，然后将顶轴拆下。

③先将门底弹簧主体（指框架和底板等）装于门扇下部，再将门扇放入门框，对准顶轴和底轴的中心以及底板上木螺钉孔的位置，然后再分别将顶轴固定于门框上部，底板固定于楼（地）面上，最后将盖板装于门扇上，以遮避框架部分。

5. 木门窗安装质量检验

（1）门窗框安装位置必须符合设计要求。

（2）门窗框必须安装牢固，固定点符合设计要求和施工规范的规定。

（3）木门窗安装允许偏差、留缝宽度和检验方法见表 5-29。

木门窗安装的留缝限值、允许偏差和检验方法　　表 5-29

项次	项　目	留缝宽度(mm)		允许偏差(mm)		检验方法
		普通	高级	普通	高级	
1	门窗槽口对角线长度差	—	—	3	2	用钢尺检查
2	门窗框的正、侧面垂直度	—	—	2	1	用 1m 垂直检测尺检查
3	框与扇、扇与扇接缝高低差	—	—	2	1	用钢尺和塞尺检查

续表

项次	项目		留缝宽度(mm)		允许偏差(mm)		检验方法
			普通	高级	普通	高级	
4	门窗扇对口缝		1~2.5	1.5~2	—	—	用塞尺检查
5	工业厂房双扇大门对口缝		2~5	—	—	—	
6	门窗扇与上框间留缝		1~2	1~1.5	—	—	
7	门窗扇与侧框间留缝		1~2.5	1~1.5	—	—	
8	窗扇与下框间留缝		2~3	2~2.5	—	—	
9	门扇与下框门留缝		3~5	3~4	—	—	
10	双层门窗内外框间距		—	—	4	3	用钢尺检查
11	无下框时门扇与地面间留缝	外门	4~7	5~6	—	—	用塞尺检查
		内门	5~8	6~7	—	—	
		卫生间门	8~12	8~10	—	—	
		厂房大门	10~20	—	—	—	

6. 门窗安装后成品保护

(1) 防污染

1) 门窗应采用预留洞口方式，门窗框安装应安排在地面、墙面湿作业完成之后。

2) 无保护胶带的门窗框，抹门窗套水泥砂浆时，门窗框上应贴纸或用塑料薄膜遮盖保护，以防框子被水泥浆污染。亦可采取先粉刷门窗套后安装门窗框等措施。

3) 窗框四周嵌防水密封胶时，操作应仔细，油膏不得污染窗框。

4) 外墙面涂刷和室内顶棚、墙面喷涂时，应用塑料薄膜封严门窗。

5) 内墙面裱糊作业，胶粘剂切勿涂刷到门窗上。

6）室内建筑垃圾，应从垃圾通道或装入盛灰容器内向下转运，不得从门窗口向外倾倒。

7）楼地面和楼梯间水磨石，应采用“细水浓浆”工法，再用胶皮刮板把浓浆集中堆存，稍干燥后向下转运，忌用“深水扫浆”法。浆液不得从楼梯间直接向下扫，浆液易污染门窗。

8）不得在室内拌合水泥砂浆，以防水泥灰喷污门窗。

9）管道试压泄漏，室内地坪清洗，其污水不得从窗口倾倒。

10）不得在门窗上涂写。

11）冬施期间，不应在室内燃烧木柴取暖，以免浓烟熏黑门窗；亦不得在室内生炉火做饭，以免煤烟污染门窗。

（2）防撞击、划痕

1）门窗框铁脚与预埋铁件焊接，不得在门窗上打火烧伤门窗框。

2）利用门窗洞作为料具进出口时，门窗边框、窗下框和中竖框均应用木板钉保护框，以防碰伤框边。

3）搭、拆、转运脚手杆和跳板，其材料不得在门窗框扇上拖拽。安装管线及设备，应防止物料撞坏门窗。

4）不得在门窗框扇上拉挂安全网；内外脚手杆不得搁支在门窗框扇上；严禁在窗扇上站人。

5）门窗扇安装后，随即安装五金配件，关窗锁门，以防风吹损坏门窗。如门扇未装锁、钢（含塑料）窗扇未装撑挡，则应用木楔塞紧以防开启，并有专人管理。

6）不得在门上锤击、钉钉子或刻画。清洁门窗时，不得有刀刮或硬物擦磨。

7）嵌玻璃压条不得划伤框面，用胶液后随手擦净。

五、玻璃安装

1. 玻璃选择

由于门窗所处环境、部位要求的不同，相应玻璃的选择也不相同。一般木门窗宜采用平板、中空、夹层、夹丝、磨砂、钢化、压花和彩色玻璃等。安全玻璃比普通平板玻璃有抗冲击性好和安全性好等优点。比如夹层玻璃的抗冲击性、强度是普通平板玻璃的几倍，且破裂不落碎片，钢化玻璃破碎时碎片小且无锐角等。

2. 玻璃存放

玻璃运来后，有时要存放一段时间才被使用，存放时要注意下面事项：

(1) 建筑玻璃储存时应注意防潮和防止与其他侵蚀化学产品同库储存。严禁露天存放，储存玻璃的仓库要通风干燥，如潮湿、不通风、温度变化大、有腐蚀性介质，则玻璃会产生发霉或腐蚀现象，即玻璃表面光泽消失而变得昏暗，附在玻璃表面的因腐蚀产生的薄层会使光线造成色散或形成虹彩或具有珍珠般的闪光，有时可能出现白毛、白霜或斑点。这些白膜霉斑，轻的可以擦掉，严重的无法消除，甚至会使玻璃互相粘结，影响质量或无法使用。

(2) 玻璃应按不同品种、规格、等级、生产厂分别堆放，定量保管。储存数量较多的仓库，应按等级、厚度、规格作出标记，并严格掌握先进先出原则，防止储存时间过长，影响使用的质量。

(3) 储存的玻璃，应经常检查是否有受潮或码垛不稳的现象。已经受潮的玻璃应开箱擦干。如发现粘片现象，应浸泡于温水中使之分开，然后擦干，再行装箱保管。玻璃发生霉斑，可用棉花蘸煤油揩擦。如用丙酮擦拭，则收效更佳。

(4) 木箱包装的平板玻璃应直立堆垛存放，箱盖要朝上，不能平放或斜放。大包装的玻璃不宜叠放，小包装可以叠高 2～3 层。集装箱装运的平板玻璃可叠高至 3 层。

(5) 玻璃箱码垛时，应高于地面 10cm 以上，双行垫平，箱垛与仓库的墙壁要保持 1m 距离，箱垛之间留一定间距便于检查，玻璃箱之间应稍留空隙，垛角垛顶一定要用木板条钉好封住，以免倒垛。

(6) 如因条件所限，必须临时露天存放，则应选择地势平坦、坚实、干燥的场地堆放，严防雨淋、日晒和受潮。封闭式集装箱装运的玻璃，可以露天存放。暂存于室外地上的箱装玻璃，必须用垫木垫高至少300mm。

3. 玻璃的裁割

玻璃裁割得当与否，直接关系到出材率和安装质量。玻璃集中裁配一是便于加强管理，集中加工效率高；二是裁割规格和数量与玻璃产品规格进行合理套裁，损耗少，出材率高。木门窗的玻璃裁割时，应注意以下几点：

（1）玻璃裁割时，首先应检查和挑选玻璃，然后裁割。

（2）玻璃宜集中裁割。按设计或实测尺寸，长宽各缩小一个裁口宽度的1/4（约2~3mm）裁割，其边缘不得有缺口和斜曲。所留缝隙宽度过大，则玻璃安装后容易松动，影响使用效果；缝隙过小，则玻璃安装困难，容易破碎。

（3）裁割厚玻璃及压花玻璃时，应先在裁割处涂煤油一道，然后再裁割。

（4）裁割彩色玻璃、压花玻璃及厚玻璃时，应按设计图案裁割，拼缝应吻合，不得错位、斜曲和松动。

（5）裁割夹丝玻璃时，应先在裁割处涂煤油一道，然后再裁割。裁割向下压时用力要均匀，再向上回时要在裁开的玻璃缝处夹一木条或硬板纸，然后向上回，铅丝就会同时被切断。夹丝玻璃的裁割边缘上宜涂刷防锈涂料。玻璃切开后铅丝还不断时，用钳剪断。

（6）裁窄条时，裁好后用刀头将玻璃震开，再用钳子垫布后钳，以免玻璃损伤。

（7）冬季施工，从寒冷处运到暖和处的玻璃应在其变暖后方可裁割。

4. 玻璃的安装

（1）材料的要求

1）玻璃安装所用的玻璃种类、规格、颜色和耐风压性能等级，均应符合设计要求，其质量标准应符合国家有关产品的规定。

2）油灰应用熟桐油等天然干性油拌制，用其他油料拌制油灰，必须经试验合格后方可使用。镶嵌用油灰应具有塑性，嵌抹时不断裂、不出麻面，在常温下20昼夜内硬化。

3）镶嵌条、定位垫块和隔片、填充材料、密封膏等的品种、规格、断面尺寸、颜色、物理及化学性质应符合设计要求，以保证镶嵌材料和玻璃槽口、玻璃之间结合严密、性能可靠。

玻璃安装用上述材料应配套使用，其相互之间的材料性质必须具有相容性，施工中必须注意。如果无相容性时会造成材料之间的污染、不正常粘结或产生一种或多种化合物，以致完全破坏。

从寒冷处运至暖和处的玻璃和镶嵌用的合成橡胶等型材，应待其还暖后方可进行裁割与安装。

冬期预装门窗玻璃时，宜在采暖房间内进行。

（2）玻璃安装

一般在门窗框、扇校正完毕，五金安装完后以及框、扇最后一道涂料前安装玻璃。

1）安装玻璃前，应将企口内的污垢清除干净，并沿企口的全长均匀涂抹1～3mm厚底灰，并推压平板玻璃至油灰溢出为止。

2）木框、扇玻璃安好后，用钉子或钉木条固定，钉距不得大于300mm，且每边不少于两颗钉子。

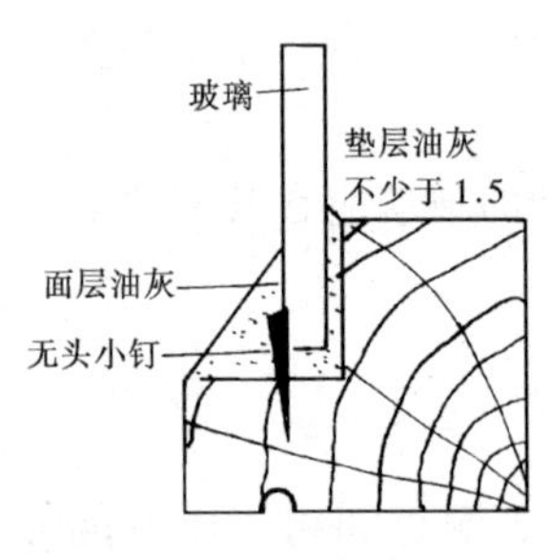

图5-111　用油灰安装

3）如用油灰固定，应再铺上油灰，且沿企口填实抹光，使和原来铺的油灰成为一体。油灰面沿玻璃企口切平，并用刮刀抹光油灰面。油灰面通常要经过7d以上干燥，才能涂装，见图5-111。

如用木压条固定，木压条应先涂干性油。压条安装前，把先铺的油灰充分抹进去，使其下无缝隙，再用钉或木螺钉、小螺钉把压条固定，注意不要将玻璃压得过紧，见图 5-112。

4）拼装彩色玻璃、压花玻璃时，应符合设计且拼缝要吻合，不得错位。

5）冬季施工，从寒冷处运到暖和处的玻璃应在其变暖后方可安装。

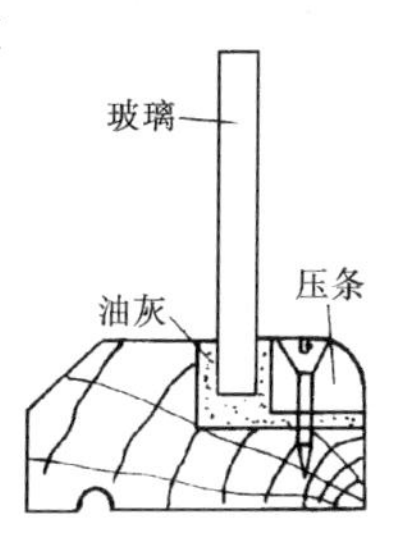

图 5-112　用木压条安装

5. 玻璃安装质量监控

（1）玻璃裁割

1）玻璃宜集中进行裁割，尺寸应当正确，边缘应当整齐，并不得有缺口和斜曲。对于木门窗玻璃应按设计尺寸或实测尺寸，长宽各缩小一个裁口宽度的 1/4 裁割。

2）裁压花玻璃及夹丝玻璃，要在裁口处涂一道煤油后再裁割，使划口渗油后，易于扳脱。

3）裁夹丝玻璃向下用力要大，要匀，向上回时要在裁口处的玻璃缝夹一木条再上回。夹丝玻璃的裁割边缘上，其金属丝是外露的，水气对金属的锈蚀作用将沿外露部分的金属丝向玻璃内部延伸，为此，夹丝玻璃裁口处应涂刷防锈涂料。

（2）玻璃安装

1）安装玻璃前，应将裁口内的污垢清除干净，并沿裁口的全长均匀涂抹 1～3mm 厚的底油灰。

2）玻璃表面无明显斑污、油灰等污迹。

3）安装木门窗玻璃应用钉子固定，钉子大小适当，钉距不得大于 300mm，且每边不少于两个，钢丝卡子脚长应剪短，并用油灰填实抹光。

4）木压条镶钉玻璃时，木压条截面尺寸应一致，表面光滑洁净，割角整齐，先刷干性油。不要将玻璃挤压过紧，压条应与裁口边缘齐平。

5）安装长边大于 1.5m 或短边大于 1m 的玻璃，应用橡胶垫，并用压条或螺钉镶嵌固定。橡胶垫与裁口、玻璃与压口条紧贴，并无外露压条，边角整齐，接缝和收头严密。

6）玻璃安装朝向应符合设计要求。因为中空玻璃等新型玻璃产品是分正、反面的，而两面对控制光线、调节热量、节约能源和外观效果作用通常是不一样的，因此在安装时一定要注意朝向。

有正反面玻璃安装时，安装的朝向应按以下要求进行：

①磨砂玻璃的磨砂面应向室内；

②压花玻璃的花纹宜向室外；

③厨房安装压花玻璃时，花纹面不能朝向厨房内。

7）要求玻璃表面防污染。

8）安装时要防止焊接、切割、喷砂等作业损坏玻璃，不许焊接的火花溅到玻璃上，因为焊接火花溅到钢化玻璃上时，会使玻璃表面炸裂细微的伤痕。这样的玻璃一旦受到风压力或振动力等作用时，伤痕会逐渐扩大，当伤痕进入玻璃厚度中心部分拉应力层后，会引起玻璃突然全面破碎。

9）玻璃安装后，应对玻璃与框、扇等进行清洁。但清洗热反射玻璃镀膜表面层时严禁用酸性洗涤剂或含研磨粉的去污粉。

（3）抹油灰

玻璃安装凡用抹油灰（或玻璃腻子）处的施工，应符合如下要求：

1）底灰饱满，将挤出的油灰压平。

2）油灰与玻璃、裁口粘结牢固，油灰边缘与裁口齐平，四角成八字形，表面压平、光滑。

3）钉帽和卡子不准露出油灰表面，表面无裂纹、麻面、皱皮等缺陷。

（4）彩色玻璃及压花玻璃拼装

彩色玻璃、压花玻璃拼装时，应按设计图案裁割，拼缝应吻合，不得有错位、斜曲和松动等缺陷。

6. 玻璃安装质量要求与检验

玻璃安装完成后应按设计要求或《建筑装饰装修工程质量验收规范》（GB 50210—2001）等有关标准规定进行检查或验收。

（1）检查数量：施工企业应全检；专检时按有代表性的自然间抽查10%，过道按10延长米，礼堂、厂房等大间按两轴线为1间，但不少于3间。

（2）检查或验收时应检查玻璃品种、规格、色彩、朝向及安装质量等，应符合设计要求和施工规范规定。

（3）玻璃安装工程质量无允许偏差项目，玻璃的尺寸按安装的门窗框、扇和其他部位的结构尺寸予以控制。但玻璃工程质量应符合下列规定：

1）安装好的玻璃应平整、牢固，不得有松动现象。

2）油灰与玻璃及裁口应粘贴牢固，四角成八字形，表面不得有裂缝、麻面和皱皮。

3）油灰与玻璃及裁口接触的边缘应齐平，钉子、钢丝卡不得露出油灰表面。

4）木压条接触玻璃处，应与裁口边缘齐平，木压条应互相紧密连接，并与裁口紧贴。

5）密封条与玻璃、玻璃槽口的接触应紧密、平整，并不得露在玻璃槽口外面。用橡胶垫镶嵌玻璃，橡胶垫应与裁口、玻璃及压条紧贴，并不得露在压条外面。密封膏与玻璃、玻璃槽口的边缘应粘结牢固，接缝齐平。

6）拼接彩色玻璃、压花玻璃的接缝应吻合，颜色、图案应符合设计要求。

（4）竣工后的玻璃工程，表面应洁净，不得留有油灰、浆水、密封膏、涂料等斑污。

7．玻璃清洗和成品保护

（1）玻璃清洗

当玻璃表面污染时，一般用中性洗涂剂、氨水、稀盐酸等，通过洗涤剂与污染发生化学反应，而使污染脱落；有时也用物理洗洁净（清洁剂）通过清洁剂里面的无机质胶体的吸附力和研磨力来去污。

各种污染物去除方法和注意事项见表 5-30。

污 染 的 去 除 **表 5-30**

<table>
<tr><th rowspan="2">污染的种类</th><th colspan="2">污染的去除方法</th><th rowspan="2">注 意 事 项</th></tr>
<tr><th>透明玻璃</th><th>毛玻璃、压花玻璃</th></tr>
<tr><td>油灰</td><td colspan="2">用刮刀铲，用去污粉擦</td><td rowspan="2">使用去污粉时，要注意：①将去污粉与水在桶中混和，加水量为 0.8 份；②用布浸上后擦玻璃；③干了后用湿布擦净</td></tr>
<tr><td>水泥、砂浆、抹灰泥</td><td>用刮刀铲，用去污粉磨</td><td>用盐酸溶解后擦净或同左法</td></tr>
<tr><td>机械油等</td><td colspan="2">用去污粉或盐酸</td><td>用去污粉时，会留下带油的痕迹</td></tr>
<tr><td>煤焦油</td><td colspan="2">用刮刀铲，用去污粉擦，或者用盐酸</td><td>使用盐酸时，必须用水很好地擦净。其他污染时也同样</td></tr>
<tr><td>涂料</td><td>用刮刀铲</td><td>用刮刀铲，用去污粉擦</td><td></td></tr>
<tr><td>油漆</td><td colspan="2">用轻质汽油溶解后擦去。或用刮刀铲，用去污粉擦去</td><td></td></tr>
<tr><td>玻璃表面擦伤，焊接火花溅伤</td><td colspan="2">用铁丹（三氧化二铁粉末）仔细研磨加工，可以做到看不出伤痕</td><td>仅在伤或褐斑很小，很浅时才有效</td></tr>
<tr><td>记号笔墨水（水溶）</td><td colspan="2">用水洗去</td><td></td></tr>
<tr><td>万能墨水（非水溶性）</td><td colspan="2">用稀释剂、樟脑油、松节油都可以溶解，然后擦去</td><td>不能用汽油、去污粉擦，毛玻璃的脏物溶解后会扩展开来</td></tr>
</table>

续表

污染的种类	污染的去除方法		注意事项
	透明玻璃	毛玻璃、压花玻璃	
墨水（蓝、红、黑）	用去污粉擦	盐酸或松节油溶解后擦去，用去污粉也可	使用盐酸时要注意不要污损周围的东西，清扫后用水擦干净，其他污染也同样处理
有色蜡笔	用刮刀铲，用去污粉擦	用去污粉擦	不能用中性洗涤剂，污物溶解扩展开来，洗不干净
铅笔	汽油、去污粉、中性洗涤剂均可	用汽油溶解后擦去	不能用橡皮擦，否则会使污染扩展
纤维带类	用稀释剂溶解，用刮刀铲，用去污粉擦		
食用油类等	用去污粉或盐酸	用去污粉擦或盐酸，或用稀碱液涂后再用去污粉擦	使用盐酸时参考“墨水”栏内注意事项。使用碱液时，用水擦过后再用草酸中和，否则引起褐斑
一般污染（尘埃、煤烟、手上油脂、汗、熏烟积垢等）	用玻璃擦去擦	不采用稀释剂或汽油时，可用去污粉或盐酸	不用洗涤剂，把报纸加热并弄柔软，也可擦干净

（2）成品保护

1）门窗玻璃安装后，应将风钩挂好或插上插销，防止刮风损坏玻璃，并将多余的和破碎的玻璃随即清理。未安完的半成品玻璃应妥善保管，保持干燥，防止受潮发霉。应平稳立放防止损坏。

2）凡已安完玻璃的房间，应指派责任心强的人看管维护，负责每日关闭框、扇，以减少损坏。

3）安装玻璃时，应注意保护好窗台抹灰。

4）填密封胶条或玻璃胶的框、扇待胶干后（不少于 24h），框、扇方能开启。

5）避免强酸性洗涤剂溅到玻璃上。如已溅上应立即用清水冲洗。

6）防止焊接、切割及喷砂等作业时所产生的火花和飞溅的颗粒物质损伤玻璃。如焊接火花飞溅到钢化玻璃上，会使钢化玻璃表面产生细微伤痕，在受到压力或振动力等作用时，伤痕就逐渐扩大，一旦进入了玻璃厚度中心部分的拉应力层后，会引起玻璃突然全面破碎。

第六章　建筑装饰装修木工施工管理

第一节　管理基本知识

一、管理的含义

所谓管理，就是统一管起来有条理地进行工作并寻求其方法和规律。管理是在人们生产劳动中出现了分工和协作时开始的。管理是一种社会活动，换言之，管理即计划、决策、组织、协调、控制等一系列有目的的活动的总称。形成一项管理活动，首先要有管理主体，即说明由谁来进行管理的问题；其次要有管理客体，即说明管理的对象或管理什么的问题；再次要有管理的目的，即说明为何而进行管理的问题；第四，还有如何管理的问题，即解决管理的职能和方法；第五，任何一项管理活动都必须考虑其环境和条件。这是进行管理活动必须要明确的五个问题，构成了管理的五个基本要素。

二、企业管理的内容

企业管理是企业为达到一定的目的而采用各种方式、方法、手段以及对相关的人和事进行计划、决策、组织、协调、控制等一系列活动的总称。

1. 经营管理：即对企业对外经营活动的管理。施工企业的经营活动主要是招揽施工项目；进行投标报价；对市场的调查和预测；与社会的联系和为用户服务等。

2. 生产管理：施工企业施工过程的管理，包括辅助生产的管理。它的基本职能是计划、组织、指挥、协调和控制。

3. 技术管理：是对企业中的各项技术活动过程和技术工作

的各种要素进行科学管理的总称。包括：图纸会审、施工组织设计的编制、技术交底、技术检验、施工技术准备、技术核定、技术改造、技术革新、技术培训、技术档案等等。

4. 质量管理：主要是对工程进行质量控制管理。它包括贯彻国家技术标准、规范、规程；建立质量保证体系；开展全面质量管理和建立各种质量管理制度；进行质量检查和质量评定；反馈质量信息和对用户回访。

5. 安全生产管理：执行国家规定的方针政策、规程制度及各种条例；建立各级安全生产责任制；进行安全三级教育和培训；进行安全检查；改善劳动环境等。

6. 劳动管理：包括劳动合同、劳动组织、劳力调配；劳动分配工资改革；劳动保险以及解决职工生、老、病、死、伤残等问题和生活福利等工作。

7. 材料和设备管理：包括材料设备的采购、供应、调拨、保养、维修、折旧等工作，并建立管理制度和进行成本核算。

8. 财务资金管理：包括组织资金供应，加强经济核算，进行成本控制和进行利润结算等。

9. 其他还有附属于生产管理系统中的计划管理、合同管理、预算管理、定额管理等各项业务管理，组成了整个企业管理的网络。

第二节 班组管理

一、班组建设

班组是劳动组织的基本形式，是根据企业内部的劳动分工与协作需要由劳动者组合而成的基本生产工作单位。

1. 班组建设的原则是：

(1) 班组的建立必须根据工程对象的特点，如建筑性质、结构特点、技术复杂程度、工程量大小等情况，分别采取不同的班组形式，并随施工技术水平的发展，施工工艺的改进，施工机具的革新和技术水平的提高而及时调整。

（2）班组的建立要能充分发挥工人在生产中的主动性、积极性，有利于工种间和工序间的协作配合。

（3）班组的建立要使工人相对稳定，技术力量搭配合理，便于骨干力量和一般力量、技术工人和普通工人、高级工和低级工密切配合，以利于保证工程质量和提高劳动生产率。

（4）班组的建立还应考虑发挥民间非正式组织或组群的积极作用，科学合理地进行劳动组合。

2. 班组形式

根据不同工程的特点和不同施工的工艺要求，可组织不同的施工班组形式。通常有专业班组、混合班组和项目小分队三种形式。

（1）专业班组是按施工工艺要求由单一的专业工种组成，并根据施工需要配备一定数量的辅助工种。例如：木工班组一般由3～10名组成。

（2）混合班组是根据施工工艺要求由多工种组成，它可以有效地完成某些分部分项工程。

（3）项目小分队不是固定的班组，而是根据需要为了独立完成某一施工任务临时组织起来的小分队。任务完成后即回原班组。小分队的人数一般以30～50人左右为宜，太多不便于组织管理。

3. 班组长在班组管理中的作用

（1）班组长是企业管理的基础

无论企业采取何种体制，其基础都是班组长。企业或项目领导的各项决策和日常的管理活动，大都需要班组长参与并依靠班组长组织实施。为此，班组长水平的高低在不同程度上将会影响企业领导决策的实施和目标的实现。

（2）班组长是企业领导与工人之间的桥梁

现代企业中往往有成千上万的工人在一起共同劳动。领导干部主要从事决策、计划、控制等一系列的管理工作，而工人则积极参与企业管理并按计划有步骤地进行生产劳务操作，实现企业的宏观目标。要使两者之间沟通和协调，就需要班组长发挥桥梁作用。

(3) 班组长是班组活动的直接组织或实践者

企业的生产活动大部分是在班组中进行的，班组长要把项目部布置下达给班组的各项任务分解并落实给组员执行。班组长在安排组内工作时要统筹考虑，注意发挥每一个工人的特长，调动每一个工人的积极性。所以说，班组长是企业生产经营第一线的指挥员，是班组活动的直接组织者。

(4) 班组长是职工队伍的骨干

建立一支高素质的职工队伍，需要各级领导做大量的思想工作、组织工作和教育工作。而班组长与工人一起劳动，身体力行，操作示范，接触时间最多，最了解情况，关系最密切，最容易建立起感情。因而在提高职工队伍素质的过程中必须充分发挥班组长的骨干作用。要提高班组管理水平，关键在于培养和选拔好的班组长。

二、班组管理的基本内容

施工组织管理的任务就是在施工全过程中，根据施工特点和施工生产规律的要求、结合施工对象和施工现场的具体情况，制定切实可行的施工组织设计，并据此做好施工准备。严格遵循施工程序和施工工艺，努力协调内、外各方面的生产关系，充分发挥人力、物力、财力的作用，使它们在时间、空间上能有一个最好的组合。挖掘一切潜力，调动一切积极因素，精心组织施工生产活动，正确运用施工生产能力，确保全面高效地建成最终建筑产品。

1. 根据企业的方针目标和工程队、项目的施工计划，有效地组织生产活动，保证全面、均衡地完成上级下达的任务。

2. 坚持实行和不断完善以提高工程质量，降低各种消耗为重点的多种形式的经济责任制和各种管理制度，抓好安全和文明施工，维持施工所必须的正常秩序，积极推行现代化管理的方法和手段，不断提高班组管理水平。

3. 组织职工参加政治、文化、技术、业务学习，不断提高班组成员的个人及群体素质。

4. 开展技术革新、技术练兵和合理化建议活动，努力培养多面手和技术能手。

5. 组织劳动竞赛，开展技术比武等活动，激发职工的工作积极性。

6. 加强社会主义两个文明建设，造成一个良好的工作环境，使班组成员能够心情舒畅地工作。

三、班组质量管理

1. 做好各级的技术交底工作。班组长由施工员进行交底后，再向全班成员进行交底。组织全班组学习图纸，反复研究，讨论执行措施。

2. 搞好施工工艺管理，制定各工种的施工操作工艺卡，并附关键部位的技术措施，施工过程中认真地按施工工艺卡要求进行操作。这是保证提高工程质量的重要环节。

3. 要掌握好工程质量的动态，及时向质量好的班组学习，观察和分析本组各分项工程的合格率和优良品率，分类排队，随时采取措施予以质量监控。

4. 掌握质量检验的方法和标准。工程质量是由一定的数据反映的。作为班组，应该掌握主要材料的质量检验方法、常识和分项工程质量检验评定标准，使管理具有科学性。

5. 健全班组质量管理责任制。为保证工程质量，一定要建立严格的管理制度，明确每个工人的质量管理责任制，使质量管理的任务、要求、办法具有可靠的组织保证。

(1) 班组长的职责

1) 对本组成员经常进行“质量第一”的教育，并以身作则，认真学习质量验收标准和施工验收规范，贯彻质量管理制度，认真执行各项技术规定。

2) 组织好本班组的自检和互检，组织好同其他班组的交接检。帮助、督促、检查班组质量检查员的工作，发挥班组质量检查员的作用。做好班内质量动态资料的收集和整理，及时填好质量方面的原始记录。

3）做好工序交接工作，把住质量关。对质量不合格的工序、工程（产品），不转给下道工序，该修的一定要修好，该返工的一定要返工，积极参加质量检查及验收活动。

（2）班组质量检查员的职责

协助班组长搞好本组质量管理，坚持推行“三检制”即自检、互检和交接检。

（3）操作人员的主要职责

1）树立“质量第一”的思想，严守操作规程和技术规定。工作要精益求精，做到“三好三求”，即好中求多、好中求快，好中求省。

2）做到“三懂五会”：懂设备性能、懂质量标准和操作规程、懂岗位操作技术；会看图、会操作、会维修、会测量、会检验。操作前认真熟悉图纸，操作中坚持按图和工艺标准施工，不偷工减料，主动做好自检，填好原始记录。

3）爱护并节约原材料，合理使用和精心保养工具、量具和仪表设备。

4）做到“四不”，严格把住质量关。即不合格的材料不使用，不合格的工序不交接，不合格的工艺不采用、不合格的工程（产品）不交工。

四、班组安全管理

安全生产是指劳动生产过程中，改善劳动环境和条件，消除不安全因素，防止伤亡事故和职业病的发生，使施工生产在保证劳动者安全健康，保证国家财产和人民生命财产的前提下顺利进行的一切活动。安全生产是党和国家的一项重要政策，也是企业和班组管理的一项基本原则。

1. 建立和健全班组安全生产责任制

班组要建立和健全安全生产责任制，做到职责明确，奖惩分明。当班组发生人身伤亡事故时，首先要追查班组长的责任，根据事故情节轻重，严肃处理。对安全做得好的，要表彰奖励。

设立专职的安全管理机构和管理人员，在班组设立不脱产的安全员，负责检查安全措施和贯彻落实安全制度，形成从公司到班组都有安全生产职责的制度。

班组安全生产责任制，包括班组长安全职责、班组安全员职责和工人的安全生产职责等。

贯彻安全生产责任制，一般要求做到“五同时”，即在计划、布置、检查、总结、评比生产工作的同时，也要计划、布置、检查、总结、评比安全工作，把生产与安全统一起来管好。管生产也必须管安全。在班组里，班组长既是生产工作的组织者和领导者，也是安全工作的组织者和实践者，因此，班组长应成为贯彻执行“五同时”的带头人。

2. 认真贯彻班组安全生产教育制度

安全生产教育是搞好安全生产的思想基础，它的内容包括四个方面：

（1）经常性的安全生产教育。根据班组生产特点和安全操作规程，加强安全技术训练，提高工人安全技术知识水平、针对工人思想动态，结合典型事例、工伤事故、案例分析等，进行安全思想和安全知识教育。可以运用黑板报、安全值日、安全日和班前班后会等形式，开展群众性的安全活动。班组日常安全教育要做到：班前有提醒、班中有检查、班后有讲评。

（2）新工人的调动、新岗位工人的上岗教育。向新工人和新调动岗位的工人介绍本班组生产特点、工作性质和安全状况，介绍设备性能，安全知识和保险装置的作用，介绍工作现场的具体要求，说明易发生事故的部位和预防措施，防护用品的作用及使用规定等。新工人和新调动岗位的工人未经安全教育或安全操作考试不合格，不得独立操作。经考核合格后，方能进入工作岗位。

（3）特殊工种工人的上岗教育。从事特殊工程的操作劳动，比较容易发生安全事故，危险性也比一般工种要大，如起重、电气、锅炉、受压容器、电气切割、车辆驾驶工种，这些工种除由企业按规定进行严格的专门的安全技术训练外，班组应积极配合做好他们的定期复训教育。经考试合格，发给特殊工种工人安全操作证，无证者一律不得从事特殊工种的操作。

(4) 安全活动日教育。班组每月应有一次固定的安全活动日，组织工人进行安全活动。安全活动的内容有：总结和布置安全生产，表扬搞好安全生产的好人好事，学习安全生产有关的文件和安全操作规程，分析事故原因，吸取经验教训，检查事故隐患，制定改进方案等。

3. 认真做好有关伤亡事故的调查

在生产工地发生了工伤事故，班组长、安全员在紧急抢救伤员的同时，应采取应急措施，保护好现场，以便有关部门分析事故的原因，查明责任，采取措施，以防止事故再发生。对事故的处理要做到“三不放过”，即：

(1) 事故原因分析不清不放过。班组长、安全员配合领导和安技部门，召集事故责任者、目击者和有关人员开好事故分析会，找出事故产生的原因。分析原因要实事求是，严格执行事故分析制度。

(2) 事故责任者和群众没有受到教育不放过。事故原因分析清以后，应以本次事故为例展开安全教育，提高职工对安全生产人人有责的认识。

(3) 没有订出防范措施和进行安全整改不放过。在分析事故原因的同时，要具体订出防范措施和进行安全整改，以防事故的再发生。

五、班组的生产计划管理

生产计划管理就是用计划把施工生产和各项管理活动全面组织起来。班组每个月或旬的作业计划，由项目经理部下达。班组根据计划要求做好以下的管理内容：

1. 班组在接受计划任务之后，应组织班组人员了解当月或当旬的生产任务。熟悉图纸、了解工艺程序、工期要求，并为此准备好所需要使用的工具、机械和材料等，为完成生产任务做好一切准备工作。

2. 组织班组成员实施作业计划，抓好班组作业的综合平衡和劳动力调配。

3. 按签发的施工任务书进行定额管理和按劳分配。测定每天人工的完成量，保证工程的进度。

4. 按施工任务书的工程数量、定额工数、质量及安全要求，做好班组人员的考勤，作为班组分配计件工资或奖励工资的依据。

5. 按限额领料单与机械使用记录卡，有计划地领料。做到减少浪费、节约材料。做好对机械的使用保养工作，以保证顺利完成生产任务。

6. 班组在完成施工任务后，要进行各项自检工作。并按任务单结算人工、材料的实际耗用，进行班组的经济核算。

7. 每月将完成的工程任务结合任务单与项目经理部进行结算。项目经理部以此作为结算工资和奖励的依据。

六、班组的定额管理

定额管理主要包括劳动定额管理和材料定额管理。实行定额管理，班组应进行宣传教育，提高对劳动定额、材料定额的认识。通过定额管理考核班组经济活动并与工资奖金挂钩，使大家懂得定额管理的重要性。

对劳动定额的管理应做到：以任务单作为管理中心，坚持按定额组织施工生产，要扩大定额的考核面。坚持以定额为标准，实行劳动量与工资奖金分配相结合。把责任制建立在定额的基础上，恰当地体现按劳分配。

对材料定额管理应做到：以限额领料单为中心，坚持按低于定额消耗的量领取材料，考虑采取科学的节约措施。坚持核实用料多少和所完成的工程量的多少的对比。材料应有专人看管、发放和回收。建立单项工程材料使用台账，个人节约材料显著者应给予鼓励。

此外，班组还要通过定额管理，准确、及时地反馈并积累定额资料。参与企业制定定额工作，为制定出科学的、切合实际的、高质量的定额作出贡献。

七、材料和机具管理

1. 在材料管理方面应做到：

（1）应按限额领料卡，遵照企业材料管理的领发料制度进行领发料。

（2）材料进场前应事先索取材料质保书，查明品种、规格、质量，无误后，根据施工总平面图卸放在指定地点，并堆放整齐，认真检尺或过磅，验收记录记入台账。

（3）进场后应有专人看管并负责发放，根据材料耗用定额监督材料合理使用。做到减少浪费、降低成本。

（4）每月或单项工程完成后，与材料管理人员结算一次，做到月清或项清。

2. 在工具管理方面应做到：

（1）班组应由料具员按定额统一领用工具。

（2）经常检查工具的数量以减小损耗，进行必要的保养、回收，以保证合理使用和安全使用。

（3）更新旧工具应坚持节约原则向仓库管理部门领取，但应保证施工生产的顺利进行。

3. 在机械设备管理方面应做到：

（1）班组应有兼职机管员，负责机械的租赁和归还、台班签证和费用结算。

（2）对使用的机械要定期检查，进行日常必要的保养。与项目经理部的机械管理人员经常联系，保证机械安全合理的使用。

（3）督促班组内使用机械的操作人员，安全使用、节约用电，执行使用、保养、检查、维修制度。

八、班组的技术管理

班组的技术管理是贯彻企业技术管理工作的一部分。其内容为：参与图纸会审、参与施工组织设计、施工方案的编制讨论；进行技术检验；参加技术培训；保存技术资料的原始数据；学习施工技术标准、施工操作规程、安全技术操作规程、设备维护和检修规程等。

班组技术交底是技术管理内容之一。班组的技术交底由施工技术人员进行，班组长应结合具体任务组织全体人员进行讨论。搞清关键部位的技术要求、质量要求、安全要求、操作要求，明确责任和相互配合关系，制定班组计划。班组长尤其应对新工人和初级工进行详细的质量、操作和安全交底。木装饰工程的交底内容大致有以下几方面：

1. 施工图纸上必须注意的尺寸、轴线、标高、门、品种、规格，以及预埋件位置、规格、大小、数量等。

2. 根据施工组织设计或施工方案说明施工程序、施工操作方法和要求，与其他工种的配合及工序搭接等具体要求。

3. 进行操作质量和安全施工要求的交底，并能制定保证质量、安全、节约、进度等的具体措施，以及克服质量通病的要点。

交底的方法可采用书面交底（项目经理部对班组），口头交底（班组长对班组人员），示范交底（对新工人、学徒工），挂牌交底，样板交底，模型交底等。总之，交底的方法应灵活，以交待清楚使被交底者便于掌握为原则。

第三节　施　工　方　案

一、施工方案的作用和内容

施工方案的作用是：在施工前为本工种提供必须的技术资料和物质条件，使施工能够按照科学的顺序和方法，按期、保质、保量、安全地进行，达到预期效果。施工方案的合理与否将直接影响建筑装饰装修工程的经济效益和社会效益。

施工方案应包括以下内容：规定施工顺序和流水方式；确定

施工方法；确定质量、安全措施和技术组织措施；确定施工进度；编制资源需用量计划；制定施工现场的协作配合措施。

二、施工方案的编制

1. 施工顺序和流水方式的确定

例如，建筑装饰装修工程的施工顺序可以有三种：先外后内；先内后外；内外同时进行。具体采用哪种顺序，可根据施工条件、使用的材料和气候情况等确定。为了加快外脚手架的周转，可先进行外装饰。在冬、雨季来临之前，先安排外装饰等。

建筑装饰装修木工操作的施工顺序应符合工艺自身的特点，根据具体条件灵活安排。

2. 施工方法的确定

施工方法的内容包括：

(1) 操作过程和工艺方法确定。

(2) 选择机械及工具。

(3) 材料、人工及技术的准备。

(4) 提出保证质量和安全的措施以及半成品的保护措施。

(5) 确定节约措施以及构造细部处理措施等。

建筑装饰装修木作工程，在大面积装饰工程开始施工之前，应首先集中力量做出“样板间”、“样板墙”或“样板件”，对装饰工程中的细部构造的处理要事先统一，定出标准后再全面推行。

样板间（墙、件），是指选用符合设计要求的装饰材料，按照施工操作规程及验收标准进行精心施工，质量符合要求的装饰装修房间（墙、件）样板。

样板间（墙、件）的主要作用是：

1）落实技术措施和管理效果，作为全面推行的标准。

2）作为提高技术措施的示范，从中吸取经验教训。

3）作为第二次装饰设计投标及经济核算的依据等。

3. 施工进度的制定

建筑装饰装修木工操作的施工进度必须以保证质量为基础，以任务单或合同工期要求为根据来制定（表6-1）。

建筑装饰装修木作工程施工进度表　　表6-1

<table>
<tr><th rowspan="2">序号</th><th rowspan="2">名称</th><th colspan="2">工程量</th><th rowspan="2">定额</th><th colspan="2">需要机械</th><th colspan="2">劳动量</th><th rowspan="2">每天班数</th><th rowspan="2">每班人数</th><th rowspan="2">工作天数</th><th colspan="11">月　日</th></tr>
<tr><th>单位</th><th>数量</th><th>名称</th><th>台班</th><th>工种</th><th>数量</th><th>5</th><th>10</th><th>15</th><th>20</th><th>25</th><th>30</th><th>35</th><th>40</th><th>45</th><th>50</th><th>55</th></tr>
<tr><td></td><td></td><td></td><td></td><td></td><td></td><td></td><td></td><td></td><td></td><td></td><td></td><td></td><td></td><td></td><td></td><td></td><td></td><td></td><td></td><td></td><td></td><td></td></tr>
<tr><td></td><td></td><td></td><td></td><td></td><td></td><td></td><td></td><td></td><td></td><td></td><td></td><td></td><td></td><td></td><td></td><td></td><td></td><td></td><td></td><td></td><td></td><td></td></tr>
<tr><td></td><td></td><td></td><td></td><td></td><td></td><td></td><td></td><td></td><td></td><td></td><td></td><td></td><td></td><td></td><td></td><td></td><td></td><td></td><td></td><td></td><td></td><td></td></tr>
<tr><td></td><td></td><td></td><td></td><td></td><td></td><td></td><td></td><td></td><td></td><td></td><td></td><td></td><td></td><td></td><td></td><td></td><td></td><td></td><td></td><td></td><td></td><td></td></tr>
</table>

4. 资源需用量计划的编制

内容包括：主要材料需用量计划、劳动力需用量计划和机具需用量计划。计划表的形式参考表6-2，表6-3。

劳动力需要量计划表　　表6-2

<table>
<tr><th rowspan="2">序号</th><th rowspan="2">工程名称</th><th rowspan="2">人数（工日）</th><th colspan="12">月　份</th></tr>
<tr><th>1</th><th>2</th><th>3</th><th>4</th><th>5</th><th>6</th><th>7</th><th>8</th><th>9</th><th>10</th><th>11</th><th></th></tr>
<tr><td></td><td></td><td></td><td></td><td></td><td></td><td></td><td></td><td></td><td></td><td></td><td></td><td></td><td></td><td rowspan="2">……</td></tr>
<tr><td></td><td></td><td></td><td></td><td></td><td></td><td></td><td></td><td></td><td></td><td></td><td></td><td></td><td></td></tr>
</table>

主要材料需用量计划　　表6-3

<table>
<tr><th rowspan="3">序号</th><th rowspan="3">材料名称</th><th rowspan="3">规格</th><th colspan="2" rowspan="2">需用量</th><th colspan="12">需　用　时　间</th><th rowspan="3">备注</th></tr>
<tr><th colspan="3">月</th><th colspan="3">月</th><th colspan="3">月</th><th colspan="3">月</th></tr>
<tr><th>单位</th><th>数量</th><th>上</th><th>中</th><th>下</th><th>上</th><th>中</th><th>下</th><th>上</th><th>中</th><th>下</th><th>上</th><th>中</th><th>下</th></tr>
<tr><td></td><td></td><td></td><td></td><td></td><td></td><td></td><td></td><td></td><td></td><td></td><td></td><td></td><td></td><td></td><td></td><td></td><td></td></tr>
<tr><td></td><td></td><td></td><td></td><td></td><td></td><td></td><td></td><td></td><td></td><td></td><td></td><td></td><td></td><td></td><td></td><td></td><td></td></tr>
<tr><td></td><td></td><td></td><td></td><td></td><td></td><td></td><td></td><td></td><td></td><td></td><td></td><td></td><td></td><td></td><td></td><td></td><td></td></tr>
</table>

第四节　安全技术知识

一、一般规定

1. 参加施工的工人（包括学徒工、实习生、代培人员和民工），要熟知本工种的安全技术知识，操作规程。在生产操作中，应坚守工作岗位，严禁酒后操作。

2. 要正确使用个人防护工具和用品以及安全防护设施。进入现场，必须戴安全帽，禁止穿拖鞋或光脚。在没有防护设施的高空、悬崖和陡坡施工时，必须系安全带。上下交叉作业有险情的，出入口要有防护棚或其他隔离设施。在距离地面 3m 以上作业时要有防护栏杆、档板或安全网。对于安全帽、安全带、安全网要进行定期检查，不符要求的要严禁使用。

3. 现场施工的脚手架、防护设施、安全标识和警告牌，不得擅自拆动。如需要拆动时，要经工地施工负责人同意。

4. 从事高空作业的要定期体检。凡患高血压、心脏病、癫痫病以及其他不适于高空作业的，都不得从事高空作业。

5. 高空作业衣着要方便，禁止穿硬底和带钉易滑的鞋。

6. 高空作业所用材料要堆放平稳，工具应随手放入工具袋（套）内。在上下传递物件时禁止抛掷。

7. 乘人的外用电梯、吊笼，应有可靠的安全装置。除指派的专业人员外，禁止攀登起重臂、绳索和随同运料的吊篮、吊装物上下。

8. 梯子不得缺档，不得垫高使用。梯子横档间距以 300mm 为宜。使用时上端要扎牢。下端应采取防滑措施。单面梯子与地面夹角以 60°～70°为宜。禁止两人同时在梯子上作业。需要接长使用，应绑扎牢靠。人字梯底脚要拉牢。在通道处使用梯子时，应有监护或设置围栏。

9. 没有安全防护设施，禁止在屋架的上弦、支撑、桁条、挑梁和固定的构件上行走或作业。高空作业与地面的联系，应设通讯装置，并有专人负责。

10. 遇有恶劣气候（如风力在六级以上）影响施工安全时，禁止进行露天高空作业。

二、木作现场安全技术

1. 木作现场安全要求

(1) 制做木门窗、木构件、进行木制品安装的施工现场（以下简称木作现场），应尽量远离建筑主体，以免物体跌落伤人。

(2) 木作现场应尽量同人们的生活区域隔开，以免伤及闲杂人员。

(3) 木作施工将产生大量的劈柴、刨花和锯末，因此木作现场应尽量远离火源，严禁吸烟。冬季取暖，必须采取防火措施，吸烟应进吸烟室。现场应设置水箱、灭火器及其他灭火器材。

(4) 原材料和工具堆放应井然有序，防止磕碰跌倒受伤。

2. 木作现场安全用电

(1) 木作现场用木工机具的电线应尽量架空固定。无法架空的拖地电线，应设置保护设施，避免车碾人踏，损坏绝缘保护层。经过水沟水坑的电线，应使其离开水面，以免水浸漏电。

(2) 要经常检查木作现场机具的临时接用电线，发现线皮破损，应及时用绝缘胶布缠严，以防人体接触触电。

(3) 安装刀具和调整维护机床应先拉闸断电，并在电闸上挂“请勿合闸”的警示牌。

(4) 下班时应将总闸断开，锁好闸箱，以防误开机具，造成不必要的伤亡事故。

三、手工工具安全操作

1. 斧的安全操作

(1) 用斧砍劈木料或敲击时，应先检查斧柄是否安装牢固，以防斧脱手伤及他人或操作者。

(2) 为防止砍到地面上的砂石损伤斧刃，工件下面应垫一木块。

(3) 砍劈前应在工件上画线，左手扶稳工件，右手紧握斧柄，看准下斧路线，沉着冷静。砍劈时注意不要过线，以免工件报废。

（4）砍劈时不要让斧柄在手中随意滑动，以免手掌磨出血泡。

（5）工作件较窄时，为防止斧刃伤手指，可用木棍等将工件扶稳砍劈。

2. 锯的安全操作

（1）入锯时要用左手食指或拇指刻准墨线外缘作为锯条的靠尺，引导锯条锯入木材，以防锯条跳动锯坏工件。

（2）右手握锯要紧，不要随便移动，以免磨伤手指。

（3）脚要把工件踩稳，以防工件扭动损伤锯条。当锯条距脚50mm左右时，应停锯移动工件，以防锯条伤脚。

（4）两人配合锯木料时，推锯者要与拉锯者配合，随拉锯者返回，不要用力推送，以免走锯锯坏工件。

（5）锯木前要绷紧锯绳，以防锯条摆动走线。锯不用时，要放松锯绳，防止锯条长期处在张紧状态。

（6）如长期不用，应在锯条两面涂上机油，防止生锈。

3. 刨的安全操作

（1）刨刃要经常修磨保持锋利。

（2）推刨时，双手要紧握刨柄，用力向前平推，中途不要停顿，出料头时刨不要低头，以免将工件啃伤。

（3）刨料前要观察木料纹理，顺纹刨削，避免戗槎。

（4）不用时，刨要刃口朝上放置，以免刨刃触地损伤。

（5）刨用完后要将楔木放松，刨身和刨刃涂擦机油，防止生锈和吸潮。

4. 凿的安全操作

（1）凿眼时左手要把稳凿柄，紧贴工件眼线凿削，防止凿刃跳动伤腿。

（2）凿眼时凿柄不能左右摆动，以免挤伤榫眼。

（3）每敲一下，要将凿柄前后摇动一下，以防凿被卡住拔不出来。

(4) 凿子用完后，不要随地乱放，以免损伤凿刃或扎伤脚趾。

5. 钻的安全操作

(1) 钻眼时，先将钻尖插入工件定位，再开动钻头钻进，以防钻头跳动打错眼位。

(2) 钻大孔时，先钻一小孔，以小孔定位扩钻大孔，以防钻头跳动产生孔位偏差。

(3) 钻通孔时，工件下应垫一木块，防止钻头触地伤刃，或钻伤其他工件。

四、使用木工机械的安全知识

1. 平刨机

(1) 使用平刨机必须有安全保护装置，否则禁止使用。

(2) 在刨料时应保持身体稳定，手指不低于料高的一半，料厚不得小于30mm，禁止手在料后推送。

(3) 刨料量每次一般不超过1.5mm。进料速度保持均匀，经过刨口时用力要轻，禁止在刨刃上回料。

(4) 刨料厚度小于1.5mm，长度小于300mm的木料时，必须用压板或推棍。禁止用手推料。

(5) 遇到节疤时要注意减慢推料速度，禁止手按在节疤上推料。刨旧料时必须将钉子、泥砂等消除干净。

(6) 换刀片时应拉闸断电或摘掉皮带。

(7) 同一台刨机的刀片重量、厚度必须一致，刀架、夹板必须吻合。刀片焊缝超出刀头和有裂缝的刀具不准使用。紧固刀片的螺钉，应嵌入槽内，离刀背不少于10mm。

2. 圆盘锯

(1) 在锯料前先进行检查，锯片不得有裂口，螺栓应上紧。

(2) 在操作时要戴保护镜，锯料时应站在锯片侧，禁止站在与锯片同一条直线上。手臂不得跨越锯片。

(3) 进料时必须紧贴靠山，不得用力过猛，遇硬节时要慢推料，接料要待料出锯片150mm时方可，不得用手硬拉料。

（4）锯短窄料时，应用推棍，接料时使用刨钩。超过锯片半径的木料，禁止上锯。

（5）如发生卡料时不得生拉硬推，要及时拉闸断电，进行处理后才能重新开锯。

（6）如锯线走偏时，应逐渐纠正过来，而不能猛扳以防损坏锯片。

（7）锯片运转时间长，温度过高时应用冷却水，对于直径600mm以上的锯片在操作中应用喷水冷却。

（8）在操作时如遇到停电，要关闭全部电闸，防止来电后机器自行运转造成事故。

参 考 文 献

1. 建设部人事教育劳动司组织编写．土木建筑职业技能岗位培训教材（木工）．北京：中国建筑出版社，2000
2. 北京市第六建筑公司编．木工工艺学．长春：吉林科学技术出版社，1988
3. 王晓澜，周晔主编．实用木工手册．南昌：江西科学技术出版社，2000
4. 朱晓斌，陆建玲编著．地面工程便携手册．北京：机械工业出版社，2001
5. 劳动人事部培训就业局组织编写．建筑木工工艺与操作．北京：中国劳动出版社，1988
6. 周海涛主编．建筑木工．太原：山西科学技术出版社，1998
7. 吴志钧主编．实用装饰工手册．南昌：江西科学技术出版社，2000
8. 饶勃主编．实用装饰工手册．上海：上海交通大学出版社，1996
9. 建筑装饰装修工程质量验收规范．国家标准 GB 50210—2001